動物応用科学の展開

― 人と動物との共生をめざして ―

柏崎直巳 監修

植竹勝治・大木 茂 編著

養賢堂

執筆者一覧（執筆順）

田中　和明	（麻布大学）
伊藤　潤哉	（麻布大学）
柏崎　直巳	（麻布大学）
滝沢　達也	（麻布大学）
桑山　正成	（リプロサポートメディカルリサーチセンター）
吉澤　史昭	（宇都宮大学）
坂田　亮一	（麻布大学）
森田　英利	（麻布大学）
植竹　勝治	（麻布大学）
代田　眞理子	（麻布大学）
田中　智夫	（麻布大学）
髙槻　成紀	（麻布大学）
南　正人	（麻布大学）
江口　祐輔	（近畿中国四国農業研究センター）
小林　信一	（日本大学）
大木　茂	（麻布大学）
小澤　壯行	（日本獣医生命科学大学）
コリン・ホームズ	（マッセイ大学）

序

動物応用科学の展開 －人と動物との共生を目指して－

柏崎 直巳

　畜産学・獣医学領域で育まれ年輪を重ねてきた主に家畜による食料生産を対象にしたこの領域の様々な「知」の蓄積は，従来の目的である畜産物生産以外の領域でも展開され，人と動物との共生を目指して人類の福祉と健康のためにダイナミックに発展されている．

　家畜を適切に扱う，すなわち「家畜を飼う」ことは，非常に奥が深い．適切に家畜を飼育すること自体が，家畜生産の効率に直結する．また，その畜産物の生産性を改良するには，家畜を育種し，改良することが重要であり，家畜の生産性の効率化や効率のよい育種には，人為的な家畜繁殖制御技術も重要である．さらには家畜に必要な栄養素を満たした飼料を作り，これを適切に与える飼養管理技術もおろそかにできない．そして，家畜の生産性を十分に発揮される環境を保ち，かつその環境を保全しなければならない．また，家畜の生産性を低下させる疾病を予防・治療することも重要である．生産された畜産物が，消費者に安全で，かつ安定的に供給されなければならない．さらには畜産物を美味しく食べられるように加工するにも様々な技術を要する．加えて社会活動として重要なのは，生産者の畜産経営や畜産物の価格や流通に関する経済学的な要因である．これは畜産経済学が扱っている．このように畜産学は，非常に多様な領域を含んでいるという特性があり，同時に非常に重い社会的な使命も担っている．

　第二次大戦後の高度成長時代の日本では，畜産物の需要が爆発的に増加し，畜産学・獣医学はその安定的な供給に応えてきた．そして成熟社会を迎えている現在の日本では，畜産は依然として食料生産においては重要ではあるが，その生産は徐々に減少している．一方，現在の日本社会には，「少子高齢化」，「食品の安全」，「地球温暖化」，「環境破壊」，「種多様性の維持」，「先端医療」，「心の安定」，に代表されるような様々な問題が存在する．そして家畜生産をベースにした様々な畜産学・獣医学の「知」の蓄積は，これらの諸問題にも取り組み，従来の目的以外にも展開され，人と動物との共生を目指して，人類の健康を含めた福祉のためにダイナミックに「動物応用科学」として発展されている．

　このような観点から，大学の学部学生，大学院生さらには若手研究者を対象として，このような「動物応用科学」における様々な分野で先端的な研究を実践される皆様に執筆をご担当いただいた．従来の「畜産学・獣医学」分野をバックグランドとする研究者が，その枠を超えてダイナミックに研究を展開していることを感じていただければ幸甚である．

2011 年 3 月

目　次

序 ··· 1

1　ウシの起源と多様性··· 1
1. 家畜ウシの起源 ··· 1
2. 日本のウシ ··· 5
3. 家畜ウシの近縁種 ··· 9
参考文献 ··· 11

2　動物応用科学における生殖工学・発生工学分野の発展
　　〜受精機構の解明を目指して〜 ·························· 13
1. 体外受精（In vitro Fertilization, IVF）············ 13
2. 顕微授精 ··· 15
3. 体細胞核移植 ··· 15
4. 卵活性化に関わる因子 ······································· 16
5. Ca^{2+} オシレーションと卵活性化···················· 17
まとめ ··· 18
参考文献 ··· 18

3　遺伝子改変動物の作出と応用 ····························· 21
1. はじめに ··· 21
2. 遺伝子改変動物とは ··· 22
3. 遺伝子改変動物の応用 ······································· 22
3.1　個体レベルでの遺伝子機能解析 ··················· 22
3.2　バイオリアクター ··· 23
3.3　家畜の改良 ··· 23
3.4　異種移植 ··· 24
4. 遺伝子改変動物の作出法 ··································· 24
4.1　DNA顕微注入法 ··· 25
4.2　胚性幹細胞（ES細胞）法····························· 25
4.3　体細胞クローン法 ··· 25
4.4　ウイルスベクター法 ······································· 26
4.5　精子顕微注入法 ··· 26
4.6　染色体移（導）入法 ······································· 26
5. 遺伝改変動物の遺伝資源保存 ··························· 26
5.1　精子の凍結保存 ··· 27
5.2　卵の超低温保存 ··· 27
5.3　初期胚の超低温保存 ······································· 27
6. おわりに ··· 27

参考文献 ･･･ 27

4　細胞の分化と再生医学　-動物工学分野の挑戦- ････････････････････････････ 29
　1．細胞の分化 ･･ 29
　2．発生時の肝臓における細胞運命の決定と細胞分化 ･･･････････････････････････ 30
　3．肝臓の再生と肝臓の幹細胞 ･･ 31
　4．ES細胞からの肝細胞の再生 ･･･ 32
　5．iPS細胞からの肝細胞の再生 ･･ 33
　6．成体幹細胞からの肝細胞の再生 ･･ 34
　7．おわりに ･･･ 35
　　参考文献 ･･･ 35

5　ヒト生殖補助技術の展開 ･･ 37
　1．はじめに ･･･ 37
　2．生殖補助医療 ･･･ 37
　3．不妊とは ･･･ 38
　4．不妊の原因 ･･･ 38
　5．体外受精のはじまりと世界的な技術普及 ･･････････････････････････････････ 39
　6．体外受精治療のプロトコル ･･ 40
　(1) 卵巣刺激 ･･ 40
　(2) 採卵 ･･ 40
　(3) 体外受精 ･･ 41
　(4) 体外培養 ･･ 41
　(5) 凍結保存 ･･ 42
　(6) 胚移植 ･･ 42
　7．不妊治療を支える各生殖補助技術（Assisted Reproductive Technology：ART）･･･････ 42
　(1) 体外受精（In vitro fertilization；IVF）･･･体外で精子と卵子を受精させる技術 ･･･････････ 42
　(2) 体外成熟（In vitro maturation；IVM）･･･体外で卵子を成熟させる技術 ････････････ 43
　(3) 顕微授精（Intra cytoplasmic sperm injection；ICSI）･･･精子1細胞を卵子に顕微注入して受精させる技術
　　･･ 43
　(4) 胚盤胞培養（Blastocyst culture；BC）･･･体外で受精した卵子を胚盤胞まで培養する技術 ････････ 43
　(5) 胚の凍結保存（Embryo cryopreservation）･･･胚を生きたまま長期間凍結保存する技術 ･･･････ 44
　(6) 卵子の凍結保存（Oocyte cryopreservation）･･･卵子を生きたまま長期間凍結保存する技術 ･････ 44
　(7) 卵巣組織の凍結保存（Ovarian tissue cryopreservation）･･･機能を保持したまま卵巣組織を長期間凍結
　　保存する技術 ･･ 44
　(8) ガラス化保存（Vitrification）･･･液体窒素温度下でも細胞内に氷晶を形成させず、卵子や胚を高率に生き
　　たまま長期間凍結保存する技術 ･･ 45
　(9) 着床前診断（Preimplantation genetic diagnosis；PGD）･･･移植前の胚の遺伝子診断技術 ･･･････ 46
　(10) 提供卵子体外受精（Egg donation IVF）･･･提供卵子による体外受精治療 ･･･････････････ 46
　8．ARTの近未来技術 ･･ 47

(1) 老化卵子の若返り･･･ 47
　(2) 幹細胞からの精子，卵子の作出････････････････････････････････ 48
　(3) 女性の永遠の性･･ 48
9. エンブリオロジスト（胚培養士）とは･････････････････････････････ 48
10. さいごに･･･ 49
　参考文献･･･ 49

6 アミノ酸食品の新展開･･ 51
1. はじめに･･･ 51
2. BCAA の特徴･･ 52
3. BCAA 飲料･･ 52
4. BCAA の代謝調節機能･･ 53
　4.1 BCAA のタンパク質代謝調節機能･･････････････････････････････ 54
　4.2 BCAA の糖代謝調節機能･･････････････････････････････････････ 58
5. おわりに･･･ 60
　参考文献･･･ 60

7 ヒトが肉を利用した歴史と食肉加工技術の発展･････････････････ 63
1. 原始の人類の食生活･･ 63
2. 食肉の保存法の発達･･ 64
3. わが国における食肉文化の歴史･･･････････････････････････････････ 65
4. 基本的食肉加工技術･･ 66
　(1) 食肉加工の伝統･･ 66
　(2) 生体から精肉まで･･ 67
　(3) 塩漬･･ 68
　(4) 燻煙･･ 68
　(5) 加熱･･ 69
　(6) ハムとベーコン･･ 69
　(7) ソーセージ･･ 70
　参考文献･･･ 72

8 乳酸菌・ビフィズス菌のヒトと動物の健康への貢献とゲノム解析情報の応用････ 73
1. 乳酸菌・ビフィズス菌の分類学上の位置とそれらの発見や分離の歴史･･･ 73
2. 乳酸菌・ビフィズス菌のもつ保健機能･････････････････････････････ 74
3. 生物における腸内細菌の重要性･･･････････････････････････････････ 75
　(1) 昆虫（マルカメムシ）におけるプロバイオティクスの実践･････････ 75
　(2) プロバイオティクスの免疫調節作用･･････････････････････････ 76
　(3) ストレス軽減と腸内細菌････････････････････････････････････ 77
　(4) 肥満と腸内細菌･･ 77
4. 乳酸菌・ビフィズス菌のゲノム解析情報の応用･･････････････････････ 78
5. おわりに･･･ 79

参考文献 ………………………………………………………………… 79
参考図書 ………………………………………………………………… 80

9 牛にやさしい飼育管理技術とは －家畜行動科学の視点から－ …………… 81
1. これまでの家畜管理学研究と今後の展開方向 ……………………… 81
2. 家畜福祉基準 －5つの解放・自由と5つの配慮・必要性－ ……… 82
3. 飼育環境適応性（福祉水準）の評価指標 …………………………… 82
4. おわりに ………………………………………………………………… 83
参考文献 ………………………………………………………………… 84

10 卵巣のトキシコロジー ………………………………………………… 85
1. トキシコロジーの研究 ………………………………………………… 85
2. 卵巣のトキシコロジーへのアプローチ ……………………………… 85
3. 生殖細胞の貯蔵庫「原始卵胞」 ……………………………………… 86
4. 原始卵胞のトキシコロジー …………………………………………… 87
5. 先天的に原始卵胞の少ない動物 ……………………………………… 88
6. おわりに ………………………………………………………………… 90
参考文献 ………………………………………………………………… 90

11 動物は色や形をどのように見ているのか？ その行動学的アプローチ ……… 93
1. はじめに ………………………………………………………………… 93
2. 色覚 ……………………………………………………………………… 93
3. 視力 ……………………………………………………………………… 95
4. 視覚による認知 ………………………………………………………… 96
   4.1 図形の弁別 ………………………………………………………… 96
   4.2 ヒトの顔の認知 …………………………………………………… 97
   4.3 数的概念 …………………………………………………………… 97
5. おわりに ………………………………………………………………… 98
参考文献 ………………………………………………………………… 98

12 シカの生態学の展開：「リンク学」の提唱 ………………………… 101
1. はじめに ………………………………………………………………… 101
2. シカとはどういう動物か ……………………………………………… 101
3. 人間との関係：植生遷移と動物との対応 …………………………… 103
4. そのほかの動物による農林業被害 …………………………………… 106
5. 自然植生へのシカの影響 ……………………………………………… 109
6. リンク：生き物のつながり …………………………………………… 110

13 犬を使った野生動物の被害対策 ベア・ドッグの導入事例から考える ……… 113
1. 山積する野生動物の問題 ……………………………………………… 113
2. 野生動物の被害対策と犬の活用 ……………………………………… 113
3. 軽井沢のクマの保護管理とベア・ドッグの導入 …………………… 114
4. その他の犬の活用 ……………………………………………………… 119

 5. 学習理論の被害対策への応用 ･･･ 120
 参考文献 ･･ 123

14 動物の素顔を追う －ヒトは動物を誤解する動物である－ ････････････ 125
 1. 動物に対する誤解を解消する応用動物行動学 ････････････････････････････ 125
 2. 豚は不潔か清潔か ･･ 125
 3. サルはアタマが良い？悪い？ ･･ 126
 4. 野生動物の運動能力と行動特性に対する誤解 ････････････････････････････ 127
 5. 野生動物の食性も変化する ･･ 128
 6. なぜ野生動物が人里に現れるのか ･･････････････････････････････････････ 130
 7. 餌が無くなったからではなく，餌があるから出てくる野生動物 ････････････ 130
 8. 人間の目線で失敗する被害対策の例 ････････････････････････････････････ 131
 9. 動物の心理に働きかけて行動を制御する ････････････････････････････････ 132
 10. 野生動物の行動特性を利用して行動を制御する ････････････････････････ 132
 11. 野生動物の心理と行動特性を利用した柵 ･･････････････････････････････ 133
 参考文献 ･･ 134

15 野生動物との共生 －その可能性と方向－ ･･････････････････････････････ 135
 1. 増加する鳥獣被害と捕獲頭数 ･･ 135
 2. 野生鳥獣被害増加の要因 ･･ 136
  (1) 林業不振と森林の荒廃 ･･ 137
  (2) 山村の衰退と耕作放棄地の増加 ･･････････････････････････････････ 139
 3. 「野生鳥獣問題」解決の方向 ･･ 140
  (1) 資源としての利用の課題 ･･ 140
  (2) 対症療法からの脱皮の必要性 ････････････････････････････････････ 141
  (3) 森林再評価への期待 ･･ 142
  (4) 里山・林地の畜産的活用の重要性 ････････････････････････････････ 143
 参考文献 ･･ 144

16 畜産と畜産物フードシステム 私たちの食と暮らしとのかかわり ･･････ 145
 1. 産業動物と食 ･･ 145
 2. 食の現状 ･･ 146
  (1) 飲食費のフロー ･･ 146
  (2) 自給率 ･･ 147
  (3) 家計消費の動向 ･･ 149
  (4) 国際的なつながりの中での日本の食 ･･････････････････････････････ 151
 3. 食の課題とその広がり ･･ 152
  (1) 課題の広がり ･･ 152
  (2) 海外に依存する食の認識 ･･ 152
  (3) 農産物貿易量の少なさと特定輸入国への偏り ･･････････････････････ 153
 4. 食における環境問題等との関わりと安全性 ･･････････････････････････････ 154

(1) 資源環境問題・・・ 154
(2) 食の安全性　1　リスク分析・・・・・・・・・・・・・・・・・・・・・・・・・・・・・・・・・・・・ 155
(3) エコファーマー,有機農業・・・・・・・・・・・・・・・・・・・・・・・・・・・・・・・・・・・・・・ 155
(4) 畜産物飼料の課題・・ 156
5. 食と農業の関係・・・ 157
(1) 農業生産力の衰退・・ 157
(2) 大規模化と地域集中・・・ 157
(3) 農業経営の厳しさ・・・ 158
6. まとめ・・・ 158
参考文献・・ 158

17　ニュージーランドにおける草地酪農システム・・・・・・・・・・・・・・・ 159

1. はじめに・・ 159
(1) ニュージーランド酪農の長所・・・・・・・・・・・・・・・・・・・・・・・・・・・・・・・・ 160
(2) ニュージーランド酪農の短所・・・・・・・・・・・・・・・・・・・・・・・・・・・・・・・・ 160
2. 草地酪農生産システムの特徴・・・・・・・・・・・・・・・・・・・・・・・・・・・・・・・・・・ 160
(1) 経済的要因・・ 160
(2) 営農環境・・ 161
(3) 草地酪農システムとは季節生乳生産のこと・・・・・・・・・・・・・・・・・・ 161
3. 草地酪農システムの構成要素・・・・・・・・・・・・・・・・・・・・・・・・・・・・・・・・・・ 162
(1) 牧草生産・・ 164
(2) 1 ha あたりの飼料要求量（頭/ha および乳量/頭）・・・・・・・・・・・・・ 164
(3) 乳牛繁殖性について　－分娩と乾乳時期の関係－・・・・・・・・・・・・ 166
(4) 乳牛の質（遺伝的メリット, 品種, 年齢および衛生）・・・・・・・・・・ 168
(5) 放牧地での乳牛飼養・・・・・・・・・・・・・・・・・・・・・・・・・・・・・・・・・・・・・・ 172
(6) 補助飼料の有効利用・・・・・・・・・・・・・・・・・・・・・・・・・・・・・・・・・・・・・・ 174
4. 小括　－地域・風土に合致した酪農生産システムを！－・・・・・・・・ 175
参考文献・・ 176
あとがき・・ 177

ウシの起源と多様性

田中 和明（麻布大学）

現在の日本には，約440万頭のウシ（家畜ウシ）が飼育されている[1]．言い換えると，国民30人に対して1頭のウシがいることになる．しかし，3世紀末の中国の歴史書「魏志倭人伝」には，「其他無牛馬虎豹羊鵲」と記されており，日本にはウシが存在しないとされている[2]．これを裏付けるように，わが国では弥生時代より古い遺跡からは，ウシの存在を示す証拠が見つかっていない．では，日本で飼育されているウシはどこから来たのであろうか．そもそもウシとはいかなる歴史を持った家畜なのか．本章では，世界で飼育されている家畜ウシの起源を解説する．さらに，日本人とウシとの関わりについて歴史的な流れに沿って話題を進め，わが国におけるウシの歴史について理解を深める．

キーワード：ウシ，家畜化，野生種，遺伝資源，和牛

1. 家畜ウシの起源

家畜とは，人間が野生動物を飼い馴らし，人間の管理の下で繁殖を行いながら改良して作り出した動物である．ゆえに，ウシに限らずすべての家畜は，祖先をたどると野生動物に行き着きつくことになる．なお，野生動物から家畜を作り出すプロセスのことを家畜化という．家畜化とは，人間の管理下にある動物を，野生集団と隔離して繁殖を制御し，何世代にもわたって人間にとって都合の良い方向に選択を繰り返す作業である．幾千年間にわたる人為選抜によって，家畜はその野生種と容易に区別できる特徴を持つことになった．

国連食糧農業機関（FAO）の統計によると地球上で約13億頭のウシが飼育されている[3]．これらの家畜ウシの主要な野生原種は，オーロックス（aurochs：*Bos primigenius*）である．チベット高原を中心に飼育されているヤク，インド東部のアラカン山脈を中心に飼育されているミタン（mithun またはガヤール：gayal），およびインドネシアのバリ島周辺で飼育されているバリウシ（Bali cattle）は，オーロックスとは異なる起源を持つが，これらの"ウシに似た"家畜については後に解説をすることにし，始めに世界で広く飼育されているウシの家畜化について述べる．なお，牛という文字が当てられているが，スイギュウ（水牛）は，家畜ウシとは属レベルで異なっている．

オーロックスは，今から1万数千年前頃には，北アフリカおよびヨーロッパからシベリアに到るまでユーラシア大陸の広大な地域に分布していた[4]．人類とオーロックスとの関わりは歴史が古く，その姿は約1万7千年前のラスコー洞窟画にも描かれている[5]．残念なことに，1627年にポーランドで一頭の雌が死亡したという記録を最後にオーロックスは絶滅した．絶滅が比較的最近であったため，オーロックスに関する様々な記述や絵画が残されている[6]．残された骨から推定されるオーロックスの体高（地面から肩までの高さ）は，180cmにも達し，現在の家畜ウシと比べて大型である[4,25]．また，長さ80cmにも及ぶ巨大な角を持っていた[4,25]．オーロックスの体色は雌雄で大きく異なり，成

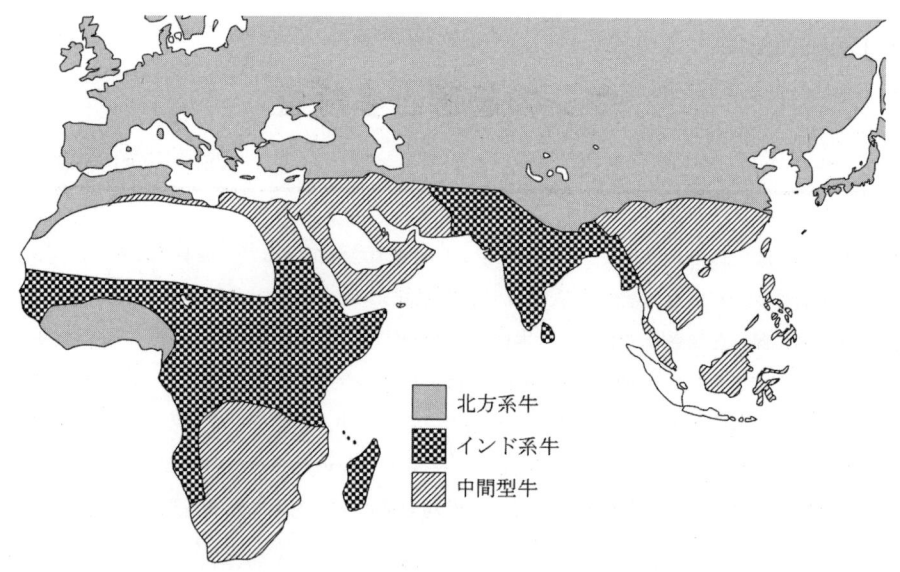

図1 北方系牛，インド系牛および中間型牛の飼育地域

長した雄は黒褐色または黒色，雌と若い個体は褐色をしていた[4-6]．

　オーロックスに関する有名な伝承として「ガリア戦記（*Commentarii de bello Gallico*）」の第六巻28節に次のくだりがある．ガリア戦記とは，紀元前58年〜紀元前51年にかけてローマ軍がガリア（今のフランスを中心とした地域）へ遠征した記録を，カエサル将軍（Gaius Jullus CAESAR）が書き記したものである．岩波書店から出版されている邦訳[7]を引用する．

　「これは大きさがやや象に劣り，家畜のウシのような姿と色と形をしている．その力も速さも大したものである．人間でも野獣でも姿を見せれば容赦しない．人間は落し穴で盛んにこれを捕らえて殺す．青年はこの種の狩猟をし，その奮闘で身体を鍛える．一番多く殺した者は証拠として角をみなに見せ，絶賛を浴びる．小さな頃につかまえたものでも，人に手なづけられたり，飼い馴らされたりしない．角の大きさや姿や形は我々のウシの角とはまったく違う．人々は熱心にこれを求め，縁を銀で囲み，盛大な宴の杯に使う．」

　この記録から，オーロックスは今から2,000年前のヨーロッパ人にとって家畜ウシとは異なる動物であると認識されており，同時に魅力的な狩猟対象であったことを知ることができる．また，オーロックスの絶滅に人間の営みが深く関わったことを連想させる．

　家畜ウシは北方系牛（ヨーロッパ系牛：肩にコブのないウシ，一般的に *Bos taurus* という学名が用いられる）と，インド系牛（ゼブー，zebu：肩にコブのあるウシ，*Bos indicus*），および両者の交雑が起源と考えられている中間型に大別されている[8]（図1）．なお，南北アメリカとオーストラリアの家畜ウシは，17世紀以降にヨーロッパ人が入植する時に，ヨーロッパやインドなどから輸入した個体に由来するので図1からは除外している．

　北方系牛は，ヨーロッパからヒマラヤ山脈北側のユーラシア大陸全体，そして日本にまで分布している．我々に馴染み深いホルスタイン種や黒毛和種はこれに含まれる（図2）．

図2 家畜牛の2大系統　北方系牛：見島牛（左）とインド系牛：スイニー（右）

また，アフリカのギニア湾沿岸地域では，インド系牛の飼育地域に囲まれるように北方系牛が飼育されている[9]．

インド系牛は，その名が示すようにインドを中心に熱帯アジア地域で飼育され，北方系牛と容易に区別することができる．すなわち，肩から胸部にかけて背側に筋肉と脂肪からなる大きなコブ（肩峰：けんぽう）をもち，胸部の皮膚が大きく垂れ下がり胸垂（きょうすい）を形成する（図2）．わが国ではインド系牛は，なじみの薄い家畜であるが，南房総市にある「千葉県酪農のさと」で展示飼育されているので機会があれば足を運んでいただきたい．

北方系牛とインド系牛の間には生殖的隔離が認められず，容易に雑種をつくり，雑種の繁殖能力も正常である．したがって，中間型と呼ばれるウシは，概ね両者が主に飼育されている地域の境界に分布している[8]．

家畜ウシの2大系統が，野生種であるオーロックスから，それぞれどのような道筋をたどって確立されたのか，2つの意見が長く対立していた．すなわち，両者は，単一の野生集団から家畜化されたウシが成立した後，人間による改良によって北方系牛とインド系牛の形態的差が生じたという主張[10]と，両者は別々の野生種（集団）に由来するという主張[4]である．先に述べたように，北方系牛とインド系牛の間に生殖的隔離は存在せず，同一種とみなすことができる．しかし，細胞遺伝学的に比較すれば両者の間に明確な差異がある．北方系牛もインド系牛も核型は$2n=60$であり1番から29番までの常染色体はすべて端部動原体型（アクロ型）で，X染色体は大型の次中部動原体型（サブメタ型）である．しかし，北方系牛のY染色体がサブメタ型であるのに対して，インド系牛のY染色体はアクロ型である[11]．さらに，ミトコンドリア（mtDNA）を指標とした系統解析でも，家畜ウシの2大系統を明確に区別できる[12]．これらの遺伝学的な研究の蓄積から，北方系牛とインド系牛の間には明確な遺伝的分化が生じていることが明らかになっている．mtDNAの塩基配列の相違に基づいて北方系牛とインド系牛との間の分岐時間を求めると，約20万年から100万年程度であると推定される[12]．これは考古学的に妥当とされるウシの家畜化の時期である1万年よりはるかに古いことから，現在では，両者の家畜化はそれぞれ独立して生じたという考えが受け入れられている．ゆえに，家畜ウシの起源を論じる

ためには，少なくとも2回の異なる家畜化を想定する必要がある．

野生動物の家畜化は，農業の開始による定住生活と密接に関係している[13]．現在知られている最も古い農業の開始は，およそ1万1千年前の東部地中海沿岸地方であることから，メソポタミアを中心とする肥沃な三日月地帯が農業発祥の地であると考えられている．ウシの家畜化の最古とされる証拠は，アナトリア高原（トルコ）の南部に位置する約8,400年前のチャタル・フユク遺跡である[14]．この遺跡では家畜化されたウシとヒツジの骨が，それらの野生種やシカなどと一緒に出土する．なお，アナトリア地域は，ヨーロッパで広く飼育されている北方系牛の直接の起源地であることが，近年の遺伝学的調査から強く示唆されている[15]．

では，もう一方のインド系牛の起源はどうであろうか．インダス川流域で4,500年前頃に栄えたハラッパー遺跡およびモヘンジョ・ダロ遺跡からは充実した肩峰と胸垂をもつインド系牛が刻まれた印章が数多く出土している．現代の主要な学説では，インダス川の上流のイラン高原東端がインド系牛の家畜化起源地域であるとされている．この地域に位置するパキスタンのバルチスタン丘陵にあるメヘルガル遺跡からは，約6,700年前の家畜の特徴をもったウシの骨が見つかっている[16,17]．

これらのことを統合すると，世界の家畜ウシには北方系とインド系の2大系統が存在し，それぞれの起源は，アナトリア高原南部とイラン高原東端においてオーロックスの異なる野生集団（亜種）から，別個に家畜化されたことになる．

しかし，家畜ウシの起源について，まだ課題が残されている．それは，ウシの家畜化が，これまで述べてきたように，ごく限られた地域のみで行われたのか，そして現在の家畜ウシは，ごく限られた野生集団の末裔であるのかである．ウシの野生原種であるオーロックスは，1万数千年前にはユーラシア大陸からアフリカ大陸北部にわたって広範囲に分布していた．その上，ヨーロッパでは少数のオーロックスが，つい数百年前まで残存していた．これら，メソポタミアやインダス文明から離れた場所に生息していたオーロックスは，現在のウシが作られる過程に何らかの影響を与えたのであろうか．

古代の遺跡から得られる骨などを材料としてDNA解析を行う研究をAncient DNA学と呼ぶ．解析技術の発達により1万年以上前の骨からもDNAを解析することが可能となった．これにより，約3万年前のネアンデルタール人（*Homo neanderthalensis*）の骨からゲノムが解読され現生人類との比較が行われるなど，古代と現代を直接つなぐ研究が盛んに行われている[18]．家畜ウシの起源に関しても遺跡などから出土したオーロックスの骨を用いたDNA解析が行われている[15,19]．ヨーロッパの北部から中部で発掘された3,700～12,000年前のオーロックスから得られたmtDNAは，現在の家畜ウシのものとは明確に区別できる特徴をもっていた[15]．他方，中近東のオーロックスからは，現在の家畜ウシと共通するmtDNAタイプが検出されている[15]．この結果に従えば，現在ヨーロッパで飼育されている家畜ウシの祖先は，中近東で家畜化されたウシの子孫であり，ヨーロッパに生息していたオーロックスは，遺伝的な貢献をしていないことになる．これに対し，南イタリアで出土したオーロックスから，家畜ウシと共通するmtDNAタイプが検出されたことで，ヨーロッパにおける地域的な家畜化が存在したという反論がされている[19]．しかし，こ

れまでに分析されたオーロックスの標本数がまだ少ないため，家畜化の起源地と考えられる地域以外に生息していたオーロックスが家畜ウシに与えた影響を確定するには，今後の詳細な解析を待つ必要がある．

2. 日本のウシ

　ここで，日本のウシに話を進めよう．冒頭で述べたように家畜ウシは，わが国に土着の生物ではない．中国の歴史書『魏志倭人伝』には「その他には牛・馬・虎・豹・羊・鵲（カササギ）なし」とあって，3世紀の邪馬台国には牛馬がいなかったと記されている[2]．かつて，縄文時代から日本列島にウマがいたという学説も存在した．しかし，縄文時代の貝塚から発見されたウマの骨は，年代測定によって後代の混入であることが判明している[20]．最近の考古学では，わが国へのウマの渡来は5世紀以降であるとされている．ウシの渡来は，さらに遅く6世紀頃である[20]．いずれの家畜も馬具や農具の形状から朝鮮半島からの渡来人が日本列島に導入したと考えられる．この時代，ウシは荷物を運び水田を耕し，高貴な人を乗せる牛車の牽引力として使われていた[20]．ウシの妊娠期間は約285日で，一度の妊娠で1頭の子牛しか産まないから，簡単には数を増やすことができない．ゆえに，舶来品であるウシは貴重なものであったに違いない．現在の和牛におけるmtDNAの多様性が，朝鮮半島やモンゴルのウシに比べて低いことから，わが国に渡来したウシは，ごく少数であったと推定されている[21,22]．

　ウシから得られる産物には，肉・皮革・乳がある．このうち乳については，酪（らく）・酥（そ）などに加工され奈良・平安時代の律令制度の中で一時期利用されていた[23]．しかし，やがて牛乳の利用に関する記録は，歴史から消えていく．これは，当時の日本人にとって牛乳が魅力的な食材ではなかったことを物語っているのかもしれない．わが国に根付いた仏教思想によって牛肉の利用はさらに限定的であった．

　時代が進んで，江戸時代になると日本に住むウシの数は増加の一途をたどる．江戸時代の風景画には，隊列を組んで街道を行き来する荷物を満載したウシの姿が数多く描かれている．つまり，6～7世紀には舶来の高級車だったウシが，江戸時代には荷物を運ぶ国産トラックとして活用されるようになる．江戸時代には，薬や特別な滋養食として，牛乳や牛肉を利用した記録が断片的にある[24]．しかし，ウシの主たる飼養目的が，渡来から江戸時代末期までの1,000年間以上にわたって労働力であったことにかわりはない．この1,000年の間に，日本の気候風土に適した改良が繰り返され，わが国に固有の在来牛集団が形成された．

　さらに時代が進んで，明治になると日本におけるウシの利用方法が激変する．これは，欧米文化が急速に広まる中で，健康増進のために畜産物を積極的に食べることが奨励されたことによる．しかし，牛肉はウシを屠畜しなければ手にいれることが出来ない．そこで，動物を失うことなく再生産できる酪農が推奨されるようになる．ところが，日本では長年にわたって，産業的に搾乳を行うことが無かったため，在来牛の産乳量はきわめて少なかった．また，日本の在来牛は，西洋の品種に比べて体格が劣っていた．そこで，西洋諸国から多くのウシが輸入されることになる．すなわち，約1,000年を隔てて再び海外からウシ

図3 ロース部位の比較
上段（黒毛和種）；筋組織にきめ細かく脂肪が交雑している．中段（ホルスタイン種と黒毛和種とのF_1雑種）；黒毛和種に比べると脂肪の交雑が少ない．下段（オーストラリア産輸入牛肉）；筋組織内に脂肪の交雑がほとんど認められない．都内の食肉専門店での100g当たりの参考価格；上段より1250円，780円，280円．

が導入された．輸入されたウシは，日本の在来種と積極的に交雑され，結果として純粋な日本在来のウシは姿を消した．私たちが和牛と呼んでいるウシも，江戸時代まで日本で飼育されてきた在来種と明治以後に輸入された西洋品種との雑種をもとに作り出された比較的歴史の新しい品種である[25]．

和牛には，黒毛和種，褐毛和種，日本短角種および無角和種の4品種が存在する[25]．現在では，これら4品種はすべて肉専用品種として扱われている．和牛4品種の中で，最も数多く飼育されているのが黒毛和種である．黒毛和種は兵庫県の但馬地方を中心に在来牛と欧米から輸入された牛との交雑群から改良が進められた品種であり，その名が示すとおり全身が黒色である．神戸ビーフ，松阪牛，飛騨牛など，わが国の名だたるブランド牛肉は，黒毛和種を肥育したものである．黒毛和種は，筋肉内に大理石模様状にきめの細かい脂肪が交じり合った霜降り肉を生産する（図3上段）．黒毛和種によって生産される霜降り肉は，世界的に見ても他に例が無く『牛肉の芸術品』とまで賞されている．

褐毛和種は，熊本県の阿蘇地方と高知県を中心に飼育されている．褐毛和種は，毛色によって1品種に区分されているが，熊本系と高知系の間では来歴が異なる．熊本系はデボン種やシンメンタール種が改良に用いられたのに対して，高知系は大正から昭和初期にかけて朝鮮半島から導入した牛の影響を受けており，改良朝鮮種と呼ばれていたこともある[25]．両者の間には毛色の濃淡に違いがあり，一般に高知系の方が褐色が濃い．肉質は改良が進み，黒毛和種と同じように霜降り肉を生産できる．

日本短角種は，東北地方を中心に飼育されており，毛色は褐色である．この品種は，かつて乳用目的に改良されたことがある．肉質は脂肪の交雑に乏しく霜降り肉の生産には向かない．しかし，粗飼料の利用性が優れ，放牧によく適応し，子育てが上手いなど山間部での省力的な牛肉生産に適合した利点がある[25]．

無角和種は，山口県においてスコットランドから導入したアバディーン・アンガス種と在来牛の交配から改良された品種である．アンガス種の特徴である遺伝的に角の生えない無角形質に固定されている[25]．現在，和牛の90%以上が黒毛和種で占められており，他の3品種は，地方ブランドとして生き残りを図っている．

西洋から輸入された品種の影響を受けていない在来牛の末裔として，山口県萩市の沖合

いにある見島で飼育されている見島牛と，鹿児島県トカラ列島の口之島にいる口之島牛がそれぞれ約 100 頭ずつ維持されている[25]．いずれの場合も，離島ゆえに西洋品種が持ち込まれることなく奇跡的に明治以前から飼われていた在来牛が残されていた．見島牛は昭和 3 年に国の天然記念物に指定されている．体格は雄 320 kg，雌 250 kg 程度と小柄で，現在の和牛の半分以下の大きさである（図2）．性質は温和で農作業に利用されてきた．見島牛は黒毛和種と同じように肥育すると，見事な霜降り肉を生産することから，脂肪交雑に関わる遺伝子は，西洋品種ではなく日本の在来牛に起源をもつことが支持される．見島牛が全身黒色に固定されているのに対して，口之島牛は，黒色の他に褐色や不規則な白斑を持つ個体もいる．これらのウシは，わが国の重要な遺伝子資源であると同時に，1,000年以上にわたって日本の文化を支えてきた家畜を後世に伝えるために貴重な存在である．2009 年 9 月現在，見島牛と口之島牛の両方が，上野動物園で展示飼育されているので機会があれば，是非ゆっくりと観察していただきたい．

近年，わが国の牛生産にとって大きな出来事が二つあった．一つは，1991 年の牛肉の輸入自由化に伴う市場の変化である．現在，日本でウシを飼育する目的は，酪農と牛肉生産である．わが国には元来，乳用品種が存在しなかった．酪農を振興するために，明治以後，様々な乳用品種が導入されたが，最終的にはホルスタイン種に収斂した．現在，わが国で飼育されている乳用品種の 99.5% までがホルスタイン種で占められている[26]．ホルスタイン種はオランダ原産の乳用品種で，ご存知のとおり一般に白黒の斑紋のあるウシである．この品種は年間に 10,000 kg 以上の牛乳を生産する個体も稀ではない．1 頭のウシから年間にパック 1 万本分の牛乳が生産されると考えると，ホルスタイン種の能力の高さが容易に理解できるであろう．

ここで酪農に話を戻そう．当然のことではあるが，ウシは妊娠して子牛を生まなければ乳を出さない．であるから，酪農家では常に乳用品種から子牛が誕生している．この子牛は，雌であれば後継牛として育てて，再び搾乳に用いることができる．しかし，雄であった場合には，肥育農家に子牛を販売する．肥育農家は子牛を育てて肉用に出荷することで生計を立てている．酪農家にとって子牛は重要な収入源である．ホルスタイン種は大型で比較的成長がよいので，肉用に転用することができる．牛肉の輸入が自由化される以前は，一般の食卓に並ぶ牛肉は，ホルスタイン種の雄を肥育して生産されていた．しかし，ホルスタイン種の肉質は，米国や豪州から輸入される安価な牛肉と大きな差がなく競合が生じた（図3下段）．これによって，乳用品種雄子牛の価格が下落し，酪農経営に大きな打撃を与えた．この頃より，酪農家においてホルスタイン種と黒毛和種の一代雑種の生産が急速に増加する．すなわち，酪農家では保有するホルスタイン種の雌に和牛の精液を人工授精させることで，雑種第一代（F_1 牛）を生産する．F_1 牛は，雌雄共に肥育農家に販売され肉用に供される．F_1 牛は，両品種の遺伝子を 50% ずつ受け継いでいるので形質は安定し，和牛に及ばないまでも脂肪交雑のある肉を生産することができる（図3中段）．ゆえに，乳用雄子牛に比べて高い値段で取引される．食品売り場の精肉コーナーで交雑種として売られている牛肉がこれである．しかし，F_1 牛の生産は，よいことばかりではない．F_1 牛の生産拡大がこのまま続くと，何れはホルスタイン種の後継が減少するのではないかと

図4 日本で飼育されている全てのウシには個体識別番号が書かれた耳標（タグ）が装着されている

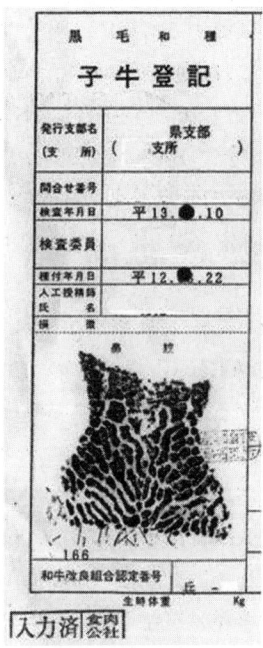

図5 銘柄牛肉に添付されていた子牛登記証明書の抜粋

鼻先の皮膚に存在する凹凸は，人間の指紋と同じように，一個体ごとに異なっており，生涯にわたって変化しない．このため鼻紋は，長年にわたってウシの個体識別に利用されてきた．

危惧されている．実際，都市近郊の酪農家では，妊娠中の若いホルスタイン種を，北海道など外部から購入するケースが増加している．つまり，都市近郊の酪農家では，後継となる子牛の育成は行わずに，乳牛を一世代かぎりで消費する傾向が強まっている．

二つめの事件は，牛海綿状脳症 (Bovine Spongiform Encephalopathy, BSE) 問題である．1986年に英国で初めて見つかったBSEは，ウシの脳に空洞ができ，スポンジ状になる疾患である．BSEは，異常プリオンタンパク質によって引き起こされることから，これに汚染された骨肉粉がウシの飼料に使われたことで広がったとされている[27]．さらに，異常プリオンタンパク質が，ウシの脳など特定危険部位を含む牛肉製品を介してヒトに感染し，致死性の変異型クロイツフェルト・ヤコブ病を引き起こすと指摘されたことによって，BSEは大きな社会問題となった[27]．わが国では，2001年9月にBSEを発症したウシが初めて確認された[27]．これに伴って，国産牛肉の安全性を担保するために全国のすべてのウシに対して10桁の固有番号を付した耳標の装着を行い，生産・異動情報を管理することになった（図4）．

この個体識別番号は，パック詰めされた牛肉にも表示することになっている．また，管理が適正に行われていることを検証するために「牛の個体識別のための情報の管理および伝達に関する特別措置法（牛肉トレーサビリティ法）」に基づいて，牛肉のDNA鑑定が実施されている．DNA鑑定を用いれば，加工された肉に対しても精度の高い個体識別が可能である．DNA鑑定が導入される以前には，図5のように，鼻紋による個体識別が行われていた．

では，実際に（独）家畜改良センターの牛トレーサビリティーを利用してみよう．携帯電話のインターネット接続で http://www.id.nlbc.go.jp/mobile/ にアクセスし，10桁の個

体識別番号を入力すると，出生の年月日，雌雄の別，母牛の個体識別番号，種別（品種），飼養県，異動内容および異動年月日が表示される．BSE対策という本来の目的とは少し離れてしまうが，スーパーで売られている牛肉でも同じように検索できるので，一度検索していただきたい．目の前の夕食に供されたウシは，いつ何処で生まれ，どのような経路をたどって育てられ，いつ生涯を終えたのかを知ることができる．若い学生諸君にとって，動物に関わる産業の広がりを理解するための手がかりになるであろう．

3. 家畜ウシの近縁種

家畜ウシの直接の野生原種であるオーロックスは絶滅してしまったが，同属の野生種に，ヤク（*Bos mutus*），ガウア（*Bos gaurus*），バンテン（*Bos javanicus*）およびコープレイ（*Bos sauveli*）が存在する．アメリカバイソン（*Bison bison*）とヨーロッパバイソン（*Bison bonasus*）を含むバイソン属は，ウシ属に統合すべきだとの主張もあるので，本章では，これらの種を含めて，家畜ウシの近縁種と呼ぶことにする．これらの動物種の系統進化関係を mtDNA シトクローム b 遺伝子の塩基配列に基づいて示すと（図6）のようになる[28,29]．

ウシの近縁種のうちコープレイとヨーロッパバイソンを除外した4種は，家畜ウシとの間で何らかの遺伝的交流が現在も存在する．ウシ属の種間雑種は一般に雄が不妊である．しかし，多くの場合には雑種の雌には繁殖能力がある[30,31]．17世紀に西洋人が入植する前には家畜ウシが全く存在しなかった北アメリカ大陸に分布するアメリカバイソンですら19世紀から20世紀にかけて家畜ウシと交配され品種改良に利用されている[32]．

家畜ウシの近縁種から家畜化された動物の中で，最も数多く飼育されているのは家畜ヤクである．ヤクの生息域は，カシミール高原からチベット高原にかけての標高4,000から6,000m 程の高地である．慣用的に *Bos grunniens* という学名が用いられている家畜ヤクはチベット高原を中心とした標高 3,000m 以上の高地で約 1,300 万頭飼育されている[33]．家畜ヤクは家畜ウシが飼育困難な高地によく適応し，輸送などの使役および肉や乳の生産に利用される．また，丈夫な長い毛はロープや布を編むのに用いられる．さらに乾燥させた糞も燃料として利用されている．

家畜ウシの飼育が困難な高地では，家畜ヤクが純粋種として利用されている．これに対して，もう少し標高が低い外縁地域では，家畜ウシと家畜ヤクとの雑種が積極的に生産されている．

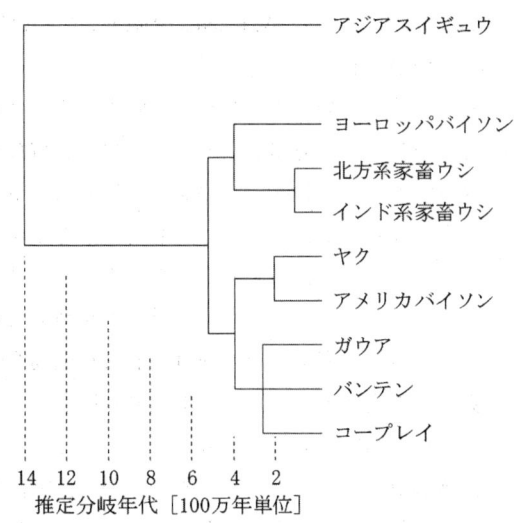

図6　mtDNAの配列に基づいた，家畜ウシとその近縁種の系統関

この交配で得られる F_1 雑種の雄は，家畜ウシより大型で使役や食肉生産に利用されている．しかし，F_1 雑種の雄は，正常な精子をほとんど生産できないので不妊である[34]．これに対して，F_1 雑種の雌には，ほぼ正常な繁殖力があり，乳生産に広く用いられている．つまり，雑種の雌を介してヤクの遺伝子が家畜ウシ集団に流入する機会がある．

ヒマラヤ山脈より南に位置する南アジアから東南アジアにかけて，ウシ属の3種，すなわちガウア，バンテン，およびコープレイが分布している．これらの種の共通祖先は，図6に従えば約450万年前に，オーロックスやバイソンと分岐し，ヒマラヤ山脈より南側に進出した動物種である．

3種の中で最も広い分布域を持っているのがガウアである．ガウアの分布域はインド南部からカンボジアおよびベトナムの森林地帯まで大陸部東南アジアの全域に及ぶ．ガウアと家畜ウシとの交雑は飼育下のみならず野生状態でも起こりうる．近年の例として，マレーシア南部の国立農場に，隣接する森林からガウアの雄が侵入し，家畜ウシとの間で，数頭の雑種が生まれている[35]．この事件は，単独生活する雄のガウアが発情期にある雌の家畜ウシと出会えば，交雑が生じうることを示した例である．

ガウアの家畜型をガヤールもしくはミタンという．この家畜に対して慣用的には *Bos gaurus frontalis* あるいは *Bos frontalis* という学名が用いられている．frontalis とはラテン語の frons（額）と -alis（広い）という言葉の組み合わせである．ミタンが飼育されている中心地域は南アジアと東南アジアの境界となるアラカン山脈である．ミタンは，同じ地域で飼育されている家畜ウシに比べれば大型であるが，野生のガウアに比べれば2～3割小型化している．家畜ウシとの交雑を行っていない純粋なミタンの生産は，この地域の高原に居住するナガ族によって行われている．ナガ族がミタンを飼育する目的は，部族の威信を示し宗教儀式において生け贄に用いるためである[36]．伝統的な飼育方法は，森林の中への放し飼いで，塩を与えることで村落の近くに留めている[37]．これに対して，ブータンおよびインドの Arunachal Pradesh 州では家畜ウシとの雑種を積極的に生産し，搾乳および使役に利用している[37,38]．

東南アジアに分布するウシ属の野生動物で2番目に広い分布域をもつのが，バンテンである．バンテンの分布域の多くはガウアと重複する．しかし，アラカン山脈より西には分布せず，ガウアの分布しないジャワ島およびボルネオ島にも分布する．バンテンにも家畜型が存在する．観光地として有名なインドネシアのバリ島で飼育されているバリウシである．さらにマズラ島で飼育されているマズラウシ（Madura cattle）は，インド系牛とバリウシとの交雑によって改良された地方品種である[38,39]．

このように，家畜ウシと交雑可能な野生動物が分布している地域では，家畜ウシ（インド系牛と北方系牛）に対して別の野生種からの遺伝子流入が存在する．農作物では，異種間の交雑を用いて遺伝子を取り込むことで，抗病性や生産性に関わる有用な形質を獲得する品種改良が広く行われている．しかし，家畜ウシの中に存在する近縁異種由来の遺伝子が，この地域の家畜ウシにどのような影響を与えているのかは，まだ十分に解明されていない．これを解明することができれば，厳しい環境に適合したウシ品種の改良に寄与できると考えられる．

参考文献

1) 農林水産省：畜産統計（平成 22 年 2 月 1 日現在）（農林水産省インターネットサイト http://www.maff.go.jp/j/tokei/sokuhou/tikusan_10/index.html から 2010 年 10 月 21 日引用）．
2) 石原道博：（続編）新編　魏志倭人伝・後漢書倭伝・宋書倭国伝・隋書倭国伝－中国正史日本伝〈1〉岩波書店，東京(1985)．
3) Food and Agriculture Organization of United Nations (FAO). FAO statistical yearbook 2005/2006 Issue 1. FAO, Rome, Italy, (2006).
4) Zeuner, F. E., The history of the domestication of cattle. In : Man and Cattle : proceedings of a symposium on domestication at the Royal Anthropological Institute, 24-26 May 1960. (Royal Anthropological Institute. Occasional Paper No. 18.) (eds. Mourant A. E., & Zeuner F. E) 9-19 (Royal Anthropological Institute of Great Britain and Ireland, London, UK, (1963).
5) Zeuner, F. E. The colour of the wild cattle of Lascaux. Man 53, 68-69 (1953).
6) Heck, H. The breding back of aurochs. Oryx 1, 117-122.
7) 近山金次(訳)：ガリア戦記：Commentarii de Bello Gallico 岩波書店，東京(1964)．
8) Phillips, R. W. World distribution of the major types of cattle. J. Hered. 52, 207-213 (1961).
9) Mattioli, R. C., et al. Immunogenetic influences on tick resistance in African cattle with particular reference to trypanotolerant N' Dama (Bos taurus) and trypanosusceptible Gobra zebu (Bos indicus) cattle. Acta Tropica. 75, 63-77 (2000).
10) Hawks, J. G. Prehistory. New American Library, New York. (1963).
11) Halnan, C. R. E. & Watoson. J. I. Y chromosome variants in cattle Bos taurus and Bos indicus. Genet. Sel. Evol. 14, 1-16 (1982).
12) Loftus, R. T. et al. Evidence for two independent domestication of cattle. Proc. Natl. Acad. Sci. USA. 91, 2757-2761 (1994).
13) Wright, G. A. Origins of Food Production in Southwestern Asia : A Survey of ideas. Curr. Anthropol. 12, 447-477 (1971).
14) Perkins, D. JR. Fauna of Catal Huyuk : evidence for early cattle domestication in Anatolia. Science 104, 177-179 (1969).
15) Troy, C. S. et al. Genetic evidence for Near-Eastern origins of European cattle. Nature 410, 1088-1091 (2001).
16) Jarrige, J. F. & Meadow, R. H. The antecedents of civilization in the Indus Valley. Scientific American 243, 122-133 (1980).
17) Meadow, R. H. The origins and spread of agriculture and pastoralism in South Asia. In: The origins and spread of agriculture and pastoralism in Eurasia. (eds. Harris, D. R.) 390-412 Smithsonian Institution Press. Washington, D. C., (1996).
18) Green, R. E. et al. Analysis of one million base pairs of Neanderthal DNA. Nature 444, 330-336 (2006).
19) Beja-Pereira, A. et al. The origin of European cattle : evidence from modern and ancient DNA. Proc. Natl. Acad. Sci. USA. 103, 8113-8118 (2006).
20) 河野通明：農耕と牛馬，中澤克昭(編)「人と動物の日本史 2 歴史の中の動物たち」吉川弘文館，東京，96-124, (2009)．
21) Mannen, H. et al. Independent mitochondrial origin and historical genetic differentiation of North Eastern Asian cattle. Mol. Phylogenet. Evolut. 32, 539-544 (2004).
22) Mannen, H. et al. Mitochondrial DNA variation and evolution of Japanese Black Cattle. Genetics 150, 1169-1175 (1998).
23) 斎藤正二：日本人と動物，八坂書房，東京(2002)．
24) 津田恒之：牛と日本人－牛の文化史の試み，東北大学出版会，仙台(2001)．
25) 正田陽一(監修)：世界家畜品種事典，東洋書林，東京(2006)．
26) 農林水産省：家畜及び鶏の改良増殖をめぐる情勢　（平成 18 年）（農林水産省インターネットサイト http://www.maff.go.jp/j/chikusan/sinko/lin/l_katiku/zyosei/から 2010 年 10 月 21 日引用）
27) 小野寺節：狂牛病とプリオン生物学，医学出版，東京(2002)．
28) Hassanin, A. & Ropiquet, A. Molecular phylogeny of the tribe Bovini (Bovidae, Bovinae) and the taxonomic status of the Kouprey, Bos sauveli Urbain 1937. Mol. Phylogenet. Evol. 33, 896-907 (2004).
29) Verkaar, E. L. et al. Maternal and paternal lineages in cross-breeding bovine species. Has wisent a hybrid origin? Mol. Biol. Evol. 21, 1165-1170 (2004).
30) Gray, A. P. Mammalian hybrids : a Check-list with bibliography, 2nd edition. Commonwealth Agricultural Bureaux. Farnham Royal, UK, (1972).
31) Pathak, S. & Kieffer, N. M. Sterility in hybrid cattle. I. Distribution of constitutive heterochromatin and nucleolus organizer regions in somatic and meiotic chromosomes. Cytogenet. Cell Genet. 24, 42-52 (1979).
32) Ward, T. J. et al. Differential introgression of uniparentally inherited markers in bison populations with hybrid ancestries. Anim. Genet. 32, 89-91 (2001).
33) Wiener, G., Jianlin, H., & Ruijun, L. The Yak second edition. FAO regional Office for Asia and the Pacific, Bangkok, Thailand. (2003).
34) Tumennasan, K. et al. Fertility investigations in the F1 hybrid and backcross progeny of cattle (Bos taurus) and yak (B. grunniens) in Mongolia. Cytogenet. Cell Genet. 78, 69-73 (1997).
35) Hodges, J. Animal Genetic Resources Information, No. 6, p. 38. UNEP/FAO, Rome. (1987).
36) Simoons, F. J.・山内昶(監訳，他 3)：肉食タブーの世界史，法政大学出版局，東京(1994)．
37) Simoons, F. J. & Simoons, E. S. A ceremonial Ox of India: the mithan in nature. Culture and History. 244-258. University of Wisconsin Press, Madison, USA. (1968).

38) Payne, W. J. A, & Hodges, J. Tropical cattle, origins, breeds and breeding policies. Blackwell Science, Oxford, UK. (1997).
39) Nijman I. J. *et al.* Hybridization of banteng (*Bos javanicus*) and zebu (*Bos indicus*) revealed by mitochondrial DNA, satellite DNA, AFLP and microsatellites. *Heredity* 90, 10-16 (2003).

2

動物応用科学における生殖工学・発生工学分野の発展
～受精機構の解明を目指して～

伊藤 潤哉（麻布大学）

近年，生殖工学・発生工学分野の研究は急速に発展し，多くの哺乳動物で体外受精，顕微授精さらには体細胞核移植（クローン）技術が確立された．このうち体外受精，顕微授精に代表されるような授精技術は，実験動物学および畜産学における実験動物・家畜などの効率的生産だけでなく，生殖補助医療技術（Assisted Reproductive Technology, ART）として，医学分野での臨床（不妊治療）にも用いられるようになっている．これらの技術のほとんどすべては，動物応用科学分野の基礎研究で開発されてきたものであり，体外で生殖細胞（精子，卵および胚）を操作・培養することで可能になり，発展してきた．本項では，これらの技術の紹介と今後残されている問題について紹介したい．

キーワード：受精，精子，卵，凍結保存，クローン

1. 体外受精（In vitro Fertilization, IVF）

現在用いられているような哺乳動物における体外受精は，1963年にハムスターで初めて成功し[1]，その後の改良を経て現在の技術となった．具体的には，性成熟に達した雄の精巣上体から精子を回収し，卵と共培養するという技術である．それ以前の体外受精では，体外受精に用いる精子として，交尾した雄が雌の子宮内に射出した精液を回収し，その精子と卵を共培養することにより，受精卵を作出するというものであった．1963年のハムスターでの成功以降，マウス，ラットを初め多くの動物で体外受精の成功例が報告されている．この体外受精の成功には，「受精能獲得（キャパシテーション，capacitation）」という現象が深く関わっている．

受精能獲得という現象は，1951年，Austin, Chang により別々に報告された[2,3]．受精能獲得とは，「雌の膣内に射出された精子は，雌生殖道内の通過に伴い，排卵された卵と受精可能になる」という生理的な現象であり，このことから初期の体外受精には，子宮内に射出された精子，すなわち受精能獲得が誘起された精子を用いなければならないと考えられていた．言い替えると，現在用いられている体外受精の成功は，精子を体外で受精能獲得させることが可能になったことによるものである．その後多くの研究が行われ，マウスでは次のような受精能獲得機構のモデルが考えられている（図1）．

① 生殖道上皮から分泌されるコレステロール結合因子による精子膜コレステロールの除去
② HCO_3^- の精子細胞質内への流入
③ HCO_3^- 依存性の可溶性アデニル酸シクラーゼ（sAC）の活性化
④ ATP から cAMP の産生

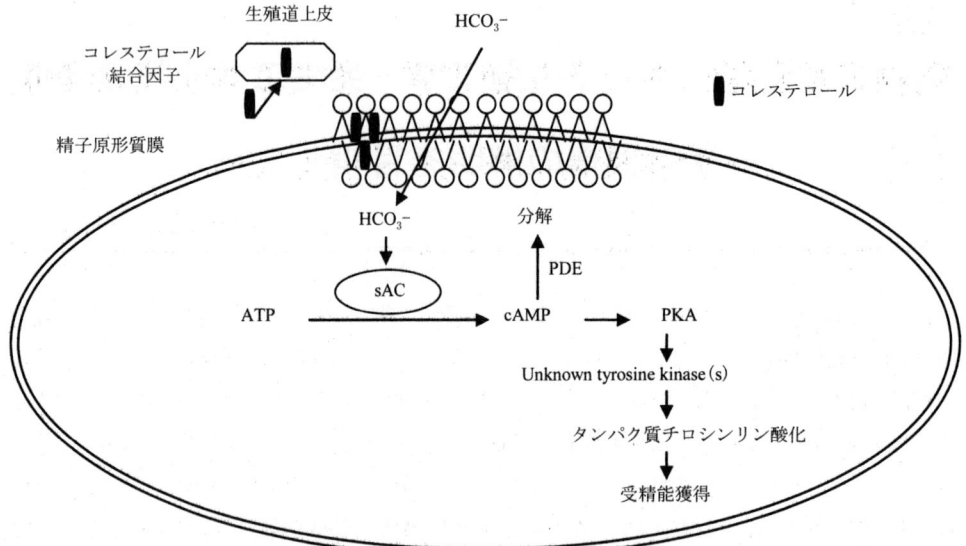

図1 哺乳類精子における受精能獲得機構(マウスモデル)
cAMP:環状アデノシン―リン酸, PDE:ホスホジエステラーゼ, PKA:プロテインキナーゼA

⑤　プロテインキナーゼA(PKA)の活性化
⑥　タンパク質チロシン残基のリン酸化

　すなわち，最終的に精子内タンパク質のチロシンリン酸化が受精能獲得に関与していると考えられている．このタンパク質のチロシンリン酸化は，マウス以外の哺乳類精子でも同じ現象が報告されている．そこで現在用いられている体外受精技術は，上記の機構を模倣するためにウシ血清アルブミンを用いることで，精子膜コレステロールを除去し，人為的に受精能獲得を誘起している．近年では，同様に膜コレステロールの除去作用をもつサイクロデキストリン等を精子希釈液に添加することにより，効率よく受精能獲得が誘起できることも報告されている．

　さらに現在では，多くの動物で新鮮精子だけでなく，凍結融解精子を用いた体外受精技術も確立されている．家畜では，ウシ等で射出した精子を凍結し，人工授精・体外受精に用いている．事実，日本で生産されているウシのほとんどすべてが，凍結精子を人工授精することにより誕生している．一方，実験動物では凍結した精巣上体精子を体外受精に用いることが一般的になっている．実験動物における凍結精子を用いた体外受精技術は，家畜と比べて新しく，1990年代になってマウスにおいて初めて成功した[4-6]．しかし，マウスと同様にげっ歯類であるラットは，1968年には新鮮精子を用いた体外受精に成功していたにも関わらず[7]，凍結精子からの個体作出は長い間成功例が報告されていなかった．我々の研究室では，ラット精子の凍結保存および体外での受精能獲得について研究を行い，2001年には人工授精[8]で，2009年には体外受精[9]により，初めて産仔を作出することに成功した．この研究により凍結したラット精子では受精能獲得が著しく抑制されていることは明らかとなったが，現在までのその詳しいメカニズムは明らかにされていない．近年，ラットにおいて胚性幹細胞(ES細胞)[10,11]や人工多能性幹細胞(iPS細胞)[12,13]の樹立

が報告されていることや，ES細胞，iPS細胞を用いたキメラ動物の作製，さらにはzinc-finger nuclease発現ベクターを用いた遺伝子ノックアウト動物の作製も今後，汎用的な技術になると考えられる[14,15]．以上のことから，凍結精子を用いたラット体外受精技術は，これらの分野の研究に大きく貢献できるものと思われる．

2. 顕微授精

体外受精は，ある程度の精子の数と運動性を必要とするのに対し，顕微授精は理論上，一つの雄性生殖細胞と一つの雌性生殖細胞から受精卵を作出することができる技術である．顕微授精には，囲卵腔内精子注入法や卵細胞質内精子注入法（Intracytoplasmic sperm injection，ICSI）等の技術があるが，現在多くの分野で用いられている技術は，ICSIである．ICSIは，マイクロマニピュレーターを用いて，顕微鏡下で精子を卵細胞質内に注入して授精させる技術で，実験動物，家畜さらにはヒトまで多くの哺乳類で個体の作出に成功している．ICSIでは，細いガラスキャピラリーを用いて精子を直接注入するため，受精能獲得，先体反応といった通常の受精に必須な現象をバイパスすることが可能である．哺乳動物におけるICSIの成功は，1976年のUehara & Yanagimachi[16]のハムスターでの報告が初めてである．その後，ウサギやウシなどの動物で，ICSIを介した産仔の作出例が報告された．初期のICSIでは，精子を注入した後の卵の多くで卵細胞膜が破れ，卵の生存率は低く，効率的に受精卵を作出することができなかった[17]．しかしその後，プライムテック社が開発したピエゾマイクロマニュピレーター（PMM）が用いられ，精子注入時の卵細胞膜へのダメージを減らすことが可能となり，ICSI卵の高い生存率が得られるようになった．現在では，PMMを用いたピエゾICSIが，少なくとも実験動物，家畜においてはICSIの主役となっている．我々の研究室においても，体外成熟培養したブタ卵にICSIし，初めて産仔を得ることに成功しているほか，ラット精子を酵素あるいは界面活性剤で処理することにより，先体膜を除去し，ICSI効率を改善することにも成功している[18,19]．

また，ピエゾICSIの開発は，さらに多くの技術へ応用されている．例えば，それまで形質転換動物（トランスジェニック，Tg）動物の作製には，1細胞期の受精卵の核にDNAを顕微注入する方法が用いられていた[20]．しかしピエゾICSIの開発により，精子にDNAを付着させ，成熟卵に注入することにより，Tg動物を作製するICSI-Tgという新たな技術も開発された[21]．さらに，精子形成前の細胞，円形精子細胞，精母細胞などからも顕微操作により産仔を作製できることが，マウスなどで証明されている[22]．

3. 体細胞核移植

PMMが開発されたことにより，さらに高度な卵・胚操作も可能となった．1997年Wilmutら[23]は，羊において乳腺細胞をドナーとして用い，除核した成熟卵をレシピエントとして細胞融合することで，哺乳類で始めて体細胞クローン（ドリー）の作製に成功した．当初は，その作製効率や高い技術を必要とすることから，追試がうまくいかなかったが，その後マウス，ウシなどほかの哺乳類でも体細胞クローンが作製できることが証明さ

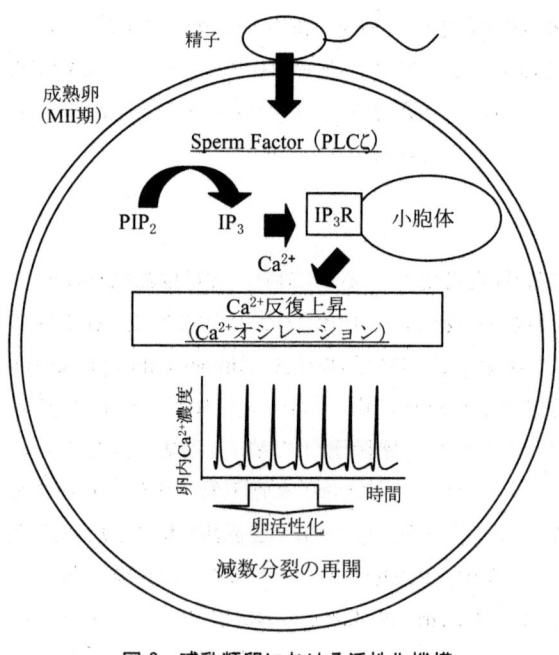

図2 哺乳類卵における活性化機構

れ，現在では多くの哺乳類でクローン個体の作製に成功している．特に，1998年若山ら[24]が，マウス体細胞クローンの作製に用いた「ホノルル法」（除核した成熟卵の細胞質に，体細胞核をPMMにより直接注入する方法）は，その後多くの動物における体細胞核移植に応用されている．一方，作製されたクローン個体において，異常が認められることも報告されている．この原因については詳細には明らかにされていないが，体細胞核が充分に初期化していない可能性が考えられている．

以上のように現在では，多くの生殖工学・発生工学技術が開発され，その一部はARTとして医療分野にまで応用されるようになった．しかし，現在までの研究において，ICSIや体細胞核移植により作製された胚の発生率は，体内受精卵と比べて低いことも知られており，さらに家畜においてその胚発生率は著しく低い．原因として，受精卵の発生時における後天的な修飾等いくつかの原因が考えられているが，その一つとして「卵活性化」が充分でないことがあげられる．

受精時において，透明帯を通過した精子は，卵細胞膜に結合する．精子の卵細胞膜の融合により，最終的に卵細胞質内のCa^{2+}反復上昇（Ca^{2+}オシレーション）が誘起される．Ca^{2+}上昇により，第二減数分裂中期で減数分裂を停止していた卵が，減数分裂を再開する．その後，卵は減数分裂を完了し初期胚発生へと移行する．これら一連の現象を「卵活性化」と呼んでいる（図2）．

4. 卵活性化に関わる因子

精子が卵をどのように活性化させるのかについては，古くからいくつかの説が考えられてきた．以前は，精子膜上のリガンドと卵細胞膜上のレセプターが結合し，卵活性化が誘起されるというレセプター説が有力であった[25]．しかし，ICSIにより卵活性化が誘起されたことから，精子膜と卵細胞膜の融合は卵活性化に必須ではないことが明らかにされ，現在では精子細胞質内に卵活性化因子（Sperm Factor, SF）が存在するというSF説が有力となっている．SFの正体については，様々な動物で種々の研究が行われ，オスシリンなどいくつかの分子がSFであると報告されたが，その後の研究によりSFではないと否定された．2002年，Saundersら[26]が，マウスを用いて精巣特異的に発現するホスホリパーゼCゼータ（Phospholipase C zeta, PLCζ）がSFであると報告した．その後ヒト，

サル，ラット，ブタ，ウシ，ニワトリさらにはメダカにおいても PLCζ がクローニングされた．実際に，PLCζ の mRNA を卵に注入すると Ca^{2+} オシレーションが誘起されたことから，PLCζ は多くの動物に共通して存在する SF であると考えられるようになった．我々の研究室においても，ウマにおいて PLCζ のクローニングに初めて成功した [27]．ウマ PLCζ は，他の動物種と同様に Ca^{2+} オシレーションを誘起するのに十分であること，またウマ PLCζ のアミノ酸配列は，ブタに最も近いことが明らかとなっている．その一方で，現在までに両生類での PLCζ に関する報告はなく，別の分子が Ca^{2+} オシレーションを引き起こすことも報告されていることから，両生類では別の SF によって卵活性化が引き起こされている可能性がある．

PLCζ は，PLC アイソザイムの一つであり，N 末端側に 4 つの EF ハンドドメイン，ホスファチジルイノシトール二リン酸（PIP_2）を分解する触媒ドメインである X と Y および C 末端側に C2 ドメインをもっており，他の PLC のアミノ酸配列と似ているが，ホスファチジルイノシトール（PI）と結合する部位が存在せず，その分短い．PLCζ タンパクは，約 74 kDa であり，精子一つに含まれる PLCζ 量は，Ca^{2+} オシレーションを誘起させるのに充分であることも示されている [26, 28]．受精が起こり，精子が卵細胞膜と結合すると比較的早い時間で，PLCζ は卵細胞質内に拡散する [29]．その後，PLCζ は PIP_2 の加水分解を誘起し，イノシトール三リン酸（IP_3）およびジアシルグリセロール（DG）を産生する．IP_3 は小胞体上にある IP_3 受容体（IP_3R）に結合し，小胞体内に蓄えられた Ca^{2+} を卵細胞質内に放出する．また DG は，表層顆粒の放出を促し，透明帯反応（他精子受精の拒否）を起こす．受精後 PLCζ は，前核の形成に伴い核内に移行し，PLCζ の核移行に伴って Ca^{2+} オシレーションは終了すると考えられている [30]．しかし，最近になってマウス以外の動物種（ラット，メダカ）では，PLCζ の核移行が起こらなかったことが報告されており [31]，PLCζ の核移行が動物種に共通な現象かどうかに関しては，未だ解決されていない．

5. Ca^{2+} オシレーションと卵活性化

過去の実験結果から，細胞内 Ca^{2+} 上昇を誘起させる Ca^{2+} イオノフォアなどの試薬あるいは電気パルスなどの刺激によっても，人為的に卵活性化を誘起できることが明らかとなっている [32]．これらの処理は，一過性の Ca^{2+} 上昇しか誘起できないが，体細胞を核移植した再構築胚や ICSI 卵の活性化には，一過性の Ca^{2+} 上昇でも充分であることが実験的に示されている．しかし Ozil ら [33] は，Ca^{2+} オシレーションの回数を人為的に調整する実験を行い，少ないオシレーション数で活性化を誘起された卵は，発生率そのものは変化しないが，胚盤胞期における遺伝子の発現が通常の受精卵と異なること，また胚移植後，生まれた産仔の成長が異なることなどを報告し，卵活性化における Ca^{2+} オシレーションの重要性を示している．

卵内 Ca^{2+} 上昇は，小胞体上の IP_3R に IP_3 が結合し，小胞体から Ca^{2+} が放出されることにより起こる [34]．IP_3R は，哺乳類では 3 タイプが知られているが，卵で最も発現している IP_3R は，タイプ 1 であることが明らかにされている [35]．未成熟卵（第一減数分裂前期）に PLCζ を注入しても Ca^{2+} オシレーションが誘起されないことから，卵は減数分裂の

過程でCa^{2+}オシレーション誘起能を獲得していると考えられる．一方，減数分裂を完了した卵では，Ca^{2+}オシレーション誘起能を持たないことから，受精によりCa^{2+}オシレーション誘起能は消失すると考えられる．しかし，IP$_3$Rの発現量は，未成熟卵から減数分裂を完了した受精卵に至るまで変化しない．このことは，Ca^{2+}オシレーション誘起能は，IP$_3$Rの発現量に依存しているわけではないことを示唆している．

　我々の研究室では，IP$_3$Rのリン酸化量に着目し，未成熟卵ではIP$_3$Rのリン酸化がほとんど起こっていないこと，一方，成熟卵ではIP$_3$Rの著しいリン酸化が起こっていること，さらには，受精卵では再びIP$_3$Rのリン酸化はほとんど起こっていないことを示し，IP$_3$Rのリン酸化とCa^{2+}オシレーション誘起能との間には密接な関係があることを明らかにした[36]．さらに，IP$_3$Rのリン酸化には，減数分裂の進行に重要な役割を果たす細胞周期制御因子であるmitogen-activated protein kinase（MAPK）やpolo like kinase 1（Plk1）が必要であることも明らかにしている[36,37]．我々は，IP$_3$Rがリン酸化されることにより，IP$_3$に対するIP$_3$Rの感受性が高まり，結果として小胞体からのCa^{2+}放出が促進されるのではないかという仮説を考えている．今後の研究により，IP$_3$Rのリン酸化部位などが明らかにされれば，IP$_3$Rのどの部位のリン酸化がCa^{2+}オシレーション誘起能と関与しているか明らかになると考えられる．

まとめ

　生殖工学・発生工学分野の研究は，最も急速に発展してきた．体外受精，顕微授精さらには体細胞核移植といった多くの技術が開発され，その一部はARTとしてヒトの臨床にも用いられているようになった．しかし，体外で操作した胚の発生率は，体内のものと比べて低く，また体細胞クローンの作製効率も未だ数パーセントと未だ解明されていない部分が多い．PLCζやIP$_3$RといったCa^{2+}オシレーションの制御に関与する因子の役割を明らかにし，受精機構を解明できれば，これら生殖工学・発生工学技術のさらなる発展に貢献できると考えられる．

参考文献

1) Yanagimachi R, Chang MC. Fertilization of hamster eggs *in vitro*. *Nature*, **200**, 281-282 (1963).
2) Chang MC. Fertilizing capacity of spermatozoa deposited into the fallopian tubes. *Nature*, **168**, 697-698 (1951).
3) Austin CR. Observations on the penetration of the sperm in the mammalian egg. *Aust J Sci Res*, **4**, 581-596 (1951).
4) Yokoyama M, Akiba H, Katsuki M, Nomura T. Production of normal young following transfer of mouse embryos obtained by *in vitro* fertilization using cryopreserved spermatozoa. *Jikken Dobutsu* **39**, 125-128 (1990).
5) Tada N, *et al*. Cryopreservation of mouse spermatozoa in the presence of raffinose and glycerol. *J Reprod Fertil*, **89**, 511-516 (1990).
6) Takeshima T, Nakagata N, Ogawa S. Cryopreservation of mouse spermatozoa. *Jikken Dobutsu* **40**, 493-497 (1991).
7) Toyoda Y, Chang MC. Sperm penetration of rat eggs *in vitro* after dissolution of zona pellucida by chymotrypsin. *Nature* **220**, 589-591 (1968).
8) Nakatsukasa E, *et al*. Generation of live rat offspring by intrauterine insemination with epididymal spermatozoa cryopreserved at -196 degrees C. *Reproduction* **122**, 463-467 (2001).
9) Seita Y, Sugio S, Ito J, Kashiwazaki N. Generation of live rats produced by *in vitro* fertilization using cryopreserved spermatozoa. *Biol Reprod*, **80**, 503-510 (2009).
10) Buehr M, *et al*. Capture of authentic embryonic stem cells from rat blastocysts. *Cell* **135**, 1287-1298 (2008).
11) Li P, *et al*. Germline competent embryonic stem cells derived from rat blastocysts. *Cell* **135**, 1299-1310 (2008).
12) Liao J, *et al*. Generation of induced pluripotent stem cell lines from adult rat cells, *Cell Stem Cell* **4**, 11-15 (2009).
13) Li W, *et al*. Generation of rat and human induced pluripotent stem cells by combining genetic reprogramming and chemical inhibitors, *Cell Stem Cell* 416-419 (2009).
14) Mashimo T, *et al*. Generation of knockout rats with X-linked severe combined immunodeficiency (X-SCID) using zinc-finger nucleases. *PLoS One* **5**, e8870 (2010).
15) Geurts AM, *et al*. Knockout rats via embryo microinjection of zinc-finger nucleases. *Science* 325-433 (2009).
16) Uehara T, Yanagimachi R. Microsurgical injection of spermatozoa into hamster eggs with subsequent transformation

of sperm nuclei into male pronuclei. *Biol Reprod* 15, 467-470 (1976).
17) 木村康之. Piezo ICSI の開発. *J Mamm Ova Res* 26, 69-78 (2009).
18) Nakai M, *et al*. Viable piglets generated from porcine oocytes matured *in vitro* and fertilized by intracytoplasmic sperm head injection. *Biol Reprod* 68, 1003-1008 (2003).
19) Seita Y, Ito J, Kashiwazaki N. Removal of acrosomal membrane from sperm head improves development of rat zygotes derived from intracytoplasmic sperm injection. *J Reprod Dev* 55, 475-479 (2009).
20) Gordon JW, *et al*. Genetic transformation of mouse embryos by microinjection of purified DNA. *Proc Natl Acad Sci USA* 77, 7380-7384 (1980).
21) Perry AC, *et al*. Mammalian transgenesis by intracytoplasmic sperm injection. *Science* 14 ; 284 : 1180-1183 (1999).
22) Ogura A, Ogonuki N, Inoue K, Mochida K. New microinsemination techniques for laboratory animals. *Theriogenology* 59, 87-94 (2003).
23) Wilmut I, *et al*. Viable offspring derived from fetal and adult mammalian cells. *Nature* 385, 810-813 (1997).
24) Wakayama T, *et al*. Full-term development of mice from enucleated oocytes injected with cumulus cell nuclei. *Nature* 394, 369-374 (1998).
25) Kurokawa M, Sato K, Fissore RA. Mammalian fertilization : from sperm factor to phospholipase Czeta. *Biol Cell* 96, 37-45 (2004).
26) Saunders CM, *et al*. PLC zeta : a sperm-specific trigger of Ca^{2+} oscillations in eggs and embryo development. *Development* 129, 3533-3544 (2002).
27) Sato K, *et al*. Molecular cloning and Molecular cloning and its characteristics of phospholipase C zeta (PLCζ) in the horse. *Mechanisms of Egg maturation and Fertilization* (abstract) (2010).
28) Kurokawa M, *et al*. Proteolytic processing of phospholipase Czeta and $[Ca^{2+}]i$ oscillations during mammalian fertilization. *Dev Biol* 312, 407-418 (2007).
29) Yoon SY, Fissore RA. Release of phospholipase C zeta and $[Ca^{2+}]i$ oscillation-inducing activity during mammalian fertilization. *Reproduction* 134, 695-704 (2007).
30) Miyazaki S, Ito M. Calcium signals for egg activation in mammals. *J Pharmacol Sci* 100, 545-552 (2006).
31) Ito M, *et al*. Difference in Ca^{2+} oscillation-inducing activity and nuclear translocation ability of PLCZ1, an egg-activating sperm factor candidate, between mouse, rat, human, and medaka fish *Biol Reprod* 70, 1081-1090 (2008).
32) Ito J, Shimada M, Terada T. Mitogen-activated protein kinase kinase inhibitor suppresses cyclin B1 synthesis and reactivation of $p34^{cdc2}$ kinase, which improves pronuclear formation rate in matured porcine oocytes activated by Ca^{2+} ionophore. *Biol Reprod* 70, 797-804 (2004).
33) Ozil JP, *et al*. Ca^{2+} oscillatory pattern in fertilized mouse eggs affects gene expression and development to term. *Dev Biol* 300, 534-544 (2006).
34) Jellerette T, *et al*. Cell cycle-coupled $[Ca^{2+}]i$ oscillations in mouse zygotes and function of the inositol 1, 4, 5-trisphosphate receptor-1. *Dev Biol* 274, 94-109 (2004).
35) Fissore RA, *et al*. Differential distribution of inositol trisphosphate receptor isoforms in mouse oocytes. *Biol Reprod* 60, 49-57 (1999).
36) Ito J, *et al*. Inositol 1, 4, 5-trisphosphate receptor 1, a widespread Ca^{2+} channel, is a novel substrate of polo-like kinase 1 in eggs. *Dev Biol* 320, 402-413 (2008).
37) Lee B, *et al*. Phosphorylation of IP_3R1 and the regulation of $[Ca^{2+}]i$ responses at fertilization : a role for the MAP kinase pathway. *Development* 133, 4355-4365 (2006).

3

遺伝子改変動物の作出と応用

柏崎 直巳 (麻布大学)

　人為的に操作した遺伝子を動物の生殖系列へ導入したり，ゲノムを改変したりして作出した動物を遺伝子改変動物という．これは遺伝子機能解析等の研究手法として，さらには有用タンパク質生産や異種臓器移植用ドナー等に応用されようとしている．遺伝子改変動物の作出効率は低いが，ジーンターゲッティングは，マウス以外の動物種でも適用可能となった．遺伝子改変動物の維持・保存には，配偶子・胚の超低温保存が重要である．最近では，変異原物質の投与，特定塩基配列を認識させて DNA を切断する手法により，特定遺伝子の機能を喪失させる技術も開発され，今後，遺伝子改変動物は研究手法だけでなく，新たな動物の育種法としても重要となろう．

キーワード：遺伝子改変動物，ジーンターゲッティング，配偶子・胚の超低温保存

1. はじめに

　1982 年，マウス個体に導入（生殖系列ゲノムに組み込むということ）されたラット成長ホルモン遺伝子が発現し，ほぼ 2 倍に大型化したスーパーマウスが，大きなニュースとなった．これが，哺乳類における遺伝子改変により個体レベルでの形質転換を肉眼で明白に示した最初の研究成果[1]で，非常に大きなインパクトを与えた．そして，その 3 年後には同じように成長ホルモン遺伝子が家畜（ウシ・ヒツジ・ウサギ）へ導入され，遺伝子改変家畜が作出された[2]．それまでの家畜の改良は，長い年月を経て有用な形質を選抜し，交配を繰り返してその形質を固定する育種が行なわれてきた．ところが遺伝子を人為的に操作する遺伝子工学が発展し，様々な遺伝子の機能が明らかにされ，さらには人為的に遺伝子操作したものを大腸菌等の微生物へ導入して目的のタンパク質を作り出すことができるようになった．このような技術的背景から，動物の個体へ人為的に操作した遺伝子を導入し，そして発現させて，その個体の形質を転換させようとする研究が哺乳類を対象に展開されるようになった．

　その後，生殖系列へも分化しうる幹細胞株の樹立[3,4]，簡便な遺伝子機能の解明，ジーンターゲッティング[5-7]や体細胞クローン技術の開発[8]等の周辺技術が次々と発展した．また，コンディショナルなトランスジーンの発現制御系も開発され，現在では生命科学や医学の領域を中心に，この遺伝子改変動物が様々な目的で作出されて，応用されている[9-13]．

　一方，家畜における畜産物の生産を目的とした遺伝子改変動物の研究は，その畜産物が食料であること，遺伝子組換え生物に対する消費者の理解が難しいこと，家畜でのトランスジーンの発現制御が難しいことなどから，遺伝子改変家畜の実用化には至っていない[12]．しかし，その生産性が高いことからバイオリアクターの対象動物として，さらには今後予想される地球温暖化等の環境問題や食料増産等の解決策の 1 つとして，家畜に対する遺伝子改変技術も重要であろう[11]．さらにブタは，その臓器の形態と機能がヒトと類似していることや衛生・飼育管理システムが確立されている点，さらには食料として利用さ

れていることにより倫理的な点で受け入れられやすいことから，ヒト用代替臓器・組織・細胞を生産させる対象応用動物とされ，この分野で活発に研究が展開されている[13]．

最近になって，遺伝子改変動物作出に関連したいくつかの革新的な手法[17,19]が報告されたことから，今後，このような遺伝子改変動物の応用は，生命科学や医療に関連した分野を中心に，研究応用がさらに進展するものと期待される．さらに，このような遺伝子改変動物のような貴重な遺伝資源の効率的な維持や保存には，生殖系列細胞（精子，精粗細胞，卵，卵母細胞，受精卵，初期胚，卵巣，精巣等）を超低温保存（凍結保存およびガラス化保存）することが非常に重要である．

このような遺伝子改変動物に関する研究開発で忘れてはいけないことは，生命倫理の観点である．動物個体，特に哺乳類を対象にこのような遺伝子レベルの改変を人為的に行なうことに対し，決して生命への畏敬の念を忘れてならない．

2. 遺伝子改変動物とは

人為的に操作した遺伝子を導入した動物，すなわち操作した遺伝子を生殖系列へ導入した動物のことを遺伝子改変動物，遺伝子組換え動物，あるいはトランスジェニック動物という[14]．この遺伝子操作した遺伝子のことをトランスジーンという．さらに，トランスジーンを導入するのではなく，変異原物質の投与，DNA nuclease 等を利用して，特定の遺伝子を破壊して欠失させたノックアウト，特定の遺伝子に付加置換したノックインあるいはゲノムを改変した動物等も遺伝子改変動物である．

3. 遺伝子改変動物の応用

実験動物（マウス，ラット等）や家畜（ブタ，ウシ等）等の高等動物においても遺伝子組換え（genetically modified：GM）体が作出され，研究のツールとして，あるいは様々な目的で応用されている[9-13]．

実験動物においては，マウス・ラット・ウサギ等で個体レベルでの遺伝子の働きを明らかにするために，遺伝子改変動物を作出したり，原因関連遺伝子を発現させて疾患モデルとなる動物を開発したり，病原体への感受性を獲得させた遺伝子改変動物を作出し，その疾患の研究や治療法や薬の開発に応用されている．最近では，日本の研究グループによって，初めての霊長類での遺伝子改変マーモセットも作出された[15]．また，ウシ・ヤギ・ヒツジ等の家畜では，ミルク中あるいは血液中等にヒトの薬品となるタンパク質を生産する動物工場としてのバイオリアクター，あるいはヒト臓器移植のドナー不足を補うために移植した際に拒絶反応がおこりにくい臓器を有するブタ等が開発されている．

3.1 個体レベルでの遺伝子機能解析

研究の初期には，調べようとする遺伝子を動物個体へ導入して発現させ，個体レベルでの表現型を調べて遺伝子機能を探ろうとした．しかし，単に目的の遺伝子を動物へ導入しても，その導入した遺伝子の発現が個体ごとに異なることやその発現時期を制御することが難しいことから，個体レベルでの機能解析としては満足しうるものではなかった．そこで，個体レベルで特定遺伝子の機能を解析するには，特定の遺伝子が機能しない遺伝子を

作り（ジーンターゲッティング），導入する動物のその特定遺伝子をその操作した遺伝子に置き換えた個体を作出し，そして，その個体の表現型を調べることにより，その遺伝子の個体レベルでの機能を解析する系が開発された．このような遺伝子改変動物が，特定遺伝子のノックアウト（KO）動物である．この KO 動物は，未分化で生殖系列へ分化しうる胚性幹細胞（embryonic stem cell：ES）株を用いてしか作出できなかったことから，このような ES 細胞株を樹立することができるマウスでしか，KO 動物は作ることができなかった．それでも，この KO マウスの作出によって，非常に多くの重要な遺伝子の機能が解明され，多くの生命現象の解明に貢献してきた．そして，このように KO マウスを作出して生体での特定遺伝子機能を解明するシステムの開発研究が 2007 度のノーベル生理学・医学賞を受賞した[5-7]．

さらに最近では生殖工学や遺伝子工学の技術周辺技術が進歩し，体細胞でジーンターゲティングしたものを核移植により個体にする方法[16]（体細胞クローン法），特定の塩基配列を認識するタンパク質と nuclease を組み合わせて，そのようなタンパク質をコードする DNA もしくは RNA を胚へ顕微注入する方法[17]や生殖細胞に対する変異原性物質を投与して次世代の子孫をスクリーニングする方法[18]等，様々な方法で特定遺伝子 KO 動物が作出されるようになった．

3.2　バイオリアクター

ヒトの治療用あるいは生命科学等の試薬として価値のあるタンパク質を効率的に生産させる方法として，動物，特に家畜のミルクや血液中に目的のタンパク質を作らせる方法が応用されている[9-10]．動物を対象生物としたこのバイオリアクターは，「動物工場」とよばれている．この応用は，トランスジーンとして乳腺等で発現するプロモーターと生産させたいタンパク質の構造遺伝子とを結合させ，このキメラ遺伝子をトランスジーンとして遺伝子改変動物を作出して，目的のタンパク質を乳腺等の特定組織で発現させ，ミルクあるいは血液中に目的のタンパク質を生成させるものである．さらに，遺伝子レベルのみならず染色体レベルでヒト遺伝子をウシに導入してヒト化させ，ヒト抗体を効率的に生産するウシの作出が成功している[19]．このような「動物工場」によるヒト治療用タンパク質の生産には多くの利点がある．それは，生産コストの低減，ウイルス等の病原体の混入・汚染の回避，目的タンパク質への糖鎖付加等のタンパク質翻訳後の修飾が可能な点である．

3.3　家畜の改良

家畜へ新たな形質を獲得させ，その畜産物の生産効率を改良，あるいは畜産物の改良を目的とした研究が行なわれてきた[11]．

ウシでは，ニュージーランドの研究グループがミルク中のタンパク質を増量させたホルスタインが遺伝子改変技術によって作出されている[20]．これはチーズ生産用の乳牛としての応用の可能性を示している．

ブタでは，成長関連因子のタンパク質を適切なレベルで発現させると，成長が早くなるばかりでなく，その生産物の豚肉も赤身量が増加し，かつ脂肪量が減少することが示されている．また，近畿大学を中心とした研究グループは，ブタの脂肪中にホウレンソウ由来脂肪酸産生酵素の遺伝子を導入し，豚肉中に植物中に存在する脂肪酸（リノール酸）を含

有させることに成功している[21]．さらに，養豚産業にとって排泄物の処理は非常に大きな問題となっている．この環境問題の1つの解決策として，糞中の有機リンを分解させる消化酵素フィターゼ（ブタがもっていない消化酵素）を唾液腺で発現させることにより，排泄物中のリンの含有量を低減化させることがカナダの研究グループによって実証されている[22]．

3.4 異種移植

ヒト臓器不全の治療法として「臓器移植」が行なわれている．この治療法の大きな問題点として，提供臓器不足と移植後の拒絶反応がある．この問題解決のために，ヒトへの臓器移植提供を動物で代替しようとする「異種移植」がある．この目的のために，ヒト臓器提供用の遺伝子改変動物を開発しようとする研究が展開されている[13]．すでにその対象動物は，ヒトとの臓器形態・機能の類似性，家畜としての非常に長い利用の歴史があることや倫理的理解が得られやすいなどの理由から，ブタで行なうことを関連学会が決めている．

ブタ臓器をヒトへ移植すると，すぐに移植されたブタの臓器は機能を失なう．これは，ヒトがもっているブタ細胞に対する抗体が移植された臓器の細胞と抗原抗体反応をおこし，さらに補体によって移植された臓器が機能しなくなる．これが最初におきる拒絶反応（超急性拒絶反応）である．この拒絶反応を回避するためには，ヒトがもつブタ細胞に対する抗体が反応するブタ細胞の抗原がない遺伝子改変ブタを作出すれば，この超急性拒絶反応はおきないのではないか．この考えに基づいた遺伝子改変ブタ，すなわちその抗原を生成しないブタが「体細胞クローン法」によって作出された[16]．

4. 遺伝子改変動物の作出法

動物個体へトランスジーンを導入するということは，その動物の生殖系列へトランスジーンを導入するということである．すなわちトランスジーンの導入操作によって誕生した動物個体の子孫へ，そのトランスジーンが伝達するということである．

動物個体へトランスジーンを導入する手法としては，これまでは主に前核期1細胞期胚（受精卵）の前核へ微小なガラス管を用いてトランスジーンの溶液を注入する「DNA顕微注入法」が用いられてきた．しかし，この方法ではトランスジーンの染色体上の挿入部位（位置）がランダムであるために，そのトランスジーンの発現の有無あるいは強弱，あるいはそのトランスジーンの子孫へ伝達，挿入された部位にもともとあった遺伝子の機能への影響等，これらを制御することが難しいという問題がある[23]．

遺伝子改変動物を作出するには，受精，初期発生あるいは生殖系列の特性を深く理解し，さらには生殖細胞や胚の顕微操作，胚移植を含めた生殖工学技術を駆使する必要がある．さらに最近，分化した体細胞を未分化な状態の細胞（induced pluripotent stem cells: iPS）にさせる画期的な研究が京都大学から発信された[24]．この手法で作出したマウスiPS細胞からマウス個体も作られた[25,26]ことから，このiPS細胞を遺伝子改変動物作出系に応用することも行なわれていくものと考えられる．

4.1 DNA 顕微注入法

ドナー動物から採取した前核期胚の一方の前核（通常は雄性前核）へ倒立顕微鏡下で微小ガラス管を用いて DNA 溶液を注入する．その前核期胚をレシピエント動物の卵管内に移植し，誕生した動物の一部が遺伝子改変動物である．この方法による遺伝子組換え動物の作出効率は，相対的によいとはいえない[23]．

最近では，注入する遺伝子等の工夫により，この DNA 顕微注入法（RNA の細胞質への注入でも作出できる）でも特定遺伝子のダブルストランドブレークを誘起させてその切断部分が修復されることにより，この遺伝子機能が喪失する手法がラットで報告された[17]．この方法は，ES 細胞や体細胞クローン法よりも，作出効率やコスト面等の有利な点が多く，トランスジーンが挿入されないなどの理由から，今後はこの方法によってノックアウト動物が多く作出されるであろう．

4.2 胚性幹細胞（ES 細胞）法

この方法によって特定の遺伝子を破壊して欠失させたノックアウトマウス，あるいは逆に特定の遺伝子に付加置換したノックインマウスが作出できる．これらの遺伝子改変マウスは，マウス胚性幹細胞（ES 細胞）株であらかじめこのような遺伝子改変操作を行ない，目的の細胞を選択する．そして，その細胞と初期胚とのキメラ胚を作り，そのキメラ胚を胚移植してキメラ個体を誕生させる．そしてキメラ個体の子孫から，遺伝子改変を行なった細胞由来の個体を選択し，それらの交配によって操作した遺伝子座をホモにして，ノックアウトマウスあるいはノックインマウスを作り出す．したがって，この方法には ES 細胞株が必要である．最近まで，生殖系列へ分化しうる ES 細胞株はマウスでしか樹立されていなかったため，この方法はマウスだけが対象であった．この方法により，これまでに非常に多くの遺伝子の機能が明らかにされ，多くの生命現象の解明に貢献してきた．また，最近になってラットでも生殖系列へ分化しうる ES 細胞株の樹立が報告[27,28]されたことから，今後はノックアウトラットが多く作出されるかもしれない．

4.3 体細胞クローン法

ES 細胞法による遺伝子改変動物作出に利用できる未分化な細胞株（ES 細胞株等）は，マウスとラット以外の動物種では確立されていない[1]．しかし，これら以外の動物種においても特定の遺伝子の働きを欠失させた遺伝子改変個体作出の要求は高く，ついにその作出法が開発された．その1つが体細胞クローン法である．すでに，体細胞を培養し，その遺伝子を組換える技術は確立されており，研究の目的に応じて培養細胞の遺伝子を改変することができる．そして，目的の遺伝子組換えされている培養細胞を選択し，その細胞核を「核移植」における核のドナー（提供者）として未受精卵の細胞質内に直接注入もしくは電気刺激により細胞融合させて導入することによりクローン胚（核移植胚・再構築胚）を作る．そして，仮親へ胚移植することにより，体細胞クローン個体を作製すると，このクローン個体が遺伝子改変個体となる．この方法で遺伝子改変動物を作出すれば，未分化な細胞株の樹立・維持やキメラ個体の作出の過程を省けることになる．さらに，マウス・ラット以外の動物種においても特定遺伝子が機能しない個体（KO 動物）を効率よく作出できる可能性がある．しかしマウスやウシでは，体細胞クローン動物は，胎盤異常，奇形，

過大子，死亡率が高いことなどの問題点が残されている[29].

4.4 ウイルスベクター法

ウイルスをベクターとして動物の生殖系列へトランスジーンを導入することが可能である．この方法には，レンチウイルスなどのレトロウイルスやアデノウイルス等のウイルスをベクターとして，受精卵・初期胚へ感染させてから胚移植によって遺伝子改変個体を作出するものである．しかしながら，この手法には，1) トランスジーンが発現しない；2) 導入するトランスジーンのサイズに限界がある；3) ウイルス感作胚由来の個体がモザイクとなり次世代にトランスジーンが伝達されないなどの不利な点が報告されている[23]．これらの欠点を克服するべく，ウイルス感作の時期やエンハンサーやプロモーターの改良の研究が展開されている．そしてレンチウイルスを用いた研究では，これらの欠点のうちトランスジーンのサイズの問題以外は克服され，非常に効率よくブタやウシで遺伝子改変動物が作出され，さらにトランスジーンの発現効率も改善されるようになった[14]．しかし，この手法では，特定遺伝子への修飾はできない．

4.5 精子顕微注入法

顕微鏡下で未受精卵（成熟卵）の細胞質中へ精子全体あるいは精子頭部をガラス微細管で注入することによって人為的に受精させることができる．これを卵細胞質内精子注入 (intracytoplasmic sperm injection: ICSI) といい，この手法によって受精させた卵は胚移植を介して産子へ発育する[30,31]．この手法によって動かないような精子から子孫を作ることが可能である．この ICSI の際，ガラス微細管に精子とともにトランスジーンの DNA 溶液を卵細胞質へ注入すると「DNA 顕微注入法」よりも効率的に遺伝子改変動物の作出できることが示された[32]．

4.6 染色体移（導）入法

染色体移（導）入法は，トランスジーンのサイズの制限がなく，しかも外来性の promoter による強制的な遺伝子発現ではなく，同一染色体上にある本来の promoter がトランスジーンと共に導入されるため，導入遺伝子の過剰発現や挿入部位の位置効果等による遺伝子改変個体の機能異常が起きにくいという利点がある．染色体断片を細胞核へ移入させる染色体移（導）入法 (chromosome transfer) が開発され，この特殊な手法によって異種（ヒト等）の染色体断片が導入された細胞から，キメラもしくは体細胞クローン個体を介して遺伝子改変動物を作出するものである．この手法により，ヒト抗体を大量に効率的に生産する目的でヒト抗体遺伝子を組込んだウシを作出し，応用する研究開発が行なわれている[19]．

5. 遺伝改変動物の遺伝資源保存

遺伝子改変動物の遺伝資源を効率的に利用し，維持するには，配偶子や初期胚の超低温保存とこれらの保存細胞からの個体復元技術，すなわち人工授精や胚移植を基礎とした生殖工学技術が重要となる．この手法により，貴重な遺伝資源を生体で維持するよりも飼育管理の手間が省けるばかりでなく，病原体および遺伝的な汚染から守ることも可能となる．保存する遺伝資源の特性によって，あるいは動物種により，どの生殖系列の細胞を，すな

わち精子・卵もしくは初期胚を選択して保存するかを考慮する必要がある．さらに最近では，生殖巣（腺）の組織片，すなわち生殖細胞を含む組織片を超低温保存する技術の実用化の可能性も示されている[33,34]．

5.1 精子の凍結保存

精子凍結保存は，雄性配偶子としてのゲノムの保存法として，さらにはその保存法の簡便性や保存細胞由来子孫の作出法も多様で，非常に重要な手法である．哺乳類精子凍結保存の歴史は古く，ウシの精子が卵黄をベースにした凍結保存液へグリセリンを添加して成功に至ってから，すでに半世紀以上が経過した．この凍結融解精液の人工授精は，家畜生産に大いに貢献し[35]，そして，多くの動物種において精子が凍結保存され，凍結保存精子から，人工授精，体外受精[36]あるいは卵細胞質内精子注入法[31]といった生殖工学技術を介して凍結保存精子から個体が作出されている．

5.2 卵の超低温保存

卵細胞は哺乳類の雌個体の中で最も大きい細胞の1つである．これを超低温保存することは，その細胞の大きさから，簡単ではない．しかし，最近では卵の超低温保存技術としての超急速冷却法，最少容量ガラス化法[36]等の方法が開発され，いくつかの動物種で超低温保存卵から産子が作出されている．卵母細胞を超低温保存することができれば，保存後に雄性配偶子を選択できる利点がある．

5.3 初期胚の超低温保存

哺乳類初期胚を超低温保存することは，その遺伝資源を完全な（2n）ゲノムとして保存しうることから，非常に重要である．胚の超低温保存法は，緩慢凍結法とガラス化保存法に大別される．最近では，ガラス化保存法がその高い生存性や操作の簡便性等の理由により汎用されるようになり，保存後の生存性，胚移植後の産子への発育率は，保存していない胚と遜色がない程に進歩している[38]．一般に，胚の発生段階が若いものの方が，あるいは胚の細胞質中に脂肪滴を多く含有するものは，超低温保存に対する耐性が低い．

6. おわりに

生命科学と生殖工学の進展に伴い，今後，この遺伝子改変動物は，研究のツールとしてだけでなく，動物の諸機能を高度に応用するためにもその重要性を増すものと考えられる．さらに，地球温暖化，食料問題，家畜・野生動物を宿主とする新興感染症等によって生じる可能性がある様々な環境変化に私達人類が対応せざるをえない問題が生じた際，1つの解決策として，ここで述べた「遺伝子改変動物の応用」が有用になるかもしれない．

参考文献

1) Palmiter, R. D. *et al*. Dramatic growth of mice that develop from eggs microinjected with metallothionein-growth hormone fusion genes. *Nature* 300, 611-615 (1982).
2) Hammer, R. E. *et al*. Production of transgenic rabbits, sheep and pigs by microinjection. *Nature* 315, 680-683 (1985).
3) Evans, M. J. & Kaufman, M. H. Establishment in culture of pluripotential cells from mouse embryos. *Nature* 292, 154-156 (1981).
4) Martin, G. R. Isolation of a pluripotent cell line from early mouse embryos cultured in medium conditioned by teratocarcinoma stem cells. *Proc. Natl. Acad. Sci. USA*. 78, 7634-7638 (1981).
5) Kuehn, M. R., Bradley, A., Robertson, E. J. & Evans, M. J. A potential animal model for Lesch-Nyhan syndrome through introduction of HPRT mutations into mice. *Nature* 326, 295-298 (1987).

6) Doetschman, T, Gregg, R. G., Maeda, N., Hooper, M. L. Melton, D. W., Thompson, S. & Smithes, O. Targetted correction of a mutant HPRT gene in mouse embryonic stem cells. *Nature* **330**, 576-578(1987).
7) Thomas, K. R. & Capecchi, M. R. Site-directed mutagenesis by gene targeting in mouse embryo-derived stem cells. *Cell* **51**, 503-512(1987).
8) Wilmut, I., Schnieke, A. K., McWhir, J., Kind, A. J. & Campbell, K. H. Viable offspring derived from fetal and adult mammalian cells. *Nature* **385**, 810-813(1997).
9) Houdebine, L. M. Transgenic animal bioreactors. *Transgnic Res.* **9**, 305-320(2000).
10) Niemann, H. & Kuese, W. A. Transgenic farm animals: update. *Reprod. Fertil. Dev.* **19**, 762-770(2007).
11) Wheeler, M. B. Agricultural applications for transgenic livestock. *Trends Biotechnol.* **25**, 204-210(2007).
12) Rexroad Jr., C. E., Green, R. D. & Wall, R. J. Regulation of animal biotechnology: Research needs. *Theriogenology* **68S**, S3-8(2007).
13) Klymiuk, N., Aigner, B., Brem, G. & Wolf, E. Genetic modification of pigs as organ donors for xenotransplantation. *Mol. Reprod. Dev.* **77**, 209-221(2010). doi: 10.1002/mrd 21127(2009).
14) Gordon, J. W. & Runddle, F. H. Integration and stable germ line transmission of genes injected into mouse pronuclei. *Science* **214**, 1244-1246(1981).
15) Sasaki, E. *et al.* Generation of transgenic non-human primates with germline transmission. *Nature* **459**, 523-527(2009).
16) Lai, L. *et al.* Production of alpha-1, 3-galactosyltransferase knockout pigs by nuclear transfer cloning. *Science* **295**, 1089-1092(2002).
17) Geurts, A. M. *et al.* Knockout rats via embryo microinjection of zinc-finger nucleases. *Science* **325**, 433(2009).
18) Mashimo, T. *et al.* An ENU-induced mutant archive for gene targeting in rats. *Nat. Genet.* **40**, 514-515(2008).
19) Kuroiwa, Y. *et al.* Antigen-specific human polyclonal antibodies from hyperimmunized cattle. *Nat. Biotechnol.* **27**, 173-181(2009).
20) Laible, G., Brophy, B., Knighton, D. & Well, D. N. Composition analysis of dairy products derived from cloned and cloned transgenic cattle. *Theriogenology* **67**, 166-177(2007).
21) Saeki, K. *et al.* Functional expression of a Delta12 fatty acid desaturase gene from spinach in transgenic pigs. *Proc. Natl. Sci. USA.* **101**, 6361-6366(2004).
22) Golovan, S. P. *et al.* Pigs expressing salvary phytase produce low-phosphorus manure. *Nat. Biotechnol.* **19**, 741-745(2001).
23) Robl, J. M., Wang, Z., Kasinathan, P. & Kuroiwa, Y. Transgenic animal production and animal biotechnology. *Theriogenology* **67**, 127-133(2007).
24) Takahashi, K. & Yamanaka, S. Induction of pluripotent stem cells from mouse embryonic and adult fibroblast cultures by defined factors. *Cell* **126**, 663-676(2006).
25) Zhao, X.-Y. *et al.* iPS cells produce viable mice through tetaploid complementation. *Nature* **461**, 86-90(2009).
26) Kang, L. *et al.* iPS cells support full-term development of tetraploid blastocyst-complemented embryos. *Cell Stem Cell* **5**, 135-138(2009).
27) Buehr, M. *et al.* Capture of authentic embryonic stem cells from rat blastocysts. *Cell* **135**, 1287-1298(2009).
28) Li, P. *et al.* Germline competent embryonic stem cells derived from rat blastocysts. *Cell* **135**, 1299-1310(2009).
29) Vajta, G. & Gjerris, M. Science and technology of farm animal cloning: state of the art. *Anim. Reprod. Sci.* **92**, 211-230(2006).
30) Kimura, Y. & Yanagimachi, R. Intracytoplasmic sperm injection in the mouse. *Biol. Reprod.* **52**, 709-720(1995).
31) Seita, Y., Sugio, S., Ito, J. & Kashiwazaki, N. Removal of acrosomal membrane from sperm head improves development of rat zygotes derived from intracytoplasmic sperm ijnjection. *J. Reprod. Dev.* **55**, 475-479(2009).
32) Perry, A. C. *et al.* Mammalian transgenesis in by intracytoplasmic sperm injection. *Science* **284**, 1180-1183(1999).
33) Gosden, R. G. Ovary and uterus transplantation. *Reproduction* **136**, 671-680(2008).
34) Nakai, M. *et al.* Production of viable piglets for the first time using sperm derived from ectopic testicular xenografts. *Reproduction* **139**, 331-335(2010).
35) Curry, M. R. Cryopreservation of mammalian semen. *Methods Mol. Biol.* **368**, 303-311(2007).
36) Seita, Y., Ito, J. & Kashiwazaki, N. Generation of live rats produced by *in vitro* fertilization using cryopreserved spermatozoa. *Biol. Reprod.* **80**, 503-510(2009).
37) Fujiwara, K. *et al.* Ethylene glycol-supplementated calcium-free media improve zona penetration of vitrified rat oocytes by sperm cells. *J. Reprod. Dev.* **56**, 169-175(2010).
38) Seita, Y. *et al.* Successful cryopreservation of rat pronuclear-stage embryos by rapid cooling. *Cryobiology* **59**, 226-228(2009).

4

細胞の分化と再生医学 －動物工学分野の挑戦－

滝沢 達也（麻布大学）

　哺乳動物を対象として，胎生期の複雑な発生過程に生じる細胞の分化を，体外で一部再現させることにより，機能する細胞や臓器の再生を目指そうという学問の潮流と，それを基盤とする「再生医学」が，人類の医療と福祉の進むべき一つの方向として提唱されている．この実現には全身のあらゆる細胞になる能力，分化全能性をもつ幹細胞の果たす役割は大きい．受精卵は全身を構成するすべての細胞になりうる能力，つまり分化全能性を有している．核移植によりクローン動物を作出する研究の初期には，受精後まもない割球の核が用いられ，核移植によりクローン作出が可能であることが示された．その後，成体の体細胞の核を用いた核移植によるクローン作出が可能であることが示され，この体細胞核移植クローンの作出は，当然ながら体細胞から受精卵と同様な能力を有する幹細胞へと初期化されたことを意味している．この研究に，動物生命科学領域を対象とする多くの研究者が関与し，研究の蓄積が進んでいることから，現在求められている学問の潮流とその応用領域においても動物生命科学領域の新たな貢献が期待されている．細胞の分化と再生および再生医学の全体像については広範な分野が関連していること，さらに急激に進展していることから，この小編では肝臓の実質細胞である肝細胞に焦点を絞りたい．生体内外における幹細胞や前駆細胞から成熟細胞への分化やその過程を制御するためには，再生現象が発生過程の細胞の分化と類似していると考えられていることから，まずは個体発生に伴う細胞の分化から始めたい．

1．細胞の分化

　動物の細胞は受精卵に始まる．卵子と精子が融合した受精卵は，その動物の全身を構成するすべての細胞になりうる能力，つまり分化全能性を有している．だが，受精卵から分裂してできる細胞がもつ全能性は，分裂を重ねるにつれて失われてしまう．分裂が進むにつれて，それぞれの細胞は徐々に特殊化し，専門性をもつようになる．最終的には，肝細胞，骨格筋細胞，脳の神経細胞など200種にも及ぶ細胞へと専門化する．こうして，細胞が形態的，機能的に特殊性を獲得していくことを「分化」と呼ぶ．脊椎動物では分化した細胞でもすべての遺伝子セットをもっていることが示されているので，遺伝子レベルで考えると分化とは特定の遺伝子を働かせ，特定の遺伝子をマスクすることであると考えられる．つまり，細胞の分化が起きるとき，細胞の核にある遺伝子そのものは変わらないが，ヒトではおよそ2万数千個といわれる遺伝子ごとに「活発に働く遺伝子の組み合わせ」が細胞ごとに異なることになる．さらに，この変化は，核に起きる化学的な修飾により固定されて後戻りができない．このため，いったん肝細胞に分化したら，もはや神経細胞や骨格筋細胞になることはない．こうして，分化した細胞は他の細胞になる可能性を失い，自らの役割に特殊化するのである．これはいわば古典的な細胞運命の決定と分化の様式であり，体細胞クローンおよびiPS細胞の作出により，分化した体細胞であっても，遺伝情報が初期化されることがわかっている．

細胞の分化に伴う核の化学的な変化については，主にヒストン修飾とDNAのメチル化という2つのメカニズムがあり，これにより分化した細胞で働く遺伝子の組み合わせが，それぞれの細胞ごとに固定されていると考えられている．DNAのメチル化はCpGサイトと呼ばれるDNAの塩基配列上で，シトシンがグアニンと隣り合う場所におこり，シトシンにメチル基（-CH₃）が付加され，5-メチルシトシンに変換される．このDNAのメチル化は哺乳類ゲノムを直接的に修飾する唯一の仕組みである．このCpGサイトは遺伝子の発現を調節するプロモーター領域に多数分布している．メチル化シトシンには，それを認識するMBPタンパク質が結合し，ヒストンの脱アセチル化を介して，クロマチンの構造変化を生じ，転写が抑制されると考えられている．

　ヒストンは核の中にあるDNAを巻き付けておくタンパク質である．ヒストンのリシンやアスパラギン残基は，メチル化，アセチル化，リン酸化，ユビキチン化のように様々な修飾（ヒストン修飾）を受け，クロマチンの高次構造の形成やダイナミックな変化に関与し，遺伝子発現制御を行っている．こうして固定された核の状態は，細胞分裂を経た後の娘細胞にも受け継がれる．このようにして分化全能性をもつ細胞が特殊化し，運命が決定され，分化していく過程では，いくつかのヒストンが修飾を受ける結果，DNAがきつく巻き付けられたままになり，結果としてそこにある遺伝子の転写が抑制されることになる．

2. 発生時の肝臓における細胞運命の決定と細胞分化

　肝臓とすい臓は，消化管からの養分の吸収や代謝，血清タンパク質の分泌，インスリンによる血液中のグルコース濃度の調節などに代表されるように，協調して生体の代謝に大きく関わる重要な器官である．肝臓と膵臓は，胎生期の同じ時期に隣接した領域から発生する．肝臓は，マウスでは胎齢8.5日の前腸が閉じつつある時期に，近接する心中胚葉に誘導されて内胚葉の特定領域（肝内胚葉）から，肝細胞への分化が運命づけられる（leDouarin, 1964）．「分化」は2つの概念を含んでいることから，以降では，一般的に行われているように分化形質の決定の過程を「決定」と表記し，次に，分化形質の発現の過程を「分化」と表記する．まず，中胚葉で産生される分泌型糖タンパク質であるWntと線維芽細胞増殖因子4（FGF 4）が前腸の広い領域で抑制されると，内胚葉から肝臓と膵臓への誘導が可能となる．一方，後腸の中胚葉におけるWntが活性化すると，内胚葉からの肝臓や膵臓への決定を抑制する（McLin, 2007）．その後，心中胚葉からのFGFと横中隔の間葉からの骨誘導因子（BMP）が協調して，内胚葉腹側からの肝臓への決定を誘導し，膵臓への決定を抑制する（Deutsch, 2001）．肝細胞への決定を誘導する心中胚葉のFGFの発現がどのように制御されているのかは不明であるが，ニワトリ，カエル，マウス，ゼブラフィッシュなど脊椎動物に共通して保存されている．このような時間軸にそった転写因子のネットワークにより肝細胞への決定が生じる．内胚葉から肝細胞へと決定され，増殖して肝芽を形成するようになると，ヘパトブラスト（肝芽細胞）と呼ばれる．この胎生期の肝臓に存在する幹細胞であるヘパトブラストは特異的なマーカー，αフェトプロテイン（α-feroprotein；AFP），アルブミン（*albumin；alb*），サイトケラチン19（*CK-19*），*delta-like kinase*（*DLK*），トランスチレチン（*transtheretin；ttr*），*Epamna*などを発現す

るようになり，肝細胞と胆管上皮細胞の 2 種類の細胞へと分化する能力を保持している（Zaret & Grompe, 2008）．肝内胚葉のヘパトブラストは，ホメオボックス転写因子である Hex の制御により増殖して肝芽（liver bud）となる（Bort, 2006）．肝内胚葉のヘパトブラストはその後，ホメオボックス転写因子である Prox1（Sosa-Pineda, 2000），Hnf 6/OC-1, OC-2（Margagliotti, 2007）の制御により基底膜を通り抜け，周囲を取り巻く間質内で増殖する．肝芽内のヘパトブラストは肝細胞および胆管上皮細胞の両者に分化することができるが，その両者の数量的なバランスの制御には Notch が重要である（Lorent, 2004）．

3. 肝臓の再生と肝臓の幹細胞

　プラナリアの再生能力は著しく，1 匹のプラナリアを 3 分割に横断するとそれぞれの断片からそれぞれ完全な個体が再生される．これはプラナリアの全身を構成するすべての細胞に分化できるネオブラストと呼ばれる幹細胞が，全身に散在しているからである．切断面の周囲に存在する細胞も部分的に脱分化して再生に関与する．ネオブラストの細胞分裂能を放射線照射により破壊した後に，プラナリアを横断すると，プラナリアは再生できない．また，プラナリアを小断片に横断すると，頭部を両端にもつ双頭のプラナリアが再生したり，また，再生そのものが不可能になったりする．これは再生時のネオブラストに対して位置情報を与える因子が不足することによると考えられている（Slack, 2001）．ごく最近，プラナリアの再生が正常に起こるための，この位置情報を与える因子としてヘッジホッグ（Hedgehog）タンパク質が作用していることが示された．ヘッジホッグは，頭から尾まで延びる神経細胞内で作られ，頭から尾方向に流れており，切断されると切断片の尾側に蓄積し，周囲にあるネオブラストに作用して尾を再生させる（Yazawa, 2009）．

　哺乳類ではこのような成体の全身に及ぶ再生は起こらないが，創傷をうけた組織を修復する再生能を有している．必要に応じて旺盛な再生能力を示す代表的な臓器である肝臓は，これまで多数の研究が行われてきた．肝臓が部分的な肝切除などを受けた後に，旺盛な再生能力をもつことは，ギリシャ神話の時代から知られていた．プロメテウスは盗んだ火を人間に与えたことをゼウスにより罰せられ，ヘーパイストスによりスキュティアのカウカサス山に磔つけの刑に処せられ，ワシにより肝臓を食い破られたが，夜間に肝臓が再生してくるので，再びワシに食い破られるという苦しみを，幾年も味わうことになったという．

　ラットやマウスなどの実験動物においては，肝臓の 3 分の 2 を切除すると，2 週間後には肝重量が回復することが知られ，多数の研究がなされてきた．このように，肝臓の再生は薬物による肝細胞の壊死や肝臓の部分切除などの障害により生じるが，肝再生は肝臓に存在する幹細胞あるいは前駆細胞によるものではなく，成熟肝細胞の分裂によりもたらされる（Fausto & Cambell, 2003）．しかし，肝障害が著しい時には，成熟肝細胞の分裂は抑制され，肝臓全体の 1％にも満たない卵形細胞が分裂を開始し，肝臓の再生に関与する．この卵形細胞は，肝細胞索と胆管上皮細胞との移行部であるヘリング管から生じ，胎生期のヘパトブラストと類似の性質を示し，肝細胞と胆管上皮細胞の両方に分化する（Alison, 2004）．卵形細胞を活性化して，肝細胞に分化させるために必要な誘導因子は明らかにな

っていないが，肝細胞の増殖が抑制された際に生じる持続性の代謝ストレスや肝毒性物質が関与しているという（He ZP, 2004）.

近年，肝障害後の肝臓の再生に関与する因子として，SDF-1aと呼ばれるケモカインが関与している（Hatch, 2002）ことが報告され，さらに別のサイトカインである幹細胞因子（stem cell factor；SCF）も関与しており（Fujio, 1994），これらのサイトカインや増殖因子とその受容体の発現が肝細胞の増殖に関与している．肝細胞増殖因子（hepatocyte growth factor, HGF），トランスフォーミング増殖因子の（TGF-α），トランスフォーミング増殖因子β（TGF-β）が卵形細胞の増殖時に発現しており，卵形細胞もこれらの因子とその受容体を発現している（Allison, 1996）．さらに，HGFとSCFの併用により，胎児の肝臓から分離した幹細胞様細胞の増殖を増加させること（Monga, 2001）から，肝臓の再生時にはこれらの因子が関与していると思われる．

卵形細胞は胎生期の肝臓の幹細胞であるヘパトブラストと類似しており，また，肝障害に応答して分裂し，肝臓の再生に関与することから，胎生期や成体の肝臓の幹細胞は，肝臓の幹細胞研究の理想的な材料となり，同時に細胞治療のための理想的な資源と考えられている．しかし，これらの細胞は，肝臓内にごくわずかしか存在せず，また肝臓から分離することが難しく，また生体外で増殖させることも容易ではない（Czyz, 2003）．

このような報告から生体外で増殖可能であり，さらに，多種類の細胞に分化できる幹細胞が，再生医学の研究と実現のためには必要となる．そこで次に，再生医学を担うことになる幹細胞の代表格である胚性幹（ES）細胞，iPS細胞および成体幹細胞を用いた肝細胞の再生について述べたい．

4. ES細胞からの肝細胞の再生

胚性幹（ES）細胞は，受精卵から数日後の胚盤胞と呼ばれる段階の初期胚を取り出して，体外の容器の中で培養し，分化全能性を維持したまま，ほぼ無限の細胞分裂能力をもつように樹立された細胞である．マウスでは1981年に樹立され（Evans & Kaufman 1981），ヒトでは1998年に樹立されている（Thomson, 1998）．このES細胞はマウスを用いたキメラ作成などの手法により，全身の細胞に分化することが確認されている．このES細胞を用いた肝細胞への分化は，胚様体形成を介した自律的な幹細胞への分化と誘導因子を用いた直接的な肝細胞への分化の2つの手法が試みられている．

マウスやヒトのES細胞は培養液に浮遊した状態で培養するとES細胞の集塊を形成し，胚様体と呼ばれる．浮遊した状態で培養していた胚様体では胎生期と類似した3胚葉由来の細胞が生じてくる．胚様体を培養容器に接着させ，増殖因子，サイトカイン，ホルモンなどを加えて培養すると，肝細胞が分化してくる（Asahina, 2004）．このような方法で細胞を分化させると，3胚葉由来の様々な細胞が同時に分化してくることから目的とする細胞の分離が必要となる．この多様な細胞集団から肝細胞を分離することは難しく，近年まで純度は低かった．最近，遺伝子改変ES細胞からPS（原状）様細胞を選別できることが報告され，この方法を用いたES細胞からPS様細胞への分化には，Wnt, TGF/nodal/activinが同時に必要であることが示された（Gadue, 2006）．さらに，フローサイト

メーターを用いて，アシアログリコプロテイン受容体を用いて ES 細胞から肝細胞様細胞純化でき，この方法で分離した肝細胞は，初代肝細胞と同等の肝機能を示すという(Basma, 2009)．

胚様体を介した経路では，多種類の細胞が分化していることは避けられず，また，得られる細胞数の増加に限界があることから，胎生期の肝細胞への分化が起こる際のシグナル分子を用いて，ES 細胞から直接肝細胞への分化が試みられている．近年，ヒト胎児の肝細胞への分化がおこる臨界期に，Wnt 3 の発現が生じることがわかり，この胎生期の肝細胞への分化を模して，ヒト ES 細胞に Wnt 3 を添加すると，生体内外で肝細胞として機能できる，比較的均一の肝細胞様細胞へと分化することが報告されている(Hay, 2008)．

5. iPS 細胞からの肝細胞の再生

ヒト由来の細胞を用いた人工多能性幹細胞（iPS cell）の開発は，この分野における革命的な出来事であった(Yamanaka, 2007)．山中ファクターと呼ばれる 4 種の転写因子をコードする遺伝子を導入することにより，体細胞の初期化が達成された．Oct 3/4, Sox-2, c-Myc, Klf 4 が選ばれ，さらに細胞に導入する手段としてレトロウイルスベクターを用いている．この iPS 細胞の開発により，原理的には個人の体細胞から ES 細胞と同様な多分化能と自己複製能を備えた自己組織由来の細胞が樹立できることを示した(Yamanaka, 2007)．導入遺伝子の一つに c-Myc を用いていること，さらにレトロウイルスベクターを用いていることから腫瘍の発生が危惧され，この問題を解決するために，その後の研究は急速に進んでいる．当初用いられた 4 種の導入遺伝子の内，c-Myc, Klf 4 は Nanog, Lin28 を含む別の組み合わせにより代替可能であり(Blelloch, 2007)，さらに，生体内の幹細胞を用いると，Oct 3/4, Klf 4 の 2 つの因子を用いるだけで iPS を誘導できること(Eminli, 2008)，さらに，DNA メチル化阻害剤である 5-アザシチジンを用いると iPS 細胞への誘導が約 10 倍に増加し，別の DNA のエピジェネティック修飾に関与するヒストン脱アセチル化酵素阻害剤であるバルプロ酸を用いると，iPS 細胞への誘導効率が増大する(Huangfu, 2008)．この過程で，バルプロ酸を用いると，Oct 3/4, Sox-2 の 2 因子によるiPS 細胞への誘導効率が，バルプロ酸を用いないで Oct 3/4, Sox-2, Klf 4 の 3 因子を用いた場合よりも増加することから，分化全能性を示すようになる初期化の速度や程度を制限しているのは，ヒストン修飾によるクロマチン構造の変化により，転写因子の DNA への到達性の程度が関連している(Huangfu, 2008)．iPS 細胞の作出は，レトロウイルスによる遺伝子導入を必要とするので，生体内外での解析には用いられるものの，臨床的な応用には適応できない(Dalgetty, 2009)．そこで，いくつかの研究グループにより，Cre/loxP システムを用いて，ゲノムに組み込まれた導入遺伝子を酵素的に切り出すことにより，iPS 細胞作出に用いた，導入ベクターや外来遺伝子により生じる問題に対する解決策を提供すると報告されている(Kaji, 2009)．

iPS 細胞から肝細胞への分化については，ES 細胞と同様な手法を用いることにより達成可能と期待されていた．ごく最近，ヒト iPS 細胞から ES 細胞を用いた時と同様にアルブミン分泌，グリコーゲンの合成，尿素産生，チトクローム P 450 活性をもつ肝細胞様細

胞へ分化したとの報告がある（Song, 2009）．

6. 成体幹細胞からの肝細胞の再生

　成体の骨髄や脂肪組織などに存在する幹細胞の中には，その組織を形成する細胞だけではなく，組織や由来する胚葉を超える分化能を有する細胞が存在することが報告されてきた．その細胞群は一般的に ES 細胞と比べると，分化できる細胞の種類が限定されており，また，増殖能力も限定されている．これらの細胞の中で，報告が蓄積されている多能性成体幹細胞（MAPCs）について記したい．

　Verfaille らの研究グループにより成体の骨髄から最初に，多能性成体幹細胞が作出され，この多能性成体幹細胞は可塑性を示し，肝細胞に分化することが示された（Schwartz, 2002）．FGF，HGF，ITS，デキサメサゾンなどを併用して培養細胞に添加することにより，多能性成体幹細胞から形態的および機能的に肝細胞への分化転換が生じたが，得られた肝細胞の均質性は低かった．胎生期の肝細胞が発生過程に受ける誘導因子を用いることで，骨髄由来細胞から肝細胞への分化を最適化できるとものと思われるが，時間軸を考慮した発現パターンを反映させる必要がある．これまでに多数の研究が報告されているが，その大半において，チトクローム P 450 活性，アルブミン産生，尿素分泌，グリコーゲンの蓄積，低比重リポプロテインの取り込みなどを高度に分化した肝細胞の指標としている．また，デキサメサゾン，ITS，ニコチンアミドなどが，肝細胞への分化に相乗的な作用を有しており（Seo, 2005），さらに血清を含まない培地を用いて MAPCs と類似の間葉系幹細

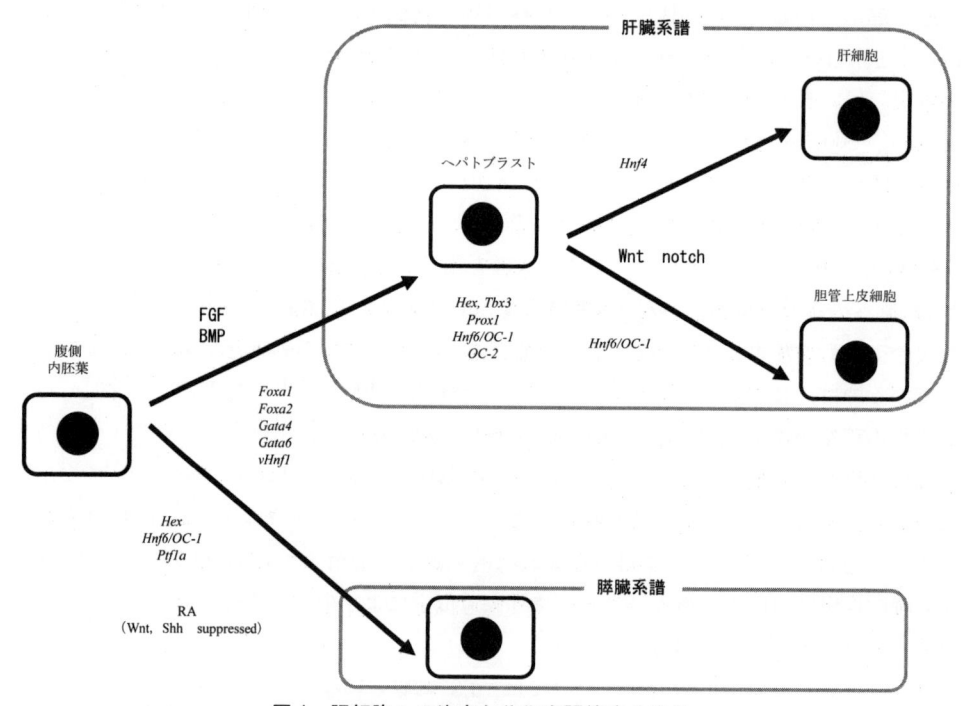

図 1　肝細胞への決定と分化を調節する因子

転写因子をコードする遺伝子はボールドで記した．本文を参考（Zaret & Grompe, 2008 を参考に改変）

胞（MSCs）から肝細胞への分化が報告されている（Talens-Viscontine, 2006）.

骨髄由来細胞と初代培養の肝細胞を共存させて培養すると，骨髄由来細胞の肝細胞への分化が促進されることが示され（Mizuguchi, 2001），さらにその過程に，Notch シグナルが必須であることが判明してきた（Okumoto, 2003）．このような他の細胞との相互作用に加えて，高い細胞密度で培養した方が，低密度と比較してより肝細胞への分化が促進されることから，肝細胞への分化の過程での細胞間のコミュニケーションの重要性が指摘されている（Aurich, 2007）．

肝細胞への分化制御については，メチル化酵素阻害剤は肝細胞への分化の前処理として効果的に作用（Sgodda, 2007）する一方で，ヒストン脱アセチル化酵素阻害剤は肝細胞の分化の途中あるいは分化後に効果的に機能するという（Yamazaki, 2003）．DNA のメチル化酵素阻害剤やヒストン脱アセチル化酵素阻害剤は単独あるいは併用で細胞の運命を変えること（Sgodda, 2007）から，クロマチンの再構築は，細胞運命の一般的な決定や細胞系譜に特異的な決定に打ち勝つ戦略であると提唱されている（Snykers, 2009）．

7. おわりに

再生医学の実現のためには，発生中の器官原基から機能する分化した細胞への決定や分化過程，あるいは再生についての網羅的な研究がさらに必要であると思われる．今後さらなる進展が期待されるこの分野の研究には動物生命科学領域の貢献が求められている．同時に期待に応えられる研究者や技術者を輩出するためには，他の領域とも連携した幅広い，継続的な取り組みが必要である．

参考文献

1) Alison MR., *et al. Cell Prolif.* **29**, 373-402 (1996).
2) Alison MR., *et al. Cell Prolif.* **37**, 1-21 (2004).
3) Asahina K., *et al. Genes Cells* **9**, 1297-1308 (2004).
4) Aurich I., *et al. Gut* **56**, 405-415 (2007).
5) Basama H. *et al. Gastroenterololgy* **136**, 990-999 (2009).
6) Blelloch R., *et al. Cell Stem Cell* **1**, 245-247 (2007).
7) Bort R., *et al. Dev. Biol.* **290**, 44-56 (2006).
8) Czyz J., *et al. Biol. Chem.* **384**, 1391-1409 (2003).
9) Dalgetty DM *et al. Am. J. Physiology* **297**, G241-248 (2009).
10) Deutsch G., *et al. Develoment* **128**, 871-881 (2001).
11) Eminli S., *et al. Stem Cells* **26**, 2467-2474 (2008).
12) Evans MJ. & Kaufman KH. *Nature* **292**, 154-156 (1981).
13) Fausto N & Cambell JS. *Mech. Dev.* **120**, 117-130 (2003).
14) Fujio K., *et al. Lab. Invest.* **70**, 511-516 (1994).
15) Gadue P., *et al. Proc. Natl. Acad. Sci. USA.*, **103**, 16806-16811 (2006).
16) Hatch HM. *et al. Cloning Stem Cells* **4**, 339-351 (2002).
17) Hay DC., *et al. Proc. Natl. Acad. Sci. USA.*, **105**, 12301-12306 (2008).
18) He ZP., *et al. Cell Prolif.* **37**, 177-187 (2004).
19) Huangfu D., *et al. Nat. Biotechnol* **26**, 795-797 (2008).
20) Kaji K., *et al. Nature* **458**, 715-716 (2009).
21) Le Douarin N. *Bull Biol Fr Belg.* **98**, 543- , (1964).
22) Lorent K., *et al. Develoment* **131**, 5753-5766 (2004).
23) Margagliotti S., *et al. Dev. Biol* **311**, 579-589 (2007).
24) McLin VA. *et al. Development.* **134**, 2207-2217 (2007).
25) Mizuguchi T., *et al. J Cell Physiology.* **189**, 106-119 (2001).
26) Monga SP., *et al. Cell Transplant* **10**, 81-89 (2001).
27) Okumoto K., *et al. BBRC*, **304**, 691-695 (2003).
28) Schwartz RE., *J Clin Invest.* **109**, 1291-1302 (2002).
29) Seo MJ., *et al. BBRC* **328**, 258-264 (2005).
30) Sgodda M., *et al. Exp Cell Res* **313**, 2875-2886 (2007).

31) Snykers S., *et al. Stem cells* **27**, 577-605(2009).
32) Song Z, *et al. Cell Res.* **19**(11), 1233-1242(2009).
33) Sosa-Pineda B. *et al. Nat. Genet.* **25**, 254-255(2000).
34) Talens-Visconti R., *et al.* World J. Gastroenterol., **12**, 5834-5845(2006).
35) Thomson, JA *et al. Science* **282**, 1145-1147(1998).
36) Yamanaka S., *Cell Stem Cell* **1**, 39-49(2007).
37) Yamazaki S., J Hepatol **39**, 17-23(2003).
39) Zaret KS. and Grompe M, Science **322**(5907), 1490-1494(2009).
38) Yazawa S. *et al. Proc. Natl. Acad. Sci. USA.* online 0907464106(2009).
40) Slack, JMW, in Essential Developmental Biology, Blackwell Science Limited(2001).
41) アポロドーロス, 高津春繁訳：ギリシャ神話, 岩波文庫, 岩波書店(1978).

ヒト生殖補助技術の展開

桑山 正成（株式会社リプロサポートメディカルリサーチセンター）

　動物応用科学技術の応用により，体外受精を中心としたヒト生殖補助医療，すなわち不妊治療の道が開けた．わが国では体外受精治療によりすでに20万人を超える挙児が誕生し，社会的な容認を受けながら，多くの不妊夫婦に福音を与えている．不妊治療では，元々，動物科学界で研究，開発された体外受精，顕微授精，体外培養，凍結保存などの種々の生殖工学技術が，主に動物応用科学分野出身の生殖工学技術のエキスパートであるエンブリオロジストの手により臨床応用され，画期的な治療成果を挙げている．新しい生殖補助技術の開発と臨床化は近年さらに加速し，人類の生殖上の様々な夢と希望を叶える可能性を示し，常に厳しい安全性と倫理的議論を繰り返しながら，広く世界中に普及しつつある．

キーワード：生殖補助技術，体外受精，体外培養，胚移植，ガラス化保存

1. はじめに

　わが国では，新たに結婚するカップルの10組に1組は不妊で，何らかの治療を行わないと子を得ることができない．すでに現在，日本で1年間に生まれる体外受精児数は2万人を超え，実に新生児の65人に一人の割合となっている．

　国内だけでも400万人と言われる不妊症の夫婦に，挙児という福音を与え，家族の基礎を構築し，深刻な少子化問題解決の一助ともなっている不妊治療，すなわち生殖補助医療を支えているのが，動物応用科学の発生工学技術である．

　20世紀後半から，卵子の凍結保存，体外受精，体外成熟など，実験動物や産業動物で用いられてきた数々の発生工学技術がヒト臨床治療に応用されて以来，不妊治療において次々と革命的な成果を上げ続け，常に倫理的に激しい議論を重ね，社会的に容認されながら，広く世界規模で普及していった．そしてさらに次々と開発される新技術を飲み込みながら，従来の不妊症だけでなく，ヒト生殖における人類の様々な夢や希望を実現すべく，新たなヒト生殖補助技術の臨床応用が加速している．

2. 生殖補助医療

　生殖補助医療とは，「子ができない夫婦に対して，卵子，精子形成から着床，出産に至るまでの，複雑な一連の生殖の過程において，その不足部分のみを人為的に介助し，挙児を得る手助けをするための医療」である．そして，この生殖補助医療を実施するための様々な技術，すなわち体外受精，体外培養，凍結保存などの発生工学，生殖工学技術を，生殖補助技術と呼ぶ．

　これらの技術の臨床応用はすべて，日本産科婦人科学会において，罰則規定も含んだ厳格なガイドラインにより規定されている．現在，わが国において体外受精以上の高度な不妊治療を実施できる登録施設は500施設を超え，医師とチームを組んだ，農獣医畜産，動

物応用科学分野出身の専門知識を身につけたエンブリオロジスト（あるいは胚培養士）により，生殖補助技術が臨床に用いられている．生殖補助技術の代表とも言える，体外受精による治療の実施症例数は，現在，日本が年間20万症例を超え，これまで体外受精王国であった米国を抜き，世界最多症例実施国となっている．

3. 不妊とは

　みんなに祝福された結婚後，子を望みながら長年経過しても，いっこうに恵まれない．子供を介した地域のコミュニティーから徐々に外され，孫を期待する実家の両親からの期待が精神的に重圧で，盆，正月の帰省さえもできなくなる．「女は子が産めて当たり前」，「結婚三年子成さざるは去れ」，「種なし男」など多くの不妊の女性，男性は，世間から非情な言葉や態度で人格を否定されるような精神的な虐待を受けている．酷い心の痛み，深い苦しみ，絶望，自己の自信喪失により，身体はいたって健康で，社会的に素晴らしい仕事をこなしているにも関わらず，うつに陥り，自殺までも考えるケースも少なくない．女性が子を産むことを人間として必須と考えているいくつかのアフリカ諸国では，妊娠しない妻が夫に暴力的虐待を受け，死亡に至るケースもしばしば起きている．不妊による問題は実は思ったより深刻であり，しかもその人口が多い．日本産科婦人科学会によると「既婚の夫婦が子作りの行為を2年間継続して行っても妊娠に至らない状態を不妊」，と定義されているが，日本では，その割合は全体の約10％以上である．古くから不妊治療が普及したアメリカやオーストラリアでは，1年間妊娠しないケースでは2年間を経てもほとんど妊娠にいたらないことから，1年間妊娠しない状態で不妊と定義し，生殖人口の実に約15％としている．すなわち7人，人が集まればその中の1人以上は不妊という割合であり，不妊は一般社会の誰にとっても，きわめて身近な問題でもある．

4. 不妊の原因

　配偶子形成から受精，胚発生，妊娠に至るまでの長い多くの複雑な生殖過程の中で，たとえどれかほんの一つでもその正常性が欠ければ，子は出来ず，不妊となる．不妊の原因は，生まれつきの先天的，遺伝的あるいは，疾病，癌治療の副作用，事故など，後天的な各生殖器，組織，細胞の異常，機能喪失を含むため，きわめて多くの要因が存在している．

　不妊の原因はまず，男性因子と女性因子に分けられるが，その生殖システムの複雑さから，女性の不妊の割合は，男性の約2倍である（図1）．

　男性因子は，男性配偶子である精子が作出できない精子形成障害，精子があっても正常に体内輸送できない精子輸送障害および受精に必要数の精子を女性へ与えられない，性交，射精障害がある．

　また，女性因子は，正常な卵子を作出できない卵子障害，卵管が閉塞あるいは機能異常のため，精子の輸送，受精，胚発生ができない卵管障害，精子，胚を正しく輸送できない子宮頸管障害，異常免疫などにより排卵卵子が正常に受精できない受精障害，および子宮内膜症などによる着床障害に分けられる．

　しかしながら現在，これら各不妊因子それぞれについて，その多くの問題を解決し，不

図1 不妊の原因

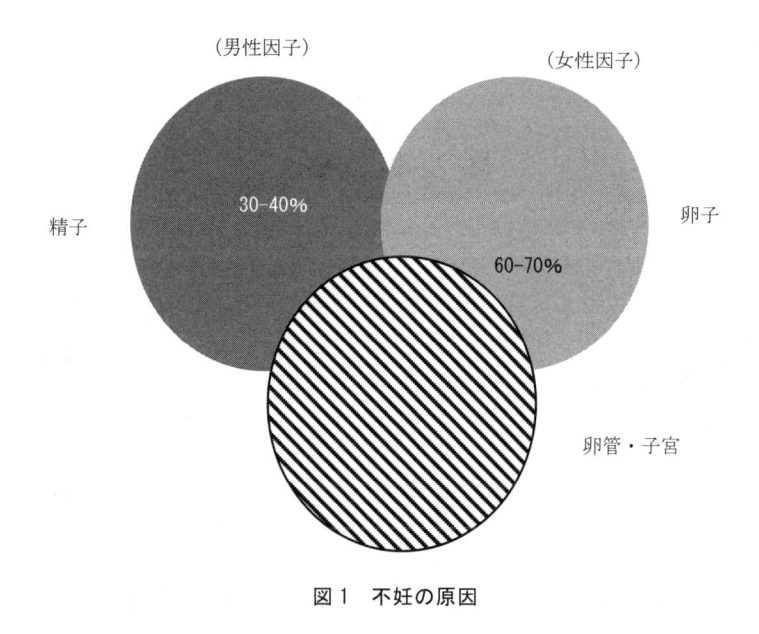

足な機能を補い，最終的に健康な挙児へとつなげるための，有効な様々の生殖補助技術が開発されている．そして，これら不妊因子のほとんどの問題を一度に解決し，また現存するすべての不妊原因検査を実施しても不妊原因が明らかにならない，原因不明不妊をも解決する最も有効な不妊治療法が体外受精である．

5. 体外受精のはじまりと世界的な技術普及

　1978年イギリスにおいて世界初の体外受精児，Louise Brownが誕生した[1]．キリスト教国であることから，神への挑戦とも言われ，またその衝撃の大きさからマスコミに「試験管ベビー」とも呼ばれたその革命的な成功は，医師ではなく，農学博士のEdwardsによる功績であった．治療対象となった患者は，生まれつき卵管が詰まっている，先天性の卵管閉塞患者であった．自然の性交では精子と卵子が出会えないため，体外で両者を混合して受精させ，その受精卵を直ちに子宮に戻すという治療を行った．続いて生殖工学分野の研究者，Lopata博士は，オーストラリアにおいても同様の手法で体外受精児を誕生させ，その再現性が証明された[2]．さらに彼は，体外受精技術の普及に積極的で，彼のもとで技術を習得した各国のエンブリオロジストや医師達により，体外受精技術はフランスやドイツなどのヨーロッパ諸国[3]やアメリカ[4]へと急速に普及していった．わが国でも同様にLopata博士からの技術移転により，東北大学において1983年，初の体外受精児が誕生している[5]．不妊で悩む患者はほぼ同じ割合で世界に存在し，子を望む夫婦の強い思い，ニーズから，体外受精技術はその後，驚くほどの速さで世界中に急速に広まり，現在ではヨーロッパ，北南米，アジア，オセアニア，中近東，アフリカ諸国など，一部の発展途上国を除くほとんどの国で治療を受けることが可能となっている．

　世界初の体外受精児，Louiseは女児であったため，彼女が成人後，自然妊娠できるかどうかが世界的な興味で見られていたが，同様の体外受精治療で誕生した妹の

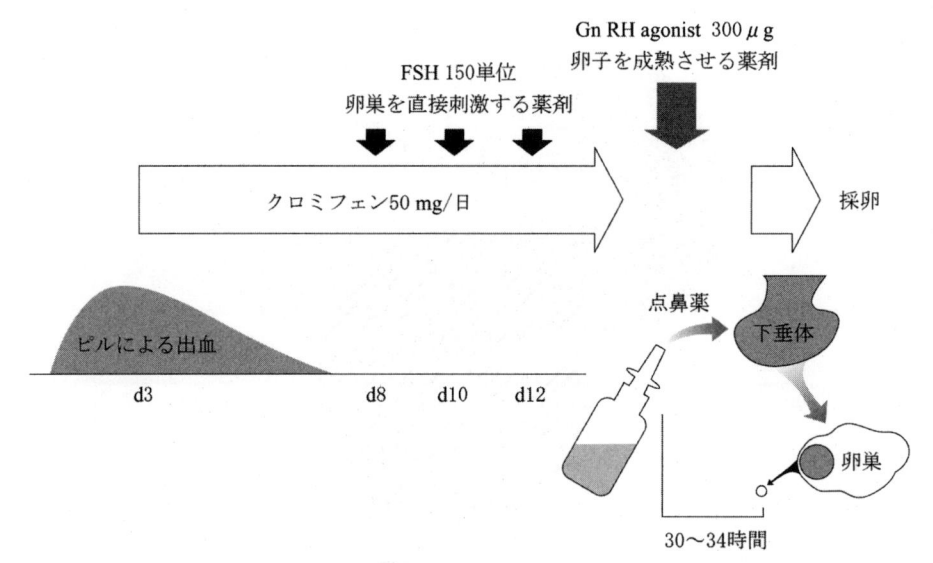

図2 IVF周期における卵巣刺激法（clomiphene citrate + hMG 法）法

Elizabeth が 2003 年，未婚で自然妊娠，出産した個人的情報がネットを介して世界に流出し，体外受精児の正常な妊よう能が，非学術的に広く知られることとなった．

6. 体外受精治療のプロトコル

体外受精を用いた不妊治療は，卵巣刺激，採卵，体外受精，体外培養，凍結保存，胚移植の各ステップで構成される．

(1) 卵巣刺激

体外受精治療では，採卵後，体外受精，体外培養などの各処理を行う度に，受精率，発生率に応じて卵子数の目減りがある．効率的に妊娠を成立させるためには，一度の採卵手術から，複数個以上の卵子を得る必要がある．そこで，卵巣をホルモン刺激し，排卵時間をコントロールし，排卵直前の卵胞から複数個の成熟卵子を採取する．

Short GnRHa-hMG 法や Long GnRHa-hMG 法[6]，clomiphene citrate + hMG 法[7] など，それぞれ長所短所を持つ様々な手法があり，症例により適宜，使い分けられている（図2. clomiphene citrate + hMG 法）．

(2) 採卵

卵巣内成熟卵胞から低侵襲的に確実に卵子を吸引採取するため，超音波ガイドによる経腟採卵[8] が行われる．すなわち，採卵針を内蔵した超音波プローブを腟内へ挿入し，腟壁越しに卵巣をモニターしながら卵胞内へ採卵針を穿刺し，真空ポンプで卵胞液と共に卵子を吸引採取する．腟内の穿刺のため，必ずしも全身麻酔の必要はなく，卵胞吸引は1卵胞当たり1分間未満で完了する．近年，21 あるいは 22 ゲージの極細採卵針が開発され[7]，採卵中の痛みが最小で，かつ出血事故が皆無となり，出血が危険な白血病患者からの採卵も実現している（図3）．

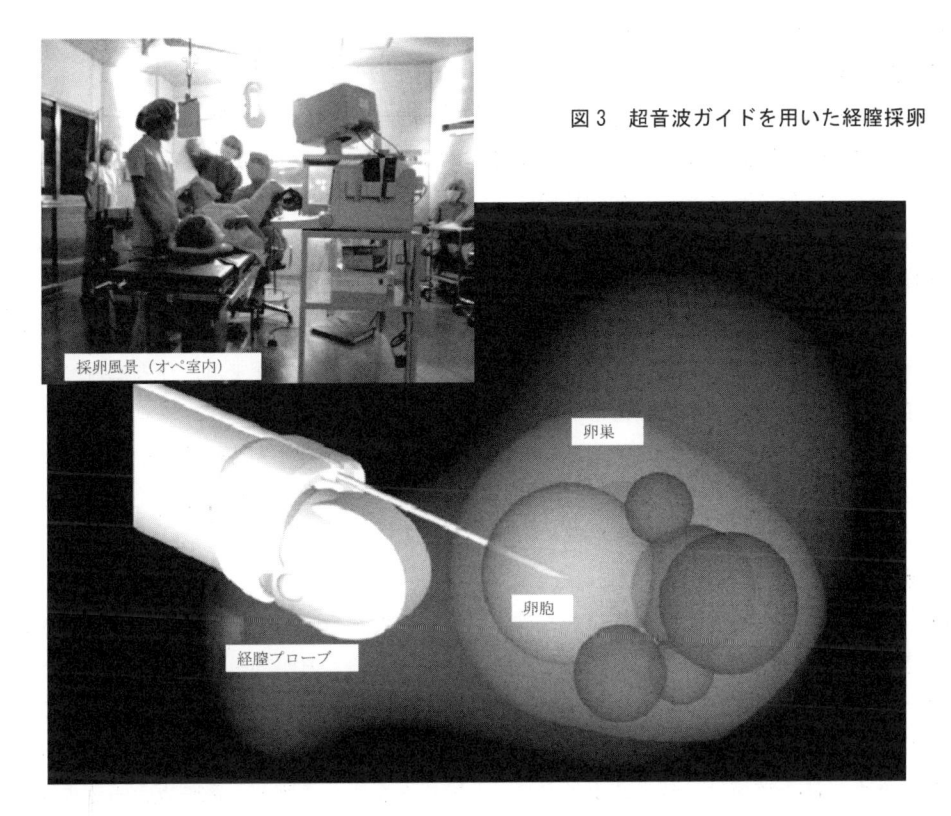

図3　超音波ガイドを用いた経腟採卵

採卵風景（オペ室内）

卵巣

卵胞

経腟プローブ

(3) 体外受精

マスターベーションにより採取された夫精液を室温放置して液状化後，パーコール法[9]などを用いて洗浄，精子濃度調整して媒精に用いる．第一極体放出により成熟が確認された卵子と精子を一晩，共培養することにより，体外で卵子が受精する．射出された精液は衛生的ではないため，抗生物質添加の基礎培地を用いる必要がある．射出精液中には異常精子も多く含まれるため，Swim Up やパーコールの密度勾配を利用した遠沈洗浄などを行い，精液を精製し，正常な精子を選別する．

貧精子症など，精子数が体外受精実施に満たない場合には，1 精子をマイクロマニピュレーション操作により卵子細胞質内へ注入する顕微授精法（Intra cytoplasmic sperm injection；ICSI）が採用される．ともに臨床での受精率は 70〜80％程度である．

(4) 体外培養

多胎を防止し，かつ高い妊娠率を維持可能な胚盤胞 1 胚移植[10]を実施するため，正常受精の確認された前核期胚を胚盤胞期まで 5 日間体外培養する，胚盤胞培養技術が一般化されつつある．胚の発生段階によって変化するエネルギーやアミノ酸要求[11]に即した連続培養培地を用いた低酸素培養法が最も効率的な手法として用いられている．胚性ゲノムが活性化し，解糖系が機能しはじめる 8 細胞期を境に前期，後期に組成の異なる培養液が使用される．胚の培養温度は，女性の深部体温である 37℃で，体内酸素分圧に近い 5％ O_2，また培養液に炭酸系の緩衝剤を使用するため，5％ CO_2 の気相条件が一般に用いられている．培養液の水分蒸発を最少化するため，培養液微小滴はミネラルオイルでカバーさ

れ，湿度飽和の条件下で培養を行う．

(5) 凍結保存

通常，1度の体外受精，体外培養で得られる胚の個数は，1回の胚移植に用いる個数よりも多いので，胚移植後に余剰となった新鮮胚を凍結保存しておき，新鮮胚移植で妊娠が成立しなかった場合に解凍して，次回移植に用いることができる．この凍結胚移植により，次回以降，新たな移植胚作出のための採卵，体外受精などを省くことができ，患者の身体的，精神的，経済的負担が軽減される．

また，採卵した性周期内では，卵巣刺激のため投与されたホルモンの副作用により子宮内膜が薄くなり，胚の着床環境が悪化する．また，胚盤胞の体外培養では，体内に比べて発育が若干遅延するケースが多いため，移植する胚と子宮のステージのシンクロにずれが生じ着床率が低下する．そこで，体外培養したすべての胚をいったん凍結保存し，患者の次周期以降において，子宮内膜環境が良好な時に胚を解凍して移植することにより，最も効率的に妊娠が得ることが可能である．

(6) 胚移植

臨床において，非外科的に胚を移植できる部位は子宮である．ヒトの場合，胚の発育ステージと胚本来の発生部位が異なる場合でも妊娠が成立することが知られている．そのため，これまで長年に渡って，2〜3日間体外培養した4-8細胞期胚が子宮内へ移植されてきたが，近年，体外培養技術の進展と共により高い妊娠率を得るため，胚盤胞移植 [12] が普及してきた．胚の移植は，超音波ガイドのもと膣鏡を用い，子宮内へ経膣カテーテルを挿入して非外科手術的に行う．移植は痛みもないので無麻酔下で実施され，数分間で完了する [7]．

7. 不妊治療を支える各生殖補助技術（Assisted Reproductive Technology：ART）

(1) 体外受精（*In vitro* fertilization；IVF）・・・体外で精子と卵子を受精させる技術

1951年 Austin は，体外で精子と卵子を合わせても受精しない，受精の成立には精子が受精能を獲得することが必須であることを発見し，この機序を Capacitation（受精能獲得）と名付けた [13]．以来，この Capacitation を誘起する様々な手法が Cheng [14] やその指導を受けた多くの日本人研究者ら [15] により見出され，数々の動物種で体外受精由来の産子が得られた．精子の受精能獲得誘起には，イオノフォア，カフェイン，テオフィリンあるいはヘパリン [16-17] を用いた手法が一般的で，多くの動物種の精子に有効である．しかしながら，ヒト精子は例外的に特別な受精能獲得誘起処置を必要とせず，射出された精液を洗浄し，精漿と分離するだけで体外受精に供することができる．このため，ヒト精子の受精能獲

体外受精(IVF)	体外で卵子と精子を出会わせる技術
体外成熟(IVM)	未成熟な卵子を体外で成熟させる技術
顕微授精(ICSI)	精子1細胞を卵子に注入して受精させる技術
胚盤胞培養(BC)	体外で受精した卵子を胚盤胞まで培養する技
ガラス化保存(Vt)	卵子や胚を生きたまま長期凍結保存する技術
着床前診断(PGD)	移植前の胚の遺伝診断技術

図4 現在の主な生殖医療技術

得誘起に関する研究報告は少ない．

(2) 体外成熟（In vitro maturation；IVM）・・・体外で卵子を成熟させる技術

　1986年花田らは，食肉センター由来の廃棄卵巣から未成熟卵子を採取し，体外成熟，体外受精後，初の子ウシを誕生させた[18]．わが国で実用化されたIVM技術は，その後，有効な動物種を増やしながら，世界へと浸透していく．初めて用いられたIVM培地には，LH，FSHおよびE2が添加されていたが，これらホルモン不在下でも，血清や卵胞液添加により，良好な卵子成熟が得られることが明らかとなっている．ウシでの手法を応用して，ヒト体外成熟卵子由来の挙児も得られているが，依然，成績は好ましくなく，臨床技術としての完成度は低い．また，体外受精治療で行う卵巣刺激では，投与するゴナドトロピン製剤の副作用で，まれに卵巣過剰刺激症候群（OHSS）により危篤な症状をきたすことがある．この予防のため，卵巣を刺激しないで未成熟卵を採卵し，体外成熟することで，リスクを回避する試みも行われている．

　また，卵巣癌，子宮頚管癌など，卵巣の一部あるいはすべてを摘出治療する場合，開腹時あるいは摘出した卵巣の小卵胞から多くの未成熟卵子が採取可能である．

　これらを凍結保存しておき，解凍後，体外成熟して[19]体外受精治療につなげることにより，癌治療後の卵巣摘出患者の将来に挙児を得られる可能性が開ける．

(3) 顕微授精（Intra cytoplasmic sperm injection；ICSI）・・・精子1細胞を卵子に顕微注入して受精させる技術

　マウス[20]やウサギ[21]において，マイクロマニピュレーターを用いた顕微操作により，1精子を卵子の細胞質内に直接注入して正常な受精が成立した．精子の受精能獲得，すなわちAcrosome reactionとHyper Activationによる自然な精子の選別なく，正常な受精が成立した．ほぼ同時期，ヒトにおいても同様の手法でICSIが行われ[22]，正常に受精し，胚移植後，正常な挙児が得られることが示された．すなわち，この成功により，体外受精治療の不可能であった，射出精液中に極端に精子数が少ない症例や，さらに精液中に精子の全く存在しない無精子症男性においても，精巣中に1精子でも存在すれば，この精子を外科的に取り出し，ICSIすることで体外受精治療が可能となった．この技術は，そのほとんどが精子数や精子活力が原因である男性不妊にとってまさに革命的な治療法であり，そのニーズの強さから，急速に世界中に広まった．

(4) 胚盤胞培養（Blastocyst culture；BC）・・・体外で受精した卵子を胚盤胞まで培養する技術

　1989年，梶原は体外受精したウシ卵子を，受精前の卵丘細胞卵子複合体の一部であった顆粒膜細胞由来のレイヤーと1週間共培養することにより，胚盤胞まで発生させることに成功した[23]．この共培養法は，その後vero cellなど他の細胞でも有効性が示されたが，共培養細胞の準備，至適条件の維持などが困難であり，体外受精治療では普及しなかった．その後Gardnerは，受精から胚盤胞期の培養期間において，胚ステージごとの栄養要求を調べ，アミノ酸，およびエネルギー源としてのグルコース添加量を最適化することで，共培養細胞の支持無く，培養液のみで胚盤胞が高率に作出できることをヒツジ胚で証明した[24]．さらにGardnerはこの連続培養法をヒト胚に応用し[25]，現在のヒト胚盤胞培養法のもと

(5) 胚の凍結保存 (Embryo cryopreservation)・・・胚を生きたまま長期間凍結保存する技術

1972年 Whittingham らは緩慢凍結法によりマウス胚の凍結保存に成功した[26]．この緩慢凍結法はそのプロトコルがウシ胚により最適化され[27]，実用的な胚凍結手法が確立された．1984年，Monash 大学で家畜繁殖とヒト生殖の両部門の部長を兼任していた Trounson は，ウシの凍結手法をそのままヒト胚に応用し，ヒト臨床において初の凍結保存胚由来の挙児を得た[28]．以後，胚の凍結保存技術は，緩慢凍結機メーカーの拡販努力によって，世界中に急速に広まり，1987年，わが国でも初の凍結胚由来挙児が誕生した．

体外受精治療で得られた胚を廃棄せずに，次回以降に利用できるこの技術は，人にやさしい技術として重要であり，わが国のガイドラインでは，胚凍結保存技術を持たない施設は，体外受精治療実施施設として登録許可されない．

この緩慢凍結法によるヒト胚盤胞の生存率は60～80%と高率ではなかったが，近年，超急速ガラス化保存法を応用した，きわめて有効な胚盤胞の凍結保存法[29]が日本で Kuwayama により開発され，解凍後，ほぼ100%が得られる臨床 ART として世界中に普及している．

(6) 卵子の凍結保存 (Oocyte cryopreservation)・・・卵子を生きたまま長期間凍結保存する技術

ヒト胚の緩慢凍結法による成功の2年後，Chen によって，卵子においても同手法の応用による画期的な成功例が報告された[30]．しかしながらその後11年間に渡り追試成功例がなく[31]，この緩慢凍結法によるヒト卵子凍結成功報告の信憑性は定かでない．物理的障害に敏感な卵子は凍結による障害を受けやすく，長い間，凍結保存は不可能とされてきた．しかしながら最近，超急速ガラス化保存法を用いて，解凍後の生存性損耗がほとんどない革命的な卵子凍結法[32]が Kuwayama により開発された．同法は開発国である日本を中心に ART 先進国であるアメリカ，ヨーロッパなど，数十カ国においてすでに10万症例以上が実施され，素晴らしい臨床成績が得られている．

卵子凍結保存技術の確立により，癌治療の副作用で不妊になる未婚女性の妊孕性温存が可能となった．白血病などの血液癌や生殖器癌の場合，放射線治療や化学療法の副作用で，そのほとんどが治療後，卵巣機能消失により不妊となる．癌治療前に卵子を採取，凍結保存しておき，癌治療後に解凍，IVF-ET により挙児を得ることが期待できる．癌と戦い勝利した女性が，不妊のために，その後の人生において恋愛や結婚にハンディを背負うなどのクオリティ・オブ・ライフの低下を，卵子保存で改善することが可能である．同技術を応用した世界初の未婚血液癌女性のための卵子バンクが2001年，わが国に設立された．

(7) 卵巣組織の凍結保存 (Ovarian tissue cryopreservation)・・・機能を保持したまま卵巣組織を長期間凍結保存する技術

卵子を凍結保存することはすなわち，将来に挙児が得られる可能性を意味する．もし卵巣組織が凍結保存されれば，将来，女性の性機能が維持できる．卵巣は，子を作るための卵子の貯蔵と供給（排卵）だけでなく，女性を女性としてあらしめるための女性ホルモン

を分泌する器官でもある．癌治療などにより卵巣機能が廃絶した女性は，たとえ 10 代であっても閉経（早発性閉経）を迎え，ホルモン分泌も停止するため，高齢女性と同様に更年期障害を迎え，骨粗しょう症，生殖器の委縮，それに伴う性交痛，皮膚の衰えなどに悩まされ，深刻なクオリティ・オブ・ライフの低下をもたらす．2004 年 Donnes は，緩慢凍結保存した卵巣組織の自家移植により，癌女性の卵巣機能回復が可能であることを報告した[33]．同手法では移植後の卵巣組織の生存性が低く，その効果は低かったが，最近，Kagawa により同様に超急速ガラス化保存法を応用した有効な卵巣組織のガラス化保存法[34]が開発され，癌女性のための卵巣組織バンクが実現した．

(8) ガラス化保存（Vitrification）・・・液体窒素温度下でも細胞内に氷晶を形成させず，卵子や胚を高率に生きたまま長期間凍結保存する技術（図5，6）

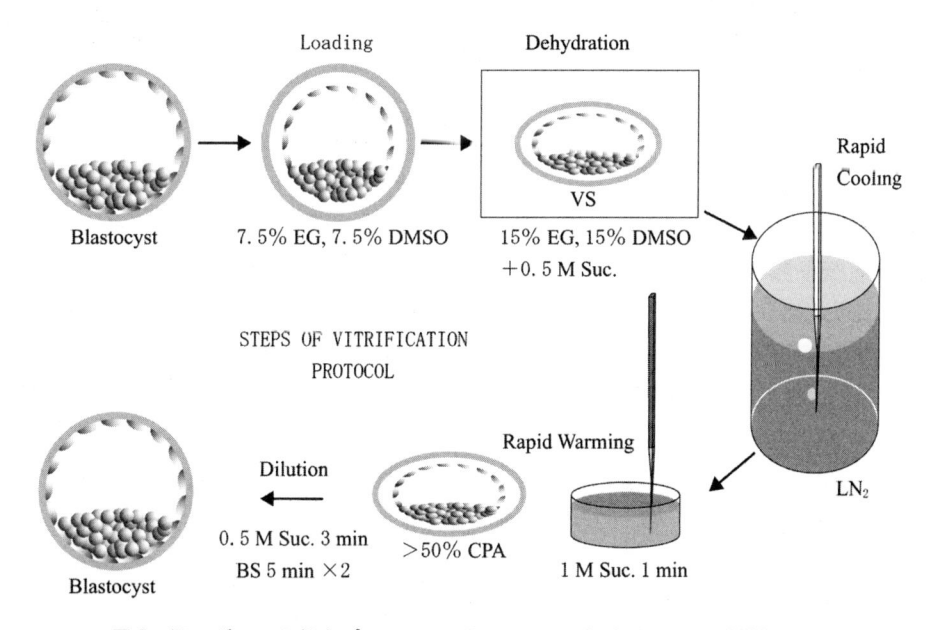

図5　胚のガラス化保存プロトコル（Cryotop method：Kuwayama 2000）

冷却時，胚や卵子細胞内に氷晶を形成させないで水分を固化することによって，凍結による大きな細胞障害を発生させず，細胞の生存性をほとんど低下させることなく液体窒素温度下で半永久的に凍結保存する技術．1937 年 Luyet[35]により理論提唱されたガラス化保存は，約 50 年後の 1985 年 Rall & Fahy によるマウス胚での成功によって初めてその効果が立証された[36]．ガラス化保存は，その後，手法を様々に改良されながら，ウシ胚[37]，ウシ卵子[38]，ブタ胚[39]など多種の哺乳動物胚や卵子での成功例を得た．ヒト胚[40]や卵子においても検討がなされ，近年 Kuwayama によりきわめて有効な超急速ガラス化保存法が完成した[32]．この手法は従来とは逆に，ヒトでの臨床応用後，様々な動物種胚や卵子に応用され，さらに良好な成績が得られている．

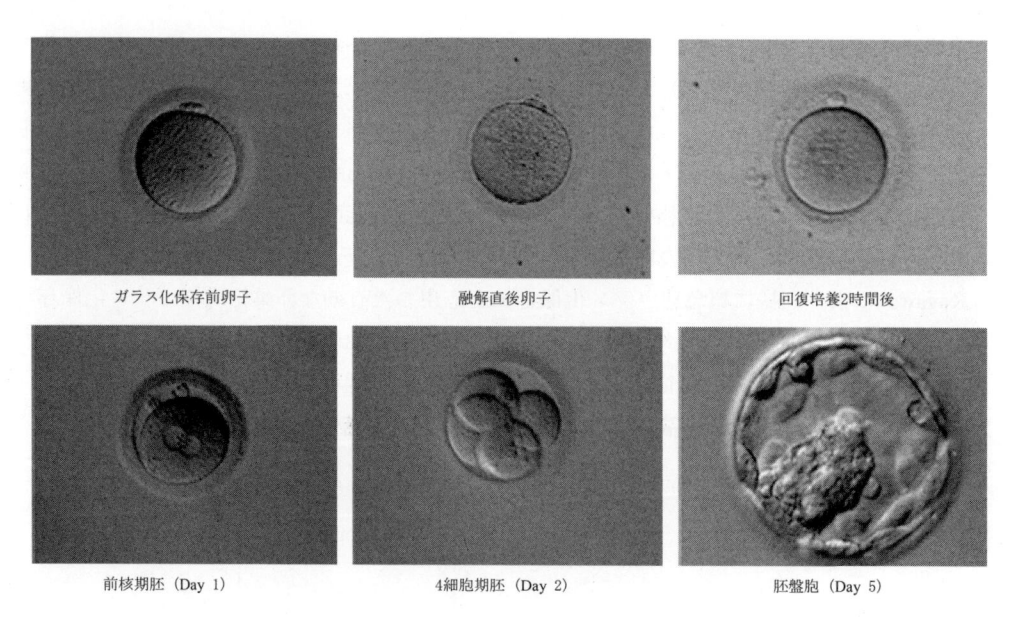

| ガラス化保存前卵子 | 融解直後卵子 | 回復培養2時間後 |
| 前核期胚（Day 1） | 4細胞期胚（Day 2） | 胚盤胞（Day 5） |

図6　ガラス化保存卵子の体外発生

(9) 着床前診断（Preimplantation genetic diagnosis；PGD）・・・移植前の胚の遺伝子診断技術

　妊娠中，絨毛，羊水検査による胎児診断により，染色体異常や先天代謝異常など，胎児に重篤な異常が判明した場合，胎児および母胎の将来的な大きなリスクを回避するために人工妊娠中絶を行える権利が法的に認められている．しかしながら，中絶による母胎損傷のリスクに加え，せっかく授かった胎児との別れは，妊婦への精神的に大きな負担となる．着床前診断[41]は，子宮に移植する前の胚の正常性を検査し，異常胎児になる可能性のある胚を見つけて排除し，正常な胚のみを移植することにより，異常胎児の発生を未然に防ぐ技術である．しかしながら，移植胚の人為的選別は，ヒトラー時代の優生学を彷彿させ，またダウン症児など，すでに現存している人々の存在をも否定しかねないとして，その実施には激しく大きな議論が続いている．わが国では，胚を何度移植しても流産してしまう習慣性流産と，筋ジストロフィーなど，出生後，死に至るような重篤な異常である単一遺伝子疾患の場合にのみ，胚の着床前診断が日本産科婦人科学会のガイドラインにより許可されている．通常，4〜8細胞期に発生した体外受精胚から1割球を顕微操作でバイオプシーし，FISHやPCR法などで検査，正常と判定された胚のみを凍結保存後，移植に供する．

(10) 提供卵子体外受精（Egg donation IVF）・・・提供卵子による体外受精治療

　欧米諸国の一部では，先天性および後天性卵巣欠損や癌治療などによる卵巣機能廃絶のため，自己卵子による子作りが不可能なケースにおいて，第三者から提供を受けた卵子を用いた体外受精治療[42]が認められている．また，卵巣機能を有していても，老化や不育症など，卵子の発育がきわめて困難な不妊症例にも提供卵子による体外受精が容認されており，米国では提供卵子による体外受精治療の割合は全体の30％弱にも及ぶ．ヨーロッパでは，北部の多くの国が提供卵子による体外受精を禁止しているため，スペインなど南

部の許容国への国境を超えた体外受精治療が盛んに行われている．最近では，卵子ガラス化保存技術の確立により，卵子提供者の都合の良い時に採卵して卵子を凍結保存しておき，患者の都合の良い時に融解して体外受精治療するための提供，卵子バンクが実現しており，いくつもの ART 先進国で積極的に利用され始めている．わが国のガイドラインでは，提供卵子による体外受精の実施は検討中であるが，子を得るために他の選択肢のない患者に限り，適応を認める方向で審議が進んでいる．

8. ART の近未来技術

(1) 老化卵子の若返り（図 7）

一般には，女性は閉経と共に卵巣機能を喪失し，子を産む能力も失うと認識されている．しかしながら実際にはその 5 年程度も前に，卵子は老化により発生能がなくなり，たとえ排卵があっても，女性はすでに子作りの能力を有さず，不妊である．女性の妊孕性は，35 歳から徐々に低下し，40 歳を超えるとその傾向は加速，45 歳でほぼ例外なくその能力を失う[43]．一方，提供卵子を用いた体外受精治療では，閉経年齢を超えても IVF-ET 後の妊娠率が低下しないことから，高齢女性の加齢による妊孕性低下の原因は，卵子の老化であると考えられている．さらに老化による卵子の発生能低下は，細胞質に起因していると考えられ[44]，老化した卵細胞質の正常な卵細胞質への置換により治療可能とされている．老齢不妊ウシ由来の不育卵子細胞質を若齢ウシ由来の正常な卵子細胞質と置換することにより，喪失した発生能が改善され，正常な産子が得られている[45]．しかしながら，従来の細胞質置換は，核を含むカリオプラストと細胞質（サイトプラスト）を電気融合法により再構築するため，提供卵子と患者由来卵子の 2 種類のミトコンドリアが同一卵子細胞質内に混在する．この，自然界では発生しない卵子内でのミトコンドリア混在によるリスク[46]が未知であるため，この手法の臨床応用は認められていない．現在，ミトコンドリア混在を回避する，卵細胞質置換の手法の確立が検討されている．

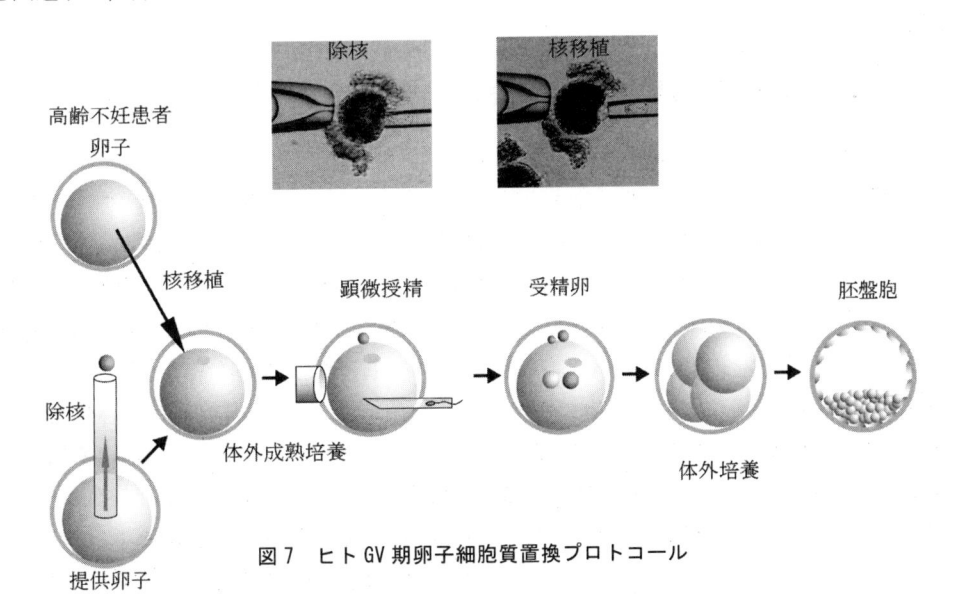

図 7 ヒト GV 期卵子細胞質置換プロトコール

(2) 幹細胞からの精子，卵子の作出

　ICSI の確立により，現在の男性不妊治療においては，精液中に精子が不在の無精子症患者においても，精巣内に 1 細胞でも精子が存在すれば治療が可能となった．すなわち，現在の技術で治療が不可能な男性不妊は，正常な精子を全く持たない患者のみである．これらの患者救済のため，体細胞同様，幹細胞からの精子の作出が試みられている．マウスでは，胚性幹細胞（Embryonic Stem Cell：EScell）よりすでに *in vivo* で精子が作出されており[47]，ヒトへの技術的応用の可能性が高い．ヒトの場合では，体性幹細胞由来あるいは iPS 細胞[48]からの作出が現実的となるが，最近，幹細胞から精子を体外で作出する有効な誘導培養法も検討されており，すでに体外での作出が成功している皮膚や心筋などの例から考えると，幹細胞からのヒト精子作出の実現もおそらく時間の問題であろう．

(3) 女性の永遠の性

　一般に男性の生殖能力がほぼ生涯に渡って永続するのに対し，女性では初潮から閉経まで，すなわち 10 才から 50 才頃までの約 40 年間の卵巣機能期間に限定される．現在の日本女性の平均寿命が 86 才であることから考えると，女性が生殖的に女性である期間は人生の半分にも満たない．卵巣は女性の性の部分を担う器官で，女性ホルモンを分泌して女性を女性であらしめ，また膨大数の卵母細胞を保有し，毎月 1 個，卵子を発育させ，排卵する．女性は誕生時，卵巣に 100 万個もの原始卵胞を持つが，その数は年齢と共に大きく減少していく．20 才ではすでに 20 万個，自然妊娠の可能性を失う 41 才では 1 万個に，そして 50 才頃，卵巣内の残存卵胞数が 1000 個になった時点で閉経を迎える．ところが，若齢時に凍結保存しておいた卵巣を，性周期が終焉した老齢マウスに自家移植すると，性周期が再開し，自然交配後，妊娠，出産が可能であることが知られている．また，卵巣を移植された老齢マウスは，身体機能が若返り，寿命が 20％も延長したことが報告されている．ヒト卵巣組織のガラス化保存や卵巣組織移植技術の応用で，女性は妊娠できる能力，すなわち妊孕性を維持できるだけでなく，長い生涯，ずっと性的に女性でいられる可能性が開けた[49,50]．

9. エンブリオロジスト（胚培養士）とは

　不妊治療すなわち生殖補助医療を行う施設では，医師と生殖工学技術のエキスパートがチームを組み，それぞれの役割を分担して治療を実施している．患者に直接接触する診療行為は医師に限定され，卵子，精子などの操作はエンブリオロジストと呼ばれる専門職が担当する．また，体外受精技術や胚培養結果など，体外操作に関わる内容の説明等もエンブリオロジストが直接患者に行う．但し，エンブリオロジストあるいは胚培養士は国家資格ではなく，任意の学術団体からの認定資格であり，法的な根拠はない．不妊施設での体外受精，凍結保存など，すべての体外操作は，その施設長である医師の責任下で実施され，これらの認定資格の有無に関わらず実施可能である．エンブリオロジストは日本臨床エンブリオロジスト学会の，胚培養士は日本哺乳動物卵子学会からの認定資格である．ともに，現場での実務経験実績と筆記，面接試験により審査，認定される．日本臨床エンブリオロジスト学会は，優秀なエンブリオロジストの育成のため，定期実技講習も実施している．

10. さいごに

　主に動物応用科学，農獣医学部各学科で学ぶ，学部学生，大学院生のみなさんを対象に，ヒト生殖補助医療分野での展開の実際を，現場に即して紹介してきた．現在，全国で活躍しているエンブリオロジストの中で，大学受験の時点ですでに，将来，自分が生殖医療分野で働くことを決意して，これらの学部へ進んできたものは稀有である．動物を対象とした動物応用科学，獣医畜産分野での将来を志した多くの学生達が，在学中に学んだ生殖工学技術を用いることで，医者ではない自分が，動物ではなく人を，不幸な様々な不妊患者を救えることを知る．ここに生涯を掛けた自己実現としての職業として，エンブリオロジスト，あるいは生殖補助技術研究者を目指すものも現れるであろう．実験動物，産業動物，ペットを対象とした動物応用学での繁殖，生殖，発生工学技術の開発研究は今後もますます発展を続け，人類の夢と希望の実現に向かって，現時点での多くの不可能が次々と可能となってくるであろう．過去の歴史が示すように，哺乳動物とヒトの間では，体外操作技術は共有できるものではある．しかしながら，技術は目的を達成するための手段に過ぎず，肝要なのはその目的の本質である．一点，最後に理解しておいていただきたいのは，両分野における目的の優先順位の違いである．生殖補助医療分野で用いる生殖工学技術は，人の生命を扱う技術．すなわち，技術の先端性よりもモラル，そして効果よりも安全性がより大切である．

参考文献

1) Steptoe, P. C., Edwards, R. G. Birth after the reimplantation of a human embryo. *Lancet* 312, 366(1978).
2) Lopata, A., Johnston, I. W., Hoult, I. J., Speirs, A. I. Pregnancy following intrauterine implantation of an embryo obtained by *in vitro* fertilization of a preovulatory egg. *Fertili. Steril.* 33, 117-120(1980).
3) Hamberger, L., *et al.* Methods of aspiration of human oocyte using various techniques. *Acta Med. Rom.* 20, 370-378(1982).
4) Jones, H. W. Jr., *et al.* The program for *in vitro* fertilization at Norfolk. *Fertili. Steril.* 38, 14-21(1982).
5) Suzuki, M. In vitro fertilization and Embryo Transfer at Tohoku University, Sendai, Japan. *Journal of Assisted Reproduction and Genetics* 1, 82(1984).
6) Frydman, R., *et al.* LHRH agonists in IVF : different methods of utilization and comparison with previous ovulation stimulation treatments. *Hum. Reprod.* 3, 559-561(1988).
7) Teramoto, S., Kato, O. Minimal ovarian stimulation with clomiphene citrate : a large-scale retrospective study. *Reprod. Biomed. Online* 15, 134-148(2007).
8) Feichtinger, W., Kemeter, P. Transvaginal sector scan sonography for needle guided transvaginal follicle aspiration and other applications in gynecologic routine and research. *Fertil. Steril.* 45, 722-725(1986).
9) Gorus, F. K., Pipeleers, D. G. A rapid method for the fractionation of human spermatozoa according to their progressive motility. *Fertil Steril.* 35, 662-665(1981).
10) Sakkas, D., Gardner, D. K. textbook of assisted reproductive techniques. (eds Gardner, D. K., Weissman, A., Howles, C. M., Shoham, Z.) 235-245, Informa Healthcare(2004).
11) Gardner, D. K., Lane, M. *in vitro* fertilization a practical approach. (eds Gardner, D. K.) 221-282, Informa healthcare(2007).
12) Papanikolaou, E. G., *et al.* Live birth rates after transfer of equal number of blastocysts or cleavage-stage embryos in IVF. A systematic review and meta-analysis. *Hum. Reprod.* 23, 91-99(2008).
13) Austin, C. R. The capacitation of the mammalian sperm. *Nature* 170, 326(1952).
14) Chang, M. C. Fertilizing capacity of spermatozoa deposited into the fallopian tubes. *Nature* 168, 697-698(1951).
15) Yanagimachi, R., Chang, M. C. Fertilization of hamster eggs *in vitro*. *Nature* 200, 281-282(1963).
16) Summers, R. G. *et al.* Ionophore A23187 induces acrosome reactions in sea urchin and guinea pig spermatozoa. *J. Esp Zool.* 196, 381-385(1976).
17) Niwa, K., Ohgoda O. Synergistic effect of caffeine and heparin on *in-vitro* fertilization of cattle oocytes matured in culture. *Theriogenology* 4, 733-741(1988).
18) 花田 章, 塩谷康生, 鈴木達行：体外成熟卵子の体外受精により得られた牛胚の非外科的移植による受胎出産例, 第78回日本畜産学会講演要旨, 18(1986).
19) Chian, R. C., Buckett, W. M., Tan, S. L. *In-vitro* maturation of human oocytes. *Reprod. Biomed. Online* 8, 148-166(2004).

20) Kimura, Y., Yanagimachi, R. Intracytoplasmic sperm injection in the mouse. *Biol. Reprod.* **52**, 709-720(1995).
21) Hosoi, Y., Miyake, M., Utsumi, K., Iritani, A. Development of rabbit oocyte after microinjection of spermatozoa. *The 11th International Congress on animal Reproduction and Artificial Insemination* 331(1988).
22) Palermo, G., Joris, H., Devroey, P., Van Steirteghem, A. C. Pregnancies after intracytoplasmic injection of single spermatozoon into an oocyte. *Lancet* **340**, 17-18(1992).
23) 梶原 豊, ほか：牛卵胞卵子の体外受精および体外培養によるふ化, 家畜繁殖学会誌, **33**, 173-180(1987).
24) Gardner, D. K., Lane, M., Spitzer, A., Batt P. A. Enhanced rates of cleavage and development for sheep zygotes cultured to the blastocyst stage *in vitro* in the absence of serum and somatic cells : amino acids, vitamins, and culturing embryos in groups stimulate development. *Biol. Reprod.* **50**, 390-400(1994).
25) Gardner, D. K. Mammalian embryo culture in the absence of serum or somatic cell support. *Cell. Biol. Int.* **18**, 1163-1179(1994).
26) Whittingham, D. G., Leibo, S. P., Mazur, P. Survival of mouse embryos frozen to -196 degrees and -269 degrees C. *Science* **178**, 411-414(1972).
27) Wilmut, I., Rowson, L. E. M. Experiments on the low temperature preservation of cow eggs. *Vet. Rec.* **92**, 686-690(1973).
28) Trounson, A., Mohr, L. Human pregnancy following cryopreservation, thawing and transfer of an eight-cell embryo. *Nature* **305**, 707-709(1983).
29) Kuwayama, M., Cobo, A., Vajta, G. vitrification in assisted reproduction. (eds Tucker, M. J., Liebermann, J.) 119-128(Informa Healthcare, 2007).
30) Chen, C. Pregnancy after human oocyte cryopreservation. *Lancet* **1**, 884-886(1986).
31) Porcu, E., *et al.* Birth of a healthy female after intracytoplasmic sperm injection of cryopreserved human oocytes. *Fertil. Steril.* **68**, 724-726(1997).
32) Kuwayama, M., Vajta, G., Kato, O., Leibo, S. P., Highly efficient vitrification method for cryopreservation of human oocytes. *Reprod. Biomed. Online* **11**, 300-308(2005).
33) Donnez, J., *et al.* Live birth after orthotopic transplantation of cryopreserved ovarian tissue. *Lancet* **364**, 1405-1410(2004).
34) Kagawa, N., Silber, S., Kuwayama, M. Successful vitrification of bovine and human ovarian tissue. *Reprod. Biomed. Online* **18**, 568-577(2009).
35) Luyet, B. J. The vitrification of organic colloids and of protoplasm. *Biodynamica* **29**, 1-14(1937).
36) Rall, W. F., Fahy, G. M. Ice-free cryopreservation of mouse embryos by vitrification. *Nature* **313**, 573-575(1985).
37) Kuwayama, M., Hamano, S., Nagai, T. Vitrification of bovine blastocysts obtained by *in vitro* culture of oocytes matured and fertilized *in vitro*. *J. Reprod Fertil.* **96**, 187-193(1992).
38) Hamano, S., Koikeda, A., Kuwayama, M., Nagai, T. Full-term development of *in vitro*-matured, vitrified and fertilized bovine oocytes. *Theriogenology* **38**, 1085-1090(1992).
39) Yoshino, J., Kojima, T., Shimizu, M., Tomizuka, T. Cryopreservation of porcine blastocysts by vitirification. *Cryobiology* **30**, 413-422(1993).
40) Lane, M., Schoolcraft, W. B., Gardner, D. K. Vitrification of mouse and human blastocysts using a novel cryoloop container-less technique. *Fertil. Steril.* **72**, 1073-1078(1999).
41) Handyside, A. H., Kontogianni, E. H., Hardy, K., Winston, R. M. Pregnancies from biopsied human preimplantation embryos sexed by Y-specific DNA amplification. *Nature* **344**, 768-770(1990).
42) Trounson, A., *et al.* Pregnancy established in an infertile patient after transfer of a donated embryo fertilised *in vitro*. *Br Med J(Clin Res Ed)* **286**, 835-838(1983).
43) Tan, S. L., *et al.* Cumulative conception and livebirth rates after *in-vitro* fertilisation. *Lancet* **339**, 1390-1394(1992).
44) Jansen, R. P., Burton, G. J. Mitochondrial dysfunction in reproduction. *Mitochondrion* **4**, 577-600(2004).
45) Kuwayama, M. Production of healthy calf after transfer of the embryo organized rejuvenated defective oocytes from age-related infertile cattle by germinal vesicle transfer. *American Society for Reproductive Medicine 58th Annual Meeting* (2002).
46) Bredenoord, A. L., Pennings, G., de Wert, G. Ooplasmic and nuclear transfer to prevent mitochondrial DNA disorders : conceptual and normative issues. *Hum. Reprod. Update* **14**, 669-678(2008).
47) Nayernia, K., *et al.* In vitro-differentiated embryonic stem cells give rise to male gametes that can generate offspring mice. *Dev. Cell* **11**, 125-132(2006).
48) Takahashi, K., *et al.* Induction of pluripotent stem cells from adult human fibroblasts by defined factors. *Cell* **131**, 861-872(2007).
49) Silber, S. J., *et al.* Ovarian transplantation between monozygotic twins discordant for premature ovarian failure. *N. Engl J. Med.* **353**, 58-63(2005).
50) Silber S. J. How to get prebanant. (eds Silber S. J.) 39-82, Little, Brown and Company(2005).

6

アミノ酸食品の新展開

吉澤 史昭（宇都宮大学）

　アミノ酸はタンパク質の構成成分としてだけでなく，細胞内や血漿などに遊離した形で存在し，それぞれが独自の生理的機能をもって膨大な役割を担っている．近年のアミノ酸に対する関心の高まりは，単体のアミノ酸がもつ生理機能に，より新しい有効性が見出されているからである．特に健康に関わる分野において，アミノ酸の新規機能性が続々と発見されている．今や，いくつかのアミノ酸は，単なる「素材」ではなく生体調節に深く関与する「調節因子」として認識されている．分岐鎖アミノ酸（BCAA：Branched chain amino acid）と総称されるバリン，ロイシン，イソロイシンは，生体調節機能の解析が最も進んでいるアミノ酸であり，現在販売されているアミノ酸サプリメントは，BCAA の機能をうたった物が多い．ここでは生体調節機能を有することが明らかになっているアミノ酸の中でも，その作用メカニズムと実際の有効性について最も研究が進んでいる BCAA に焦点を絞って紹介する．

キーワード：アミノ酸，BCAA，ロイシン，イソロイシン，生体調節機能

1．はじめに

　「アミノ酸」が流行になって久しい．新世紀の到来と共に世の中を席巻したアミノ酸の大流行には目を見張るものがあった．これは健康志向が広がる中で，一般の人が古典的な栄養学的視点に立って栄養素を見つめ直した結果，タンパク質を構成する栄養素としてのアミノ酸の重要性を認識したからではなく，マスコミで紹介されたそれまであまり馴染みのなかった"アミノ酸"という栄養素がもつ新規機能性に興味をもったからである．紹介されたアミノ酸の新規機能性の中には疑わしいものが多くあったが，この大流行の裏にアミノ酸研究の新たな展開があったことは事実である．一時期の狂信的なほどの流行は収まったが，この流行によってアミノ酸の認知度は飛躍的に向上し，アミノ酸関連製品の現在の売り上げは 2003 年のピーク時に比べて半分程度に縮小したものの，ブーム前に比べて 5 倍程度である[1]．ブームの流れに乗って急速に広まっていったものは，ある程度時間が経つとブームの衰退と共にその利用者や社会的関心も減っていく事が多いが，アミノ酸がブームのピークを過ぎた後に一般的なものとして世間に定着したのには，基礎研究によって明らかにされたアミノ酸が潜在的にもつ生体調節機能の一部を利用者が実際に体感したことが関係している．

　分岐鎖アミノ酸（BCAA：Branched chain amino acid）と総称されるバリン，ロイシン，イソロイシンは，生体調節機能の解析が最も進んでいるアミノ酸であり，現在販売されているアミノ酸サプリメントは，BCAA の機能をうたった物が多い．ここでは生体調節機能を有することが明らかになっているアミノ酸の中でも，その作用メカニズムと実際の有効性について最も研究が進んでいる BCAA に焦点を絞って紹介する．

2. BCAA の特徴

アミノ酸は新たに出現してきた物質ではなく，私たちの生命を支える基本物質であり，非常に古くからよく知られてきた化学物質である．自然界には約500種類ものアミノ酸が発見されているが，そのうちタンパク質の構成成分となれるアミノ酸はわずか20種類である．20種類のアミノ酸のうち，体内で合成系をもたないか，あるいは合成量が必要量に満たないアミノ酸を，必須アミノ酸（不可欠アミノ酸）とよぶ．動物の種類によって必須アミノ酸の種類は異なっているが，多くの動物に共通な必須アミノ酸は，フェニルアラニン，トリプトファン，イソロイシン，メチオニン，バリン，リジン，スレオニン，ロイシン，ヒスチジンの9種類である．ヒトの必須アミノ酸はこれら9種類である．BCAAはいずれもヒトを含めた多くの動物の必須アミノ酸である．BCAAは最近になって耳にするようになった言葉だが，医療業界では以前から医薬品に用いられてきた．BCAAが生体にとって重要な機能をもったアミノ酸であることから，様々な疾患時に対応したアミノ酸製剤として応用されてきた経緯がある[2]．現在，広く医療分野で利用されている高カロリー輸液には生命維持に必要な五大栄養素（タンパク質，糖質，脂質，ビタミン，ミネラル）を混合するが，タンパク質を静脈注射すると拒絶反応を起こす恐れがあるため，タンパク質のかわりにアミノ酸の混合物が使われている．低蛋白血症や低栄養状態時，手術前後のアミノ酸補給を目的とした高濃度アミノ酸製剤はBCAAの含有率が高い．これは，主に筋肉組織で代謝され，筋タンパク質の合成を促進し分解を抑制するというBCAAの作用が，手術後等の体タンパク質異化期に有用であると期待されるためである．また，肝硬変患者の治療においてもBCAAが重要な役割を演じている[3]．肝硬変患者には高頻度にタンパク質代謝異常が認められる．筋肉タンパク質の減少と，内蔵タンパク質の指標である血清アルブミン濃度の低下に代表される低タンパク質栄養状態は肝硬変患者に特徴的である．血漿BCAA濃度の低下が，肝硬変患者に見られるタンパク質代謝異常の重要な要因であり，肝臓におけるアルブミンの合成を低下させている．そこで，BCAAを多く含む肝不全用経腸栄養剤やBCAAのみからなる分岐鎖アミノ酸顆粒製剤などでBCAAを補充投与することで，アルブミン代謝を改善し，低タンパク質栄養状態を是正する治療が行われている．さらに，肝硬変が進行して非代償性肝硬変（残された健常肝細胞のみでは肝臓の働きを代償することができなくなった状態）になると，腹水，黄疸，肝性脳症といった肝不全症状が出現する．肝不全症状の代表である肝性脳症は，血液中のアミノ酸のアンバランスと深く関係している．肝不全の患者の血液中のアミノ酸濃度は，健康な人に比べるとBCAAが低く，芳香族アミノ酸（フェニルアラニン，チロシン，トリプトファン）が高いのが特徴である．肝性脳症を発現している患者にBCAAを豊富に含む特殊組成アミノ酸輸液製剤を点滴し，血中のアミノ酸のアンバランスを是正することで脳症を改善する治療が行われている．

3. BCAA 飲料

アミノ酸は体内でタンパク質の材料として利用されるほか，必要に応じて身体のエネル

ギー源として利用される．身体においてタンパク質・アミノ酸を最も多く含む臓器は筋肉であり，一般的に体重の40％とされている．筋肉は，その約80％が水分であり，残りのほとんどがタンパク質である．さらに，筋肉はkg重量あたり3〜4gの遊離アミノ酸（体内にはタンパク質を構成しているアミノ酸とは別に，それぞれのアミノ酸がバラバラの状態で常備されており，これらは遊離アミノ酸と呼ばれる）を含んでいる[4]．したがって，筋肉は身体におけるタンパク質・アミノ酸の貯蔵庫の役割を果たしている．疾病などによる飢餓時や手術などによる侵襲時には，体内で最大のアミノ酸貯蔵庫である筋タンパク質の異化が亢進し，アミノ酸を遊離してエネルギー源や生命維持に必要なタンパク質合成に利用する．また，健常な人でも運動時には，骨格筋のエネルギー代謝は著しく増加するので，主要エネルギー源である糖質や脂質の代謝が高められるばかりでなく，タンパク質およびアミノ酸の代謝も促進される．アミノ酸の中でもBCAAは，他の多くのアミノ酸が肝臓で代謝分解されるのに対して，主に骨格筋で代謝分解されるという特徴をもっている．そのためBCAAは，手術侵襲による一時的な肝機能低下時には優先的に分解されてエネルギー源として重要な役割を果たし，また，運動時も骨格筋のエネルギー源として重要な役割を果たす．体内の遊離BCAAの量は非常に少なく，血液中で0.4〜0.5 mM[5]，骨格筋中で0.6〜1.2 mmol/kg[4]と報告されている．この遊離BCAA量を体重60 kgのヒトで計算すると，全身の血液中で約0.2 gであり，全身の筋肉中に約1〜2 gの量にしかならない．一方，体内のタンパク質中には多量のBCAAが含まれており，筋タンパク質の総アミノ酸の14〜18％を占める．体重60 kgのヒトで計算すると，全身の筋タンパク質中に約0.5〜0.7 kgの量のBCAAが含まれることになる．このように遊離BCAA量はタンパク質中のBCAAに比べてきわめて少ない．このため，運動中は骨格筋をはじめとする組織中タンパク質を分解することによって，BCAAを供給していると考えられる．

以上のように，外科的侵襲時と運動時は，どちらもエネルギー不足を補うために筋タンパク質を分解してBCAAをエネルギー源として利用するという点で類似しているといえる．この類似性に着目して，外科的侵襲時に利用されるBCAA含有輸液を基にBCAA含有飲料が開発された．BCAA含有飲料のオリジナリティーは，筋肉でエネルギー源として利用されるBCAA独自の特徴をコンセプトにした飲料であるということである．

4. BCAAの代謝調節機能

BCAAは，体内でタンパク質の材料として利用されるほか，必要に応じて身体，特に筋肉のエネルギー源としても利用され，このエネルギー源としての機能に注目してBCAA含有飲料が作られた訳であるが，実はBCAAは単なる材料やエネルギー源としての機能以外に代謝を調節する機能を有することが知られている．BCAAは，従来から骨格筋や肝臓のタンパク質代謝に対して同化的に作用すること，すなわちタンパク質の合成を促進し，分解を抑制することが知られていたが，最近になってようやくその作用機構が徐々に明らかになり始めた．さらにごく最近になって，BCAAはタンパク質代謝を調節するだけでなく，糖代謝をも調節する作用を有することが示された（図1）.

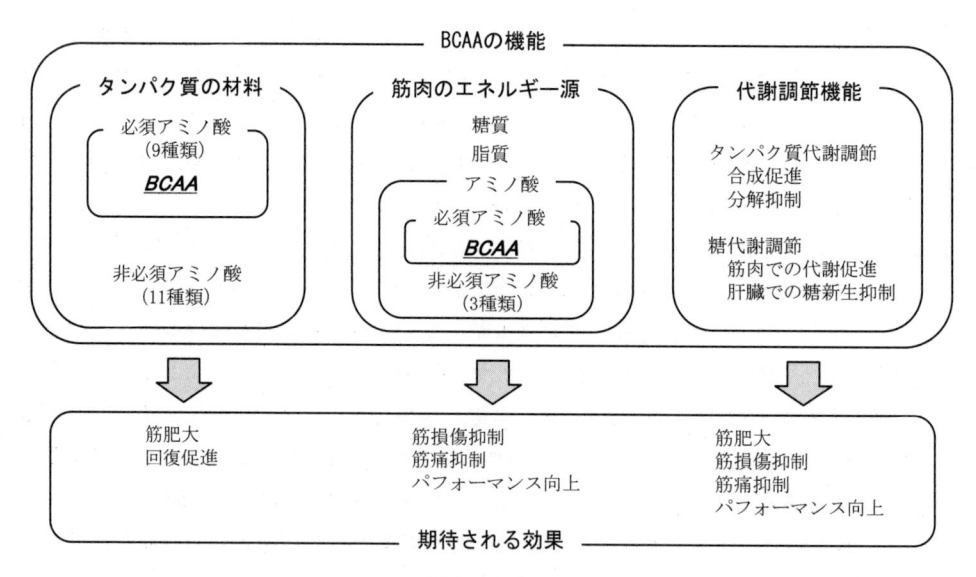

図1 BCAAの機能と期待される効果

BCAAの機能

- タンパク質の材料
  - 必須アミノ酸（9種類）**BCAA**
  - 非必須アミノ酸（11種類）
- 筋肉のエネルギー源
  - 糖質
  - 脂質
  - アミノ酸
    - 必須アミノ酸 **BCAA**
    - 非必須アミノ酸（3種類）
- 代謝調節機能
  - タンパク質代謝調節
    - 合成促進
    - 分解抑制
  - 糖代謝調節
    - 筋肉での代謝促進
    - 肝臓での糖新生抑制

期待される効果

- 筋肥大
- 回復促進
- 筋損傷抑制
- 筋痛抑制
- パフォーマンス向上
- 筋肥大
- 筋損傷抑制
- 筋痛抑制
- パフォーマンス向上

BCAAはタンパク質の材料としての機能以外に，身体（特に筋肉）のエネルギー源としての機能や代謝を調節する機能を有することが知られている．これらの機能を効率よく発揮させることで，様々な効果が得られると期待されている．

4.1 BCAAのタンパク質代謝調節機能

(1) BCAAのタンパク質合成調節機能

　アミノ酸がタンパク質合成を調節する作用機構としては，タンパク質合成の場への合成材料の供給という場合と，アミノ酸が合成装置の機能を特異的に調節する場合とが考えられる．前者の場合はアミノ酸の種類を問わず，その時々で不足したアミノ酸が律速因子となると考えられるが，後者の場合は特定のアミノ酸にその機能が備わっていると予想される．ここで取り上げる BCAA のタンパク質合成調節機能は後者である．すなわち，BCAA はタンパク質の合成装置の機能を調節する調節因子としての機能を有している．BCAA が調節する対象は，一つ一つの特定のタンパク質というよりも，グループとしてのタンパク質（これを体タンパク質，あるいはバルクタンパク質という）である．広義のタンパク質合成，すなわち遺伝子発現の調節は，転写，mRNA のプロセッシングと安定性，翻訳，タンパク質の修飾，そしてタンパク質の代謝といった様々なレベルで行われている．細胞内のタンパク質の構成を変えることなしにバルクタンパク質の合成速度を変化させる調節においては，翻訳段階での調節が重要な意味をもつ．BCAA は，翻訳段階に作用してバルクタンパク質の合成を促進することが知られている[6]．

　翻訳段階は，開始，ペプチド鎖伸長，終結，および終結後のリボソームのリサイクルの4段階に大別される．この4段階のうち開始段階が生理的調節に関して最もよく研究されている段階である[7]．開始段階は，開始コドンが開始 tRNA によって認識され，そこでリボソームの2つのサブユニットが会合する段階である．生理的調節は，開始段階の中でも翻訳開始因子（eIF）2 が介する Met-$tRNA_i$ をリボソーム 40S サブユニットへ結合するステップと，eIF4E とその関連因子が介する Met-$tRNA_i$ と結合したリボソーム 40S サブユ

ニットを mRNA の 5'末端へ結合させるステップで行われると考えられている．アミノ酸の欠乏，ウイルスの感染，熱ショックなどのストレスによるタンパク質合成の抑制はeIF2 が介するステップで行われるため，eIF2 が介するステップは主にタンパク質合成の抑制の制御を行うステップであると考えられる．一方，eIF4E とその関連因子が介するステップは，強力なタンパク質合成促進ホルモンであるインスリンによって活性化されることが知られている．eIF4E には，eIF4E と結合してキャップ依存性の翻訳を阻害する結合タンパク質（4E-BP1）が存在する．4E-BP1 は非リン酸化状態では eIF4E と結合しているが，インスリンによってリン酸化されて eIF4E から遊離し，eIF4E が eIF4A, eIF4G と共に eIF4F 複合体を形成すると翻訳開始が活性化する．

筆者らは，一夜絶食にしたラットに，蒸留水に懸濁したバリン，ロイシン，イソロイシンをラットが 1 日に摂取する標準飼料に含まれるロイシン量と同量（135 mg/100 g 体重），強制的に経口投与して，1 時間後の骨格筋のタンパク質合成速度を測定すると共に，eIF2とeIF4E の活性を評価した．その結果，ロイシンのみが骨格筋のタンパク質合成を刺激し，さらに，ロイシンは eIF2 の活性には影響を与えず，eIF4E が介するステップに作用して翻訳開始を活性化することが明らかになった[9]．また，ロイシンは，mRNA とリボソーム 40S サブユニットの結合の調節に関係するリボソームタンパク質 S6 をリン酸化するリボソームタンパク質 S6 キナーゼ（S6K1）をリン酸化して活性化することが明らかになった[8]．

以上のように，経口投与したロイシンは，翻訳開始段階の活性化のシグナルとして機能することが明らかになり，さらにロイシンの翻訳開始の調節ポイントは，eIF2 が介するステップではなく，eIF4E とその関連因子が介する mRNA のリボソーム 40S サブユニットへの結合のステップであることが示された．

mRNA をリボソームに結合させるステップの調節において重要な役割をしている 4E-BP1 と S6K1 は，両方とも mTOR（mammalian target of rapamycin）と呼ばれているタンパク質リン酸化酵素が関係するシグナル伝達経路の下流に位置し，ロイシンの翻訳開始の促進シグナルの一部は mTOR を介して伝わることが示されている[6]．現在，多くの研究者がロイシンの mTOR 活性調節機構に興味を寄せており，機構解明を目指した多面的な実験アプローチが行われている．これまでに様々な調節機構の可能性が示されているが，依然として決定的な機構解明には至っていない．

(2) BCAA のタンパク質分解調節機能

組織タンパク質の分解速度は，ラベルアミノ酸（あるいはその前駆体）の投与によりラベルされたタンパク質からのラベルアミノ酸の放出速度から算出できるが，ラベルアミノ酸のタンパク質合成への再利用を考慮に入れる必要があり，タンパク質合成速度の算出と比べると複雑である．しかし，骨格筋タンパク質の分解は，骨格筋の収縮作用に関わる筋原線維のミオシンとアクチンに局在するアミノ酸で，タンパク質合成に再利用されず，ヒトやラットでは一部アセチル化される以外には代謝されない 3-メチルヒスチジン（MeHis）を指標として比較的容易に評価することができる．

筆者らは，ラットやマウスを用いて，薄い筋肉切片からの MeHis 放出速度を直接測定

して筋原線維タンパク質の分解速度を評価する方法を用いて，BCAA が筋原線維タンパク質分解に与える影響を調べた．一夜絶食させたラットに窒素源として必須アミノ酸，あるいはロイシンだけを含む食餌を再摂取させたところ，筋原線維タンパク質の分解の抑制が認められた．ロイシンを単独でラットに経口的に強制投与した場合でも，この分解抑制が明確に認められ，筋原線維タンパク質の分解抑制にアミノ酸，特にロイシンが関わっていることが強く示唆された[9]．

ロイシンがタンパク質合成だけでなく分解を調節する機能を有することが示唆されたものの，分解を抑制する機構についてはよく分かっていない．細胞内タンパク質の分解経路にはリソソーム系と非リソソーム系の2つがある．リソソーム系は，オートファゴソームが基質となるタンパク質を取り囲み酸性化した後に，タンパク質分解酵素を含むリソソームと融合してオートリソソームを形成し，基質を分解する経路である．一方，非リソソーム系としてはユビキチン-プロテアソーム系がよく知られている．基質タンパク質がユビキチン化酵素によりユビキチンと ATP 依存的に結合し，このユビキチン化タンパク質を 26S プロテアソームが加水分解する．さらに骨格筋においては，非リソソーム系のタンパク質分解経路として，カルシウムにより活性化されるカルパインの関与が知られている．

このような分解系に対して，ロイシンがどのように関与しているのだろうか．ロイシン添加食がユビキチン-プロテアソーム系による骨格筋タンパク質の分解を抑制し，これがユビキチン化酵素（E2）とプロテアソームサブユニットの遺伝子発現の抑制によることを示した報告がある[10]．一方，肝細胞において，ロイシンなどいくつかのアミノ酸がオートファゴソームの形成を抑制することが示されている[11]．さらにロイシンは，インスリンとは異なるシグナル伝達系でオートファゴソーム形成に関わる LC-3 の活性化を阻害する可能性が示唆されている[12]．このように個々の分解系に対する BCAA（特にロイシン）の影響を調べた報告がなされているが，どの分解系に対する作用が実際にタンパク質分解速度を左右する主要な作用であるのかは明らかになっていない．骨格筋と肝臓ではオートファジーもユビキチン-プロテアソーム系も調節機構が異なる可能性があり，さらに筋肉においては，筋原線維タンパク質とそれ以外の可溶性タンパク質（筋漿タンパク質）では分解機構が大きく異なると考えられていることから，BCAA によるタンパク質分解抑制の機構を統一的に理解することは現時点ではきわめて困難である．

(3) 筋タンパク質合成と筋肥大に対する BCAA の効果

BCAA がもつタンパク質合成促進作用によって実際に筋肥大が起こるのであろうか？ BCAA のタンパク質合成促進作用は，BCAA の血中濃度の上昇によってもたらされる．ヒトの体内における BCAA の動態を追跡した研究で，BCAA を摂取した場合，摂取された BCAA は速やかに吸収され，その血中濃度は摂取後約 30 分でピークに達し，その後漸減して元のレベルに戻ることが示されている[13]．体全体の BCAA のプールはほぼ一定に保たれるので，遊離の BCAA を体内に蓄積することはできないようである．組織中のロイシン濃度が増加するとタンパク質合成が促進されると同時に，BCAA の分解も促進されるので，ロイシンのタンパク質合成の刺激はあまり長続きしないと考えられる．

筋タンパク質は運動によって分解状態になるので，運動後には回復，すなわち合成状態

になることが重要である．ロイシンのタンパク質合成促進作用が効果的に発揮されるためには，材料として他のアミノ酸を一緒に摂取する必要があり，実際レジスタンス運動（ウエートトレーニングで使用するバーベルやマシンなどのほか，適当な重量物や水，エキスパンダーやゴムチューブなどを抵抗として利用する運動の総称．）後にロイシンをタンパク質と共に摂取すると，タンパク質合成が刺激されることが報告されている．また，運動後の骨格筋はインスリン感受性が高まっているので，運動後にはアミノ酸と同時にインスリン分泌を刺激する糖質を摂取する方が，アミノ酸だけを摂取するよりも効果的と考えられる．筋肥大などの体タンパク質の量を増大するためには，タンパク質合成刺激作用をもつ BCAA に加え，ある程度の量のアミノ酸（特に必須アミノ酸）を摂取することと，摂取エネルギーが充分であることが必要である．

(4) 筋タンパク質分解と筋損傷に対する BCAA の効果

筋細胞の損傷は，筋タンパク質の分解を伴うと考えられている．運動によって筋肉に大きな負荷がかかり筋線維に微細な損傷が発生すると，それが引き金となって筋タンパク質の分解が起こり，筋線維が崩壊するというストーリーは容易に想像できる．しかし，逆に運動中の筋タンパク質分解は筋損傷を伴うのだろうか．筋損傷と筋タンパク質分解は別次元の現象である．前述したように，運動によって骨格筋のエネルギー需要が高まると，エネルギー源として BCAA を供給するために，筋肉は自らのタンパク質を自発的に分解する．この自発的な分解と筋損傷に伴う結果的な分解の亢進とは区別して考えなくてはならない．運動による筋タンパク質分解は，運動開始後の比較的早い時期から促進されるが，筋原線維タンパク質以外のタンパク質が先ず分解され，それに続いて筋原線維タンパク質の分解が起こるようである．筋肉が運動に伴う自らのエネルギー需要の高まりに答えるべく，自らのタンパク質を自発的に分解して生じたアミノ酸（BCAA）をエネルギー源として使う場合，運動機能に与える影響を最小限にするために，先ずは筋原線維タンパク質以外のタンパク質を分解していると考えることができそうである．

実際に BCAA の筋タンパク質分解と筋損傷に対する効果を検討した研究を紹介する．運動習慣のない健常成人男女に，20 分間の軽強度自転車エルゴメーター運動（最大運動強度の 50％）を 3 セット負荷し，運動開始 10 分後に BCAA を 2g 含む飲料を摂取させた実験では，BCAA 摂取によって筋タンパク質分解の亢進が抑制されていた[14]．これは，軽強度の運動でも筋タンパク質分解は亢進するが，運動中の BCAA 摂取によってこの分解の亢進をある程度抑制できる可能性を示すものである．筋損傷に対する効果については次のような報告がある．男子大学生に 14 日間にわたり BCAA を毎日 12g 摂取させて，その摂取期間の 7 日目に自転車エルゴメーター運動（最大運動強度の 70％）を 2 時間負荷し，さらにその前後に BCAA を 20g ずつ摂取させた．その結果，運動後にみられた筋損傷の指標（クレアチンキナーゼ（CK）活性や乳酸脱水素酵素（LDH）活性）の上昇が BCAA 摂取により抑制された[15]．

(5) 筋痛，パフォーマンスに対する BCAA の効果

BCAA に筋損傷軽減効果があるとすれば，筋痛軽減効果も期待できる．大学陸上競技部の合宿期間中に BCAA を 4g 含有する飲料を 3 日間にわたり毎日 5 本ずつ摂取させ，毎

朝起床時に全身の筋痛と疲労感を Visual Analog Scale 法（視覚的アナログ尺度と訳され，痛みなどを客観的に評価するために「無痛」から「最強の苦痛」までの表現を 0 から 100 mm のライン上に回答する方法）で評価した結果，合宿期間中にプラセボ群では増加した筋痛と疲労感が，BCAA 飲料群では抑えられていた．また，血中逸脱酵素と炎症マーカーも BCAA を摂取することで，その上昇の程度が抑えられていた[16]．BCAA 補給による運動後の筋痛軽減効果については他にも報告があり，実感を伴う BCAA の生理作用の例として興味深い．運動パフォーマンスについては，BCAA 摂取によって上昇したという報告はほとんどないのが実情であるが，低下抑制を実証した報告がある．男性サイクリストに，BCAA を 1 本当たり 4 g 含有する飲料を摂取させて（運動前・中に 3 本，運動終了後に 1 本），最大酸素摂取量の 75% の強度で 90 分間の自転車エルゴメーター運動を負荷し，その後 85% まで強度を上げて疲労困憊まで漕がせる運動負荷を行なった．その後，2 週間にわたりこれらの飲料を毎日 3 本ずつ摂取させ，さらに同様の運動負荷を 2 日間連続で行った．その結果，運動持続時間は，プラセボ摂取では連日運動することによって低下したが，BCAA を摂取しておくと低下がみられなかった．このメカニズムについてははっきりしないが，連日運動によって起こる血中 CK 活性の上昇が BCAA 飲料摂取ではみられなかったことから，筋損傷の抑制が関与している可能性がある[17]．この結果は，BCAA の単回摂取や継続摂取だけでは運動パフォーマンスに影響がみられないが，連日運動する場合は，運動パフォーマンスの低下を防止できる可能性を示している．

4.2 BCAA の糖代謝調節機能

アミノ酸の多くは糖新生基質となってエネルギー源としても利用されるため，投与すると血中の糖の利用が控えられる一方で，糖産生は亢進し，血糖値は上昇すると考えられてきた．ヒトにアミノ酸混合液を投与するとグルコースの酸化度は低下するという報告や，アミノ酸を投与すると "amino acid-induced insulin resistance" という耐糖能異常状態に陥るという報告がある．一方，BCAA 投与によって血糖値が下がりグルコース代謝は上がるという報告もある．このようにアミノ酸投与がグルコース代謝へ与える影響については結論の相反する報告があり，未だ不明な部分が多い．

ロイシンはタンパク質代謝のみならず糖代謝にも影響を及ぼすことが知られているが，最近，筆者らはロイシンだけでなくイソロイシンも糖代謝を調節する機能を有しており，さらにその作用はロイシンよりも強いことを明らかにした．

(1) BCAA がグルコース代謝に与える影響

BCAA の糖代謝に対する影響を正常ラットのグルコース負荷試験で調べた研究で，イソロイシンがグルコース投与に伴う血漿グルコースレベル上昇をインスリン非依存的に抑制する機能を有し，さらにその作用はロイシンよりも強いことが示された[18]．筆者らはこの研究の結果に注目して，絶食させたラットにイソロイシン，あるいはロイシンを経口投与して，イソロイシン，ロイシンの経口投与がラット骨格筋のグルコース代謝に与える影響を比較した[19]．一晩絶食させたラットへのイソロイシン経口投与（135 mg/100 g 体重）は，投与 60 分後において有意に血漿グルコースレベルを低下させたが，同量のロイシンの投与では有意な変化は認められなかった．^{3}H で標識した 2 デオキシグルコースを

用いてラットの組織へのグルコースの取り込み量を調べたところ,イソロイシン投与群では骨格筋へのグルコース取り込み量が生理食塩水投与群(コントロール群)に比べて有意に増加していたが,ロイシン投与群では有意な変化は認められなかった.

一方,^3H で標識したグルコースの筋グリコーゲンへの取り込み量は,ロイシン投与群の骨格筋ではコントロール群に比べて有意に増加していたが,イソロイシン投与群では有意な変化は認められなかった.これらのことから,ロイシンはイソロイシンに比べて骨格筋におけるグルコース取り込み作用は弱いが,骨格筋グリコーゲン合成を促進する機能を有し,一方イソロイシンはロイシンに比べてグリコーゲン合成促進作用は弱いが,グルコース取り込み促進作用が強いという特徴を有し,それぞれの作用に違いがあることが示唆された.

以上のように,イソロイシンは骨格筋への糖の取り込みを促進するが,グリコーゲン合成は促進しないことから,イソロイシンが糖のエネルギー源としての利用を促進する機能を有することが示唆された.糖がエネルギー源として利用されるのであれば,糖の酸化が亢進しているはずである.そこでイソロイシン投与が全身の糖酸化能に与える影響を調べた[20].ラットにイソロイシンを経口投与するのとほぼ同時に ^{14}C で標識したグルコースを静脈から投与し,ラットの呼気中に排泄される ^{14}C で標識された CO_2 の量を測定することでグルコースの利用率を評価した.その結果,イソロイシン経口投与後60分から90分の間において,呼気中 $^{14}CO_2$ 排泄量が増加した.このことからイソロイシン投与により取り込まれたグルコースの酸化が亢進していること,すなわち,グルコース利用が亢進していることが示された.

(2) BCAA が糖新生に与える影響

血糖値は,組織へのグルコースの取り込みと組織からのグルコースの放出のバランスによって巧みに制御されている.生体はグルコースをグリコーゲンの形で肝臓に貯えており,絶食時にはグリコーゲンがグルコースに分解されて血中に放出されるが,貯蔵量には限界があるため高等動物は糖以外の物質からグルコースを合成して血液中に放出する(糖新生).糖新生活性を示す組織は肝臓と腎臓であるが血糖の恒常性に大きく寄与しているのは肝臓である.肝臓は糖新生活性のみでなく,グリコーゲンの貯蔵能が高いからである.したがって,イソロイシンによって誘導される血糖値低下に肝臓からのグルコースの放出の減少が大きく関わっている可能性がある.

絶食状態の肝臓では,アラニンなどの糖新生基質よりピルビン酸などを経てグルコースが生成される.そのピルビン酸からグルコース生成への反応には4種の糖新生律速酵素が関与することが知られている.そこで筆者らは,イソロイシン投与ラットの肝臓やラット単離肝細胞を用いて,イソロイシンの糖新生や糖新生律速酵素に対する影響について調べた[20].

ロイシン,あるいはイソロイシンを経口投与したラットの肝臓を調べたところ,イソロイシンを投与したラットの肝臓においてのみ糖新生律速酵素の PEPCK (phosphoenolpyruvate carboxykinase) の mRNA 量および G6Pase (glucose-6-phosphatase) の mRNA 量と活性がコントロール群に比べて有意に低下していた.したがって,イソロ

イシン投与によって肝臓では糖新生が抑制されていると考えられる．また，単離肝細胞を用いた実験で，培地にロイシン，あるいはイソロイシンを 3 mM 添加すると，イソロイシンを添加した場合にアラニンを基質としたグルコース産生量が有意に減少した．

これらのことから，ラットへのイソロイシン経口投与は，骨格筋への糖取り込みと全身の糖の酸化的利用を促進し，かつ肝臓における糖新生を抑制し，これらの作用が血糖値の低下に寄与していることが示唆された．

(3) イソロイシンの糖代謝調節機能の活用

イソロイシンは血糖値上昇抑制機能を有するが，多くの血糖上昇抑制食品が小腸からの糖吸収を阻害することで血糖値上昇を抑制するのに対して，イソロイシンは小腸からの糖吸収には影響せずに，血中グルコースの骨格筋への取り込みを促進することで血糖値上昇を抑制する．糖尿病の治療において，糖吸収阻害によって血糖値上昇を抑制することは，糖尿病性合併症の発症と進展を阻止するという面では意味があるが，インスリンの作用不足による細胞内の飢餓状態を改善するという面では効果がない．イソロイシンは血糖値上昇を抑制するだけでなく，血中グルコースの骨格筋への取り込みを促進して骨格筋中のエネルギー状態を改善する機能を有するので，糖吸収阻害食品よりも糖尿病治療に有用な食品成分になり得ると考えられる．さらに，イソロイシンの筋肉へのグルコース供給の促進機能は，スポーツへの応用利用の可能性を秘めている．

5. おわりに

昨今の健康ブームの中で過剰な注目を浴びた健康食品や食品成分の中には，生体を用いた適正な機能評価が行われていないものが数多くあり，このことが社会問題になったことは記憶に新しい．食品や食品成分の機能評価研究においては動物科学の知識を背景とした栄養学的なアプローチが必須である．食品や食品成分についてその物質としての特性を食品化学的な研究アプローチでいくら詳しく調べても，その物質が生体内で実際どのように振る舞うかを的確に予想することは不可能である．ここで紹介した BCAA は，医薬品として利用されて来た経緯から，生体を用いた機能評価は十分に行われており，BCAA がもつ生理的機能特性は疑う余地がないと思われる．最近では，ペット（犬猫）向けの BCAA サプリメントも販売されている．しかし，これはヒト用のサプリメントをペット向けにアレンジしたもので，当初からペットへの利用を目的として開発されたものではない．ペットへの利用を目的としたアミノ酸サプリメントを作るとしたらどのようなものが考えられるのか．真っ先に思い浮かぶのは，ネコ用のタウリンサプリメントである．タウリンはネコの正常な心臓の機能，視覚，繁殖等に不可欠な成分であるが，ネコはタウリンを合成する酵素をもっていないため，タウリンはタンパク質を構成するアミノ酸ではないがネコの必須アミノ酸に含まれている．タウリンは合成品もあるがコスト等を考慮するとペット用のサプリメントに用いるのは天然抽出物ということになるであろう．因みに早朝の街中を我が物顔で飛び回るあの黒い鳥の肉にはタウリンが豊富に含まれている．

参考文献

1) 田口茂明：「食とアミノ酸」アミノ酸の用途と市場，今後の可能性．アミノ酸研究, 2, 5-10(2008).

2) 長谷部正晴：侵襲時のアミノ酸輸液．武藤輝一 編　最新アミノ酸輸液，医薬ジャーナル社，119-131(1996)．
3) 加藤昌彦：第5章　病態とアミノ酸．アミノ酸セミナー，(社)日本必須アミノ酸協会編，工業調査会，115-146(2003)．
4) Rennie, M. J : Influence of exercise on protein and amino acid metabolism, Handbook of Physiology : Rowell, L. B. & Shepherd, J. T., Oxford university Press, New York 995-1035(1996).
5) Ahlborg, G. et al. Substrate turnover during prolonged exercise in man. Splanchnic and leg metabolism of glucose, free fatty acids, and amino acids. J. Clin. Invest. 53, 1080-1090(1974).
6) Yoshizawa, F. Regulation of protein synthesis by branched-chain amino acids in vivo, Biochem. Biophys. Res. Commun. 313, 417-422(2004).
7) 吉澤史昭：体タンパク質合成の翻訳段階調節に関する栄養生化学的研究．日本栄養・食糧学会誌 56, 117-125(2003)．
8) Anthony, J. C. et al. Leucine stimulates translation initiation in skeletal muscle of post-absorptive rats via a rapamycin-sensitive pathway. J. Nutr. 130, 2413-2419(2000).
9) Nagasawa, T. et al. Rapid suppression of protein degradation in skeletal muscle after oral feeding of leucine in rats. J. Nutr. Biochem. 13, 121-127(2002).
10) Combaret, L. et al. A leucine-supplemented diet restores the defective postprandial inhibition of proteasome-dependent proteolysis in aged rat skeletal muscle. J. Physiol. 569, 489-499(2005).
11) Mortimore, G. E. et al. Leucine-specific binding of photoreactive Leu7-MAP to a high molecular weight protein on the plasma membrane of the isolated rat hepatocyte. Biochem. Biophys. Res. Commun. 203, 200-208(1994).
12) Kanazawa, T. et al. Amino acids and insulin control autophagic proteolysis through different signaling pathways in relation to mTOR in isolated rat hepatocytes. J. Biol. Chem. 279, 8452-8459(2004).
13) 濱田広一郎　他：分岐鎖アミノ酸飲料の単回摂取に対する血中分岐鎖アミノ酸応答．日本臨床栄養学会雑誌，27, 1-10(2005)．
14) Matsumoto, K. et al. Branched-chain amino acids and arginine supplementation attenuates skeletal muscle proteolysis induced by moderate exercise in young individuals. Int. J. Sports Med. 28, 531-538(2007).
15) Coombes, J. S. & McNaughton, L. R. Effects of branched-chain amino acid supplementation on serum creatine kinase and lactate dehydrogenase after prolonged exercise. J. Sports Med. Phys. Fitness. 40, 240-246(2000).
16) Matsumoto, K. et al. Branched-chain amino acid supplementation attenuates muscle soreness, muscle damage and inflammation during an intensive training program. J. Sports. Med. Phys. Fitness. 49, 424-431(2009).
17) Skillen, R. A. et al. Effects of an amino acid-carbohydrate drink on exercise performance after consecutive-day exercise bouts. Int. J. Sport Nutr. Exerc. Metab. 18, 473-492(2008).
18) Doi, M., Yamaoka, I., Fukunaga, T. & Nakayama, M. Isoleucine, a potent plasma glucose-lowering amino acid, stimulates glucose uptake in C2C12 myotubes. Biochem. Biophys. Res. Commun. 312, 1111-1117(2003).
19) Doi, M. et al. Isoleucine, a blood glucose-lowering amino acid, increases glucose uptake in rat skeletal muscle in the absence of increases in AMP-activated protein kinase activity. J. Nutr. 135, 2103-2108(2005).
20) Doi, M. et al. Hypoglycemic effect of isoleucine involves increased muscle glucose uptake and whole body glucose oxidation and decreased hepatic gluconeogenesis. Am. J. Physiol. Endocrinol. Metab. 292, E1683-E1693(2007).

7 ヒトが肉を利用した歴史と食肉加工技術の発展

坂田 亮一（麻布大学）

　ヒトは雑食性動物であり，動物の肉でも植物でも口に入れられるものはなんでも食べてきた歴史がある．そもそも肉を食べるという文化は穀物栽培に適さない土地で発展し，そこではヒトが利用できない植物を家畜が食べて肉を生産し，その肉をヒトが食べるという営みが成立した．得られた肉はヒトにとって貴重な栄養源であるがゆえに，その場ですぐに食べるのはなく，大切な食糧として保存し，そのための技術が発展した．その結果，塩漬，乾燥，燻煙などの手段が生み出され，食糧保存法として人類の歴史でも早くから行われるようになったこれらの技術は，現在のハム，ベーコン，ソーセージ作りの中にも十分に生かされている．食肉の利用はヒトの過去から現在に引き継がれ，さらに未来を生きるために得た知恵であり，まさに人類の英知である．

キーワード：人類，肉食，食肉，保存，加工

1. 原始の人類の食生活

　ヒトの祖先はサルの変異種であり，雑食の歴史を持っていた．彼らは狩りによって恒常的に肉食をするようになり，環境変化に耐えて分布を広げていった．数百万年前ヒマラヤの造山運動によって地球の環境が大きく変わり，温暖湿潤から寒冷乾燥やサバンナに変化する地域が出現した．そして，第四紀氷河時代に入った．その時代は百万年～二百万年前に始まり，その間に氷河期と間氷期が幾度か繰り返された．ヒトと猿人類の共通祖先であったサルはこの時代の環境変化によって大きな試練を受けた．寒冷な気候は植物を減少させ，動物性食糧への依存度は高まった．ヒマラヤの造山運動と氷河期の時代に生存していたヒトと猿人類の共通祖先は，いくつかの変異種に分化しかかっていた．このうち雑食の資質を持ったサルは恒常的に動物性食糧，すなわち肉を摂取することによって，樹木の減少と気候の寒冷化に適応できた．一方，植物を主食とするサルは樹木の多い赤道付近のアフリカや東南アジアに移動し，これが今日のゴリラ，チンパンジー，オランウータンの祖先になっている[1]．

　45億年に及ぶ地球の歴史の中で，人類の歴史は約600万年から700万年前からと言われる．発祥はアフリカで猿人と類人猿が分かれ，その違いはまず2足歩行できるか否かである（図1）．ヒトの祖先は道具を使い，世界中に分布を広めた．また，この環境変化に耐えることによって知能の発達を促し脳が次第に大きくなっていった．あるいは，知能の発達が苛酷な環境を乗り越える力となった．さらにヒトの祖先は氷河期に火の使用を覚え，それによってますます寒冷な気候への適応性を高め，食糧を調理することも学んだ．これらの原始猿人として，アウストラロピテクス・アフリカヌスは，420万年前～100万年前に存在し，脳重量は軽いが草原で狩りをしたとされる．ホモ・ハビルスは250万年～180万年前に生き，知恵が発達し進化した石器を使用した．次にホモ・エレクトスが氷河期直前の更新世の時代に現れ，直立原人としてジャワ原人，北京原人に代表される．彼らは洞

図1 人類の発祥をイラストでつづった本
南アフリカ共和国 Graaff-Reinet Museum に所蔵.
Harry N. Abrams, Inc., Publishers, New York.
出版年不明

窟に住み，火を使うことを覚え野生動物を食べた．我々人類ホモ・サピエンスに最も近縁種であるネアンデルタール人は，20万年〜2万5千年前に存在した．ホモ・ネアンデルターレンシスとも呼ばれ，ヨーロッパやアジアに生息し既に家族集団を形成していた．クロマニヨン人は，20万年前から現在に至る人の祖先で，フランスの洞窟壁画でも有名である．彼らは複雑な石器を使い，火を自在に使用し，知能も発達していた．マンモスハンターとも呼ばれ，毛長マンモスを1万年前に絶滅に追い込んでいる[2]．

4足から2足歩行への移行によって，頭を支え，獲物を早く見つけ，自分を大きく見せることにつながった．また両手が使えることで，より高度な道具を使用できるようになり，これらの発達によって長距離移動が可能となり世界中に人類は広がった．しかし，一方で人類の出現により獲物となった動物を絶滅に追いやるという歴史を作った．このように，太古の時代から我々の祖先は動物を狩って肉を食し，命をつなぎ，現在に至っている．

2. 食肉の保存法の発達

ヒトの祖先は狩りで得た動物の肉をすぐに食べていたわけではなく，保存し，命の糧として大切に利用したと想像される．肉はヒトだけでなく，微生物にとっても栄養豊富であり，他の食品と比べても腐敗菌が増殖しやすい食品である．したがって，大昔からヒトは知恵を絞り，冷蔵と冷凍，塩蔵（塩づけ，塩漬），燻煙，乾燥および加熱などを考えた．今でも食肉は基本的にこれらの方法によって調理され加工される．この中でも，塩蔵は食肉に食塩を添加することで食肉の水分と微生物が脱水され，保存性が高まる．世界各地に資源と植民地を求めた大航海時代に，その航海食として塩蔵豚肉が重宝がられた記録がある．その時代に香辛料がアジア各地からヨーロッパに持ち込まれ，その深い味わいによって，それまで塩味だけであったヨーロッパの肉料理の味わいを華やかに演出した．また香辛料には防腐効果もあり，金とコショウが同じ重さで等価交換された話は有名である．今でも香辛料は食肉製品に欠かせない副材料として取り扱われる．

世界の肉食文化を考えた時，今でもヨーロッパを抜きには語ることはできない．食肉加工技術の先駆者はやはりヨーロッパであり，現在でも加工技術が発達している．夏は雨に乏しく，冬は寒冷で雨が多いこの地では，1年を通して農作物の収穫は困難である．その結果，土地利用として牧草地が主体となり，畜産が発達した．紀元前2,500年頃の新石器

時代にブタがヨーロッパで飼育され，古代ギリシャ人やローマ人も豚肉をよく食べた．ブタは飼育しやすく，早く育つが，冬場には餌となるドングリなどの木の実がなくなるので，晩秋にと畜し，冬場を乗り越えるためのヒトの食糧とされた[3]．

3. わが国における食肉文化の歴史

わが国における肉食の自由化は明治に入ってからである．飛鳥時代に伝来した仏教がわが国の人々の食生活に及ぼした影響はきわめて大きく，以来度重なる肉食禁止の布令が出されているが，それよりさらに昔の縄文人は何を食べていたのであろうか．貝塚から出土する糞石コプロリスの分析によって，縄文人たちは沢山の動物を食べていたことが分かる．また，縄文人ははるかに多彩な食生活を送っていたことが想像される．動物の内臓も多く食べていたせいか，縄文人の食事は栄養学的にも優れていた．それだけではなく，貝塚から出土した動物の化石などから，縄文人は気候風土に適した春夏秋冬の季節に応じ，旬を大切にして季節に応じた山海の幸を採集し，秋から冬にかけて脂が乗った野生動物肉をたくさん獲っていたと想像される．縄文時代のように1万2千年近く続いた文化は世界に類を見ないといわれるが，その背景にはこのような優れた食文化があったことは見逃せない[3]．

日本で稲作が始まった弥生時代には食用の家畜はいなかったとこれまで考えられていたが，最近の研究でブタ，ニワトリが飼育されていたことが証明された．渡来してきたニワトリは，「時告げ」の霊鳥として扱われ，ウシは霊獣として信仰視されていた．肉食の風習をもつ民族が日本に渡ってきた弥生後期になると運搬や農耕に重要な役割を果たしたウマやウシ，狩猟に役立つイヌの他に食用のブタやニワトリを飼っていたことがわかる．この時代以降，江戸時代から食用のニワトリが文献にはほとんど登場しない．食肉を食べる習慣が日本でほとんど定着しなかったのは，農耕文化が後発であったために家畜を食用にする大陸の文化が流入しにくく，四方を海で囲まれた環境に恵まれたので，魚介類が豊富で食肉にそれほど依存しなくてもよかったこと，同時に六世紀に仏教が百済から伝わると，その殺生禁断の教えで肉食禁止令が朝廷より出されたことによる．この肉食禁止令により，奈良時代以降の日本で表向きには肉は食べられなくなった．しかし最近になって実際には盛んに肉食していたことが遺跡の発掘調査などから明らかになった．はじめはウシ，ウマ，イヌ，サル，ニワトリであったが，さらに四足全部に広がった．ただし，山肉と称するシカ，イノシシ，カモ，クマなどは別扱いで奈良時代にはよく食べられていた．武士の間では鷹狩りが盛んで，野鳥や野兎が獲物だった．

江戸時代になると，町人文化が花開き，食生活も豊かになった．町人たちもまた「薬喰い」と称して，「ぼたん」（猪肉），「もみじ」（鹿肉），「さくら」（馬肉）などの呼び名で肉に親しんだ．江戸時代中期から後期には，「山くじら」と称して猪の肉を食べさせる店があった（図2）．幕末に開国となり，外国人向けの牛肉の調達が始まった．近畿，中国地方の牛が神戸に集められて横浜に運ばれ，その牛肉が外国人の間で評判になり，「コーベビーフ」の名前で有名になった．明治初期には「牛肉は滋養によい」という福沢諭吉の影響もあって，日本人向けに牛鍋を食べさせる店も現れ食肉文化が発展した．やがて安価な豚肉を材料にしたトンカツ，カレーライス，コロッケという洋食が登場し豚肉の消費が伸

びた．大正から昭和初期にかけて，ハムやソーセージなどの食肉加工技術が欧米の技師から伝えられ，食肉加工業界も大きく成長した．昭和に入り軍事優先政策のために食料も統制され，定着しはじめた肉食の習慣も中断した．戦争直後の食糧難時代を経て，米の生産向上によって豊かになった昭和30年代から再び，しかも急速にわが国で肉食が一般化していった．その伸びは先進国にも見られない早さで，わが国特有の肉食文化がここにも見られる．

4. 基本的食肉加工技術

(1) 食肉加工の伝統

ハムやソーセージと言えばヨーロッパ，その中でもドイツは食肉の加工で豊富な文化を有している．近年少なくなったが，ドイツでは今でも農家でと畜解体処理し，市販製品にない独特の味わい深いものを作る伝統が生きている[4]．ハム・ソーセージの種類の多さ，生活との密着感など，ドイツをはじめヨーロッパと日本との食文化の違いは大きい．その日本もかつて，ソーセージの製造法を第一次世界大戦後ドイツ人捕虜の食肉マイスターから学んだ．日本のソーセージの名称に，フランクフルトやウィンナーがあるのも，その名残である．

本場ドイツのハムやソーセージと，我々が通常食べている製品との味の違いは，一口食べてみて直ぐに分かる．日本人にとって，ドイツ製品は見た目，食感，塩漬風味など，これが本場だと感じさせる迫力と，高級感を与えてくれるが，一般に塩辛い．それはヨーロッパ，特にイタリア以北の国々で，寒くて長い冬を乗り越える保存食として作られてきた歴史そのものと言える．そのために秋口から豚を太らせ，冬を迎える前に自分たちで命を奪い，血の一滴も無駄にすることなく利用し尽してきた（図3）．したがって，ヨーロッパにおける食肉加工品のほとんどは豚肉を原料とする．牛肉は，例えばソーセージの赤み付けや，歯ごたえを高めるために使うこともあるが，ウシは役畜，ブタは加工という考えがあったからであろう．

昔から洋の東西を問わず，食糧の保存に塩が用いられてきた．食塩は食肉製品の保水性

図2 「名所江戸百景（びくにはし雪中）」江戸東京博物館所蔵

図3 ドイツの農家での豚とと畜風景．残毛を火炎焼却
　　写真提供：松澤洲紘 氏
　　（ぐるめくにひろ代表）

や，ソーセージのような練り製品での結着性の向上に効果がある．筋肉を構成する筋原線維タンパク質が塩で溶解し，特にその主要成分であるミオシンが加熱中に網目構造を作ることで，弾力性や歯ごたえが得られる．一方で，リン酸塩を使うことで，その性質から，食肉の保水性や物性の増強も可能となる．

(2) 生体から精肉まで

　食肉とは，一般的に家畜（ウシ，ウマ，ブタ，ヒツジ，ヤギ）および家禽（ニワトリ，シチメンチョウ，アヒル，カモなど）ならびに家兎（ウサギ）などの肉の総称である．食肉として利用されるのは，生体の50％以下であり，主に筋肉の中でも骨に付着し運動をつかさどる骨格筋である．骨格筋と同じ横紋筋である心筋からなる心臓や，平滑筋からなる内臓も食用にされる．これらや，血液，骨などの食肉以外の家畜，家禽の生産物を畜産副生物といい，医薬品，飼料，肥料などの原料としても用いられている．

　骨格筋はと畜後に死後硬直を起こし，硬くなり保水性も悪くなるので，硬直中の肉は食用に適さない．死後硬直の発生は死後筋肉中のpHとATP濃度の低下によって，筋原線維タンパク質（主にミオシンとアクチン）が1回限りの収縮を起こすことによる．死後硬直に至るまでの時間は，ウシで1日，ブタで半日，ニワトリで2～3時間とされる．硬直した肉を冷蔵して数日置くと再び軟らかさを回復する．このように時間経過によって再び軟らかくなる現象を死後硬直解除（解硬）という．この現象によって保水性（肉が水を保つ性質）も回復し，また食肉特有の風味が発生する．解硬も含めた一連の過程を熟成といい，筋肉は熟成によって食肉に変換する．熟成完了まで4℃で冷蔵した場合，牛肉で2週間ほどかかるが，これは和牛肉のような高級霜降り肉の場合である．ホルスタインのような筋間脂肪の少ない，いわゆるサシの入らない牛肉では，熟成による風味向上は期待できず，枝肉での冷蔵保持は3日程度である．豚肉も枝肉で数日間保持した方が美味しいといわれる．鶏肉でも骨付きのまま少し置いた方が軟らかくジューシーになるといわれるが，鶏肉は鮮度が大切なだけに，一般的にと鳥後は直ちに解体，カットし流通している．ブタとニワトリで，熟成期間はそれぞれ約1週間および半日といわれるが，流通中にこの時間を経過するので，意図的に熟成期間は設けられていない．

　家畜からの食肉を食用に供する場合はと畜場法に従い，所定の施設（食肉センター等）で必ず処理し，食用可能であるか検査を受ける必要がある．日本を含む多くの国では獣医師による食肉衛生検査を行っている．この検査で合格したものが市場に出る．生体から精肉にいたるまでの工程を図4に簡潔に示す．精肉とは消費者が食べやすいように，薄切りにするなど調理に都合のよい形状に整形した食肉をいう[5]．

　家畜の失神方法として，ブタではほとんどが通電法，ウシでは打額法を行っている．解体はウシ・ブタ共に皮剥ぎ処理し，内臓を摘出し，頭部，尾部，四肢端を切除する．解体

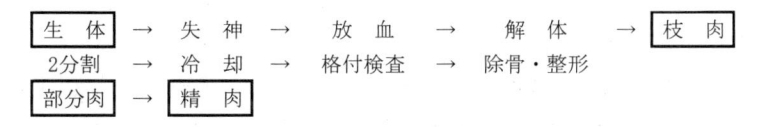

```
生体 → 失神 → 放血 → 解体 → 枝肉
2分割 → 冷却 → 格付検査 → 除骨・整形
部分肉 → 精肉
```

図4　と畜場における食肉処理の流れ

処理後，細菌汚染を少しでも防ぐように直ちに冷却し衛生的に取り扱われている．枝肉は通常，脊柱の中心に沿って縦断し，左右半分に切断され，それぞれを半丸と称する．一晩冷却後，食肉格付員により枝肉の等級判定が行われる．

最近は枝肉での取引が少なく，取り扱い上の便利さから，部位ごとに分割された部分肉（カット肉）で流通されることがほとんどである．枝肉歩留り（と畜前の生体重と，生産された枝肉重量の比率）は，通常ウシで 60%，ブタで 70% が目安である．カット肉は，枝肉から骨や余分な脂肪，筋，血液汚染部，リンパ節などの食用不適部分をカットした食肉の総称で，小売用をはじめ加工用原料肉のほとんどがこの形か，あるいは余剰脂肪などを切除して整形される．精肉は先に記したように，小売用の各部位を利用し易い形態にしたもので，消費者がそのまま料理に使えるようにスライスしたものを指す．英語ではリテールミート（retail meat）というが，わが国ではテーブルミートという言い方が普及している．

(3) 塩漬

食肉製品の場合，食塩以外に発色剤などを添加するので特に塩漬（えんせき）と呼び，後述のように亜硝酸塩と硝酸塩が発色剤として通常使用される．その使用の歴史は古く有史以前のことであるが，岩塩中に不純物として硝酸塩が混在したことが起源と言われている．この硝酸塩が微生物の作用で還元され，亜硝酸塩となって発色に寄与したことは 19 世紀になって解明されたが，同時に発色だけでなく，防腐効果や風味向上効果なども亜硝酸塩に見いだされた．その塩漬法は塩漬液のピックル（またはブライン）を作ってそこに漬け込む湿塩漬，あるいは塩漬剤をそのまま肉にまぶし，肉の水分でそれが溶けて内部に浸透する乾塩漬があり，現在は塩漬を促進する技術（例えば塩漬注射やタンブリング法など）が普及している．

塩漬は微生物の増殖を抑制すると共により食肉製品の保存性を高め，望ましい色調を付与し，風味を改善し，保水性・結着性を向上させるなどの目的で行う．塩漬には通常，食塩，発色剤（硝酸カリウム，硝酸ナトリウムおよび亜硝酸ナトリウム）が使用されるほか，発色助剤としてアスコルビン酸塩と，その異性体であるイソアスコルビン酸塩（エリソルビン酸塩），重合リン酸塩などの結着補強剤，調味料，香辛料，合成保存料なども用いられる．亜硝酸塩は発色効果だけでなく，防腐効果があり，食中毒細菌の中でも強力な毒素を産生するボツリヌス菌の発育を特異的に抑制する．また，亜硝酸塩には食肉製品特有の塩漬肉フレーバーを作り出す働きや抗酸化効果などもある．

(4) 燻煙

本来の目的は，食肉製品に保存性を付与することであるが，近年冷蔵施設や包装技術の発達により，食品全体の保存性，流通性が高まったことから，消費者の嗜好性を満足させる方向に変わってきた．つまり燻煙によって，煙成分が肉表面に付着することで好ましい燻煙色（琥珀色）が与えられ，食欲をそそる燻煙香気と風味が得られることが重要視されるようになった．煙の成分には防腐性を持つものが存在し，燻煙により微生物の増殖抑制や殺菌が行われ，また脂質酸化も抑制される．方法として，冷燻煙（20℃以下），温燻煙（30～60℃），熱燻煙（60～90℃），焙燻煙（90～120℃）および液燻煙がある．液燻煙

（液燻法）では，燻煙成分を濃縮した燻液（木材乾留時のガスを液化精製）を用い，煙を起こさない方法で行う．一般の加熱食肉製品は熱燻煙による方法（熱燻法）で製造されるが，生ハムのような非加熱食肉製品では冷燻法が行われる．燻煙の材料として，樹脂量が少なく，香りがよく，燃焼によって防腐物質を多く発生する堅木類（ヤマザクラ，カシ，ナラ，ブナ，クルミ，ヒッコリーなどの落葉樹）がよく使われる．針葉樹のヒノキ，スギなどはヤニやタールが出やすく燻煙には適さない．燻煙材を燃焼されることで発生する煙中の化学成分は主に，フェノール類，有機酸，ケトン類，アルデヒド類，アルコール類である．燻煙によりこれらの成分が肉表面に付着，浸透

図5 ソーセージ燻煙中の燻煙機内部
スモークジェネレーターで煙を起こし送風する．
ヴルストハウゼ川上，箱根仙石原にて．

し，防腐性，抗酸化性，特有の燻煙フレーバーや酸味を与える．また燻煙により発色が促進されるが，塩漬剤である硝酸塩，亜硝酸塩と筋肉中の色素（ミオグロビン）が燻煙により反応が促進され，塩漬剤から発生する一酸化窒素（NO）により発色色素が生成する．燻煙法として，煙を起こさせ，それを燻煙室内に送り込み燻煙する間接燻煙法が一般的である（図5）．これに対し，煙を下から起こして上に吊るした肉をいぶす直火法があるが，今ではほとんど行われない．燻煙室内に吊るした製品をいきなり煙でいぶすのではなく，乾燥をはじめに行う．この操作によって肉表面に煙が付着しやすくなり，燻煙時間を短縮し燻煙の色ムラを防げる．

(5) 加熱

生ハムやサラミなどの非加熱食肉製品や乾燥食肉製品を除き，ほとんどの食肉製品は燻煙後に加熱を行う．加熱条件として，食品衛生法での中心温度63℃，30分以上が適応されるが，実際は70℃台に到達するところまで行っている．加熱の目的は殺菌であり，製品を衛生的にすることであるが，加熱によって製品をそのまま食べることができ，食肉製品特有の美味しさが与えられる．また発色反応を促進させ，肉中のタンパク質が熱変性で凝固し，弾力性のある製品が完成する．また結着性と保水性に富む組織を製品にもたらす．加熱方法として，ボイル槽に漬ける湯煮と，スチームで加熱する蒸煮があるが，今は取り扱い易さ，衛生面を考慮し，燻煙機（スモークハウス）の中で燻煙後そのまま加熱する蒸煮が一般的である．

(6) ハムとベーコン

ハム，ベーコンは，肉そのものの形態を残した食肉製品で，単味（単身）製品，あるいは単一肉塊製品といわれ，スライス製品が多く流通している．本来は肉塊を塩漬し，燻煙，加熱して作る大型の食肉製品である．ハムは本来，豚のモモ肉をそのまま塩漬したものを

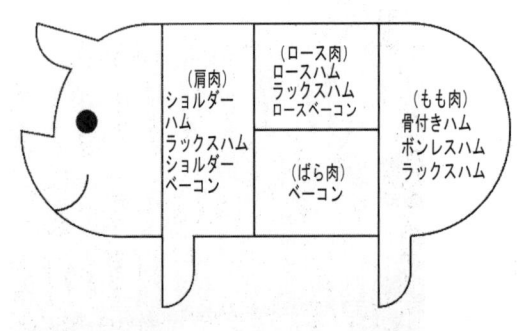

図6 豚枝肉のハム・ベーコン使用部位[5]

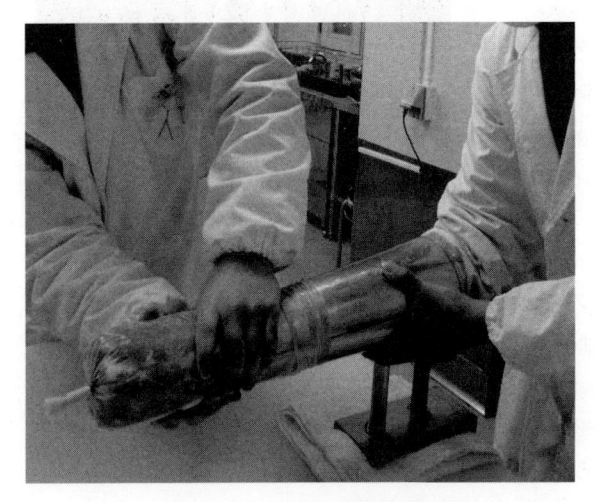

図7 ハムをケーシングに詰める充填工程 麻布大学の実習より

いうので，骨を抜いて加工したものを骨付きハムと区別して「ボンレスハム」というようになった．ベーコンは豚のわき腹を用い，塩漬，燻煙した製品を示す．現在では他の部位の肉でも同じ加工をすれば，ハム，ベーコンに分類される（図6）．

ハムの製造法として，ボンレスハムの場合，モモ肉を除骨して塩漬し，ケーシングに詰めて（図7），燻煙，加熱して作る．一般的な加熱塩漬ハムで，通常小さく分割した形態か，スライスして包装した形で流通される．ロースハムは豚のロース部をボンレスハムと同様に加工製造したものであり，わが国得有の食肉製品で一番人気がある製品である．背脂肪は最近少なくなり，赤身を重視している．

ベーコンは，三枚肉と呼ばれる豚バラ肉を塩漬した後，長時間燻煙して作る．使用する部位によって，ロースベーコン，ショルダーベーコンがある．またロース・バラを分けずに塩漬，燻煙したものをミドルベーコン，半丸枝肉全体を用い，塩漬し燻煙したものをサイドベーコンというが，作られることが少なく，これらは近年 JAS（Japanese Agricultural Standard, 日本農林規格）から除外されている．

(7) ソーセージ

ソーセージは，かつて腸詰めと呼ばれ，羊腸や豚腸に塩漬した挽き肉，あるいは調味した挽き肉を詰めて加工する製品をいう．ソーセージ製造では，単味品にならない小片肉などを挽き肉にし，カッティング行程で豚脂肪，氷，香辛料，調味料を加えてよく練り上げる．この操作で得られたペースト生地状の乳化物（ソーセージエマルジョン，あるいはミートエマルジョン）を天然腸，あるいは人工ケーシング（セルロース，コラーゲンなどが原料）に詰め，さらに燻煙，加熱し一様の塊状にする．レバー，舌，血液などの畜産副生物を加えたソーセージもあり，このようなものをクックドソーセージと称する．ヨーロッパでは各地方に特有のソーセージがあり，例えばフランクフルトソーセージのような発祥地の名前をつけたものなど，その種類は多い．

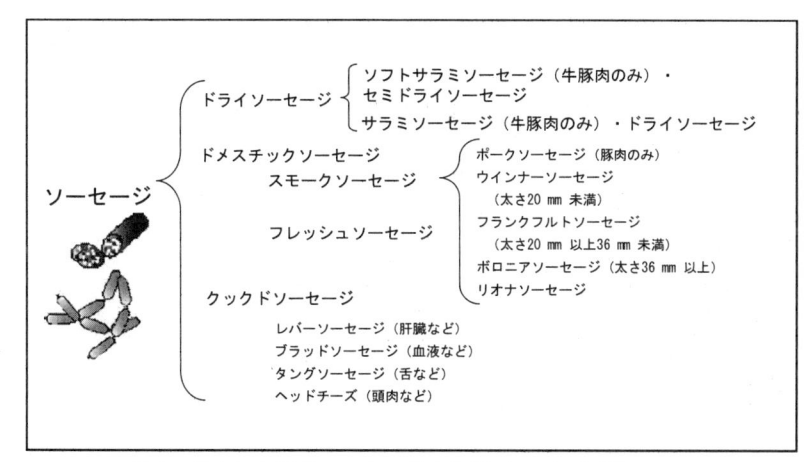

図8　日本におけるソーセージの分類（JASによる）

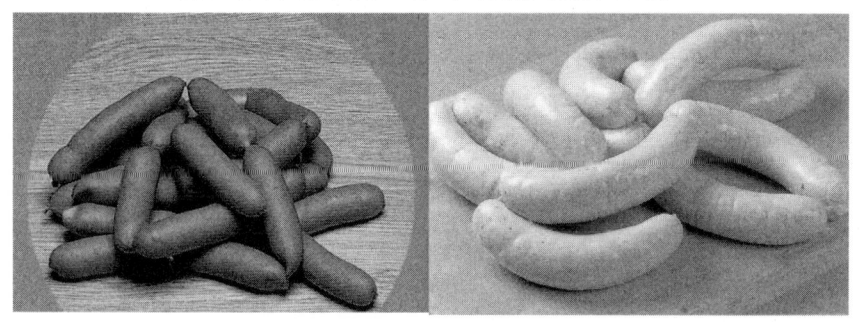

図9　上：日本の代表的ソーセージ（羊腸使用）のウインナーソーセージ[6]
　　　右：ドイツのソーセージ，ミュンヘナーヴァイスヴルスト（豚腸使用）[7]

　分類として，塩漬，燻煙，加熱を行い，一般によく食べられるドメスチックソーセージ，また長期保存を目的に乾燥と熟成を行うドライソーセージがある．前者のドメスチックソーセージは，スモークドソーセージソーセージ，フレッシュソーセージ，クックドソーセージに分けられる（図8）．

　その中でスモークソーセージがなじみ深く，一般的に製造工程で燻煙塩漬を行うソーセージの総称である．その中に各種の原料肉を混和し，豚腸または製品直径が20 mm以上36 mm未満になるように人工ケーシングに詰めたフランクフルトソーセージ，羊腸もしくは20 mm未満に詰めたウインナーソーセージ（図9），牛腸または36 mm以上になるようにしたボロニアソーセージがある．リオナソーセージもこの分類に入り，わが国ではピーマンなどの野菜を入れたものを指す．

　ドライソーセージでは，原料肉として牛肉，豚肉，豚背脂肪を用い，加熱を通常行わず，乾燥させる．充填には天然腸か通気性のあるセルロースなどの人工ケーシングを用いて作る．代表的製品としてサラミソーセージがあり，塩漬した赤肉を荒挽きし，豚背脂肪をサイの目に切断して加え，燻煙しないで20℃以下，湿度80〜90%で一定期間乾燥し製品にする方法がある．

　JASでは，水分含量が35%以下のものをドライソーセージ，このうち豚肉と牛肉だけを原料としたものをサラミソーセージと規定している．ドライソーセージよりも高水分の

ものがセミドライソーセージで，水分35〜55％の含量と規定されており，別名ソフトドライソーセージという．カルパスなどがこれに属する．

参考文献

1) 森田重廣：食肉・食肉製品の科学　森田重廣　監修「第1章　人類における肉食の文化の発展」，学窓社，東京，1-4(1992).
2) 坂田亮一：乳肉卵の機能と利用　阿久澤良造．坂田亮一．島崎敬一．服部昭仁編著，「Chapter1 食肉の利用学，Ⅰ食肉および食肉加工の歴史と現状，1講 食肉および食肉加工の歴史と現状」，アイ・ケイコーポレーション，川崎，178-181(2005).
3) 食肉と健康に関するフォーラム委員会：日本人と食肉「Part 1 日本人の食卓と食肉，バランスのとれた食生活を送っていた縄文人」，(財)日本食肉消費総合センター発行，東京，8-13(1999).
4) 坂田亮一：食肉と健康について⑥　躍進　伊藤ハムマーケティング研究所発行，Vol. 492, 14(2008).
5) 坂田亮一：新食品加工学　吉田 勉 編，各論10　食肉類，医歯薬出版，東京，139-153(1999).
6) ハム・ソーセージ読本　生産から食卓まで，(社)日本食肉加工協会・日本ハム・ソーセージ工業協同組合発行，4, (2000).
7) ハム・ソーセージ図鑑　(財)伊藤記念財団発行，80, (2002).

8 乳酸菌・ビフィズス菌のヒトと動物の健康への貢献とゲノム解析情報の応用

森田 英利（麻布大学）

　乳酸菌とビフィズス菌は，共に健康的なイメージがあり，似たような産業利用がなされ保健効果が知られるが，分類学上は「門（division）」レベルで違っている．これら細菌のもつ保健機能，すなわちプロバイオティクス，プレバイオティクス，バイオジェニクスの概念と効能を述べ，その機能解明と安全性確認のために，ゲノム情報が有用である点について概説する．また，生物（特にヒト）において，ビフィズス菌や乳酸菌が構成菌種となっている腸内細菌フローラの重要性が明らかとなってきた．腸内細菌フローラの詳細な解析によって，生活習慣病など健康科学全般に対し，腸内細菌フローラの菌種構成比やそれらの菌数によって，健康が維持できたり感染症が防げたり，肥満になったり，病気になったり，癌になったりする事実が明らかになってきた．

キーワード：乳酸菌，ビフィズス菌，腸内常在細菌フローラ（腸内フローラ），
　　　　　　　プロバイオティクス，ゲノム解析

1. 乳酸菌・ビフィズス菌の分類学上の位置とそれらの発見や分離の歴史

　乳酸菌とビフィズス菌は，両者とも健康的なイメージと同様の発酵乳製品のスターターに用いられることから，類似の細菌とみられる場合があるが，表1のとおり，分類学上の位置をはじめ種々の項目において異なる細菌群である．両者は，グラム陽性菌という共通点をもつが，門（division）レベルで分類される．また，乳酸菌は，現在20菌属の300菌種以上で構成される細菌群の呼び名であるのに対し，ビフィズス菌は，*Bididobacterium*属の1菌属の約30菌種に対する俗称である．乳酸菌は，*Lactobacillus*属に最も多くの菌種が属しており，産業上も重要な菌種を含んでいる．またヒト消化管から分離される乳酸菌も，ほとんどが*Lactobacillus*属である．その他の重要な乳酸菌として，チーズスターターに用いられる*Lactococcus lactis*，ヨーグルトスターターの1つに用いられる*Streptococcus thermophilus*，醤油製造の際に重要な*Tetragenococcus halophilus*，漬物などから分離される*Pediococcus*属，ワイン製造に重要な*Oenococcus oeni*などがある．

　乳酸菌は，1857年，Pasteurによって乳酸発酵に関する研究で発見された．Pasteurは，その後，乳酸発酵に加え，アルコール発酵，酪酸発酵や酢酸発酵などの一連の研究から"発酵現象"を体系づけている．1873年に，Listerは酸乳から*Lactococcus lactis*を，1900年にはMoroが消化管由来の*Lactobacillus acidophilus*を分離している．Metchnikoffも，ヨーグルト中の乳酸菌の分離と同定を行いながら，1904年には疫学調査によって，ヨーグルト飲用による"不老長寿説"を提唱した．

　ビフィズス菌は，1900年に医師であるTissierによって母乳栄養児の糞便から分離された．また，Tissierは「乳児腸内細菌叢－正常と疾病－」と題する著書を出版しており，さ

らに腸の不調を訴えた者にビフィズス菌を使った培養液を処方し治療している．その菌株の分離された当時，*Bifidobacterium* 属は存在せず，細胞形態を基に *Bacillus bifidus communis* と命名された．その後，本菌は芽胞形成がないことなどから，*Lactobacillus* 属に分類されたこともあったが，1974 年に *Bifidobacterium* 属の学名が認められた．

菌種の分類は，DNA-DNA ハイブリダイゼーションによる相同性で決定されるが，近年では 16S rRNA 遺伝子配列の塩基配列決定に基づく系統解析も分類に貢献している．乳酸菌やビフィズス菌においてもこれらの手法が取り入れられ，属や種の再分類，そして新菌属や新菌種の発見が盛んに行われている．

表1　乳酸菌とビフィズス菌の特徴と分類学上の位置づけ

	乳酸菌	ビフィズス菌
棲息する場所	発酵食品（発酵乳製品，発酵食肉製品など）漬物，サイレージ，コンポスト（堆肥），牛乳野菜などの植物ヒトや動物の消化管	ヒトや動物の消化管
酸素に対する性質	通性嫌気性（酸素があっても生育できる）[3]	偏性嫌気性（酸素があると生育できない）
主な代謝産物[1]	乳酸（ホモ発酵型），乳酸とCO_2（ヘテロ発酵型）	乳酸と酢酸
界説による分類[2]	*Firmicutes* 門	*Actinobacteria* 門
構成する属と菌種	20菌属，約300に及ぶ菌種で構成される細菌群	約30菌種の *Bididobacterium* 属の総称
G+C含量	30〜55%	55%以上
細胞形態	球状，桿状（短桿菌・長桿菌など）	多形性（短桿状，球状，湾曲状，またY字形やV字形の特徴的形態をとる場合もある）

1) 菌種菌株によって，また培養条件によって，記載以外にも種々の代謝産物を産生する．
2) すべての生物は，ドメイン(domein)，界(kingdom)，門(division)，網(class)，目(order)，科(family)，属(genus)，種(species)，株(strain)の順で分類されている．
3) 乳酸菌でも，菌株レベルでは，酸素耐性のないものや，酸素存在下では生育し難いものもある．

2. 乳酸菌・ビフィズス菌のもつ保健機能

乳酸菌とビフィズス菌のもつ"健康的なイメージ"の根幹には，GRAS を拠り所にしている．GRAS とは "Generally Recognized As Safe" の頭文字をとった言葉であり，乳酸菌やビフィズス菌を安全に利用する上では重要なキーワードである．実験による生菌摂取の安全性の証明は簡単ではない．GRAS とは，長い食経験に基づきヒトが摂取してきた生菌は，きわめて安全性が高いという考え方である．すなわち，長い期間にわたってヒトや動物が食べてきて，健康上に問題を生じなかった経験は，安全性において説得力をもっている．発酵食品のスターターとして食べてきたが，病状や身体への不都合を生じていない乳酸菌やビフィズス菌は安全な細菌（菌株）と考えられている．

乳酸菌による"発酵"は，従来は保存性を高め，嗜好性を向上させるための手段であった．そして，伝統的に受け継がれ，工業的に発展した製造法が確立されてきた．経験的に発酵食品のもつ保健機能は知られていた点もあるが，近年，発酵乳（ヨーグルト）を中心に，乳酸菌やビフィズス菌のもつ種々の機能が明らかにされてきた．

表2 微生物が関与する機能性食品の定義と作用機序

名 称	定義・作用機序	機能成分	提唱者	提唱年
プロバイオティクス[1]	腸内微生物のバランスを改善することにより宿主に有益にはたらく生菌添加物．生体に保健効果をもたらす生菌剤．	乳酸菌，ビフィズス菌，納豆菌，そしてこれらを生菌として含む食品	Fuller Salminen	1989 1998
プレバイオティクス[1]	結腸内の有用菌を増殖させるか有害菌の増殖を抑制することで宿主の健康に有益な作用をもたらす難消化性食品成分．	食物繊維（オリゴ糖），スタントスターチ	Gibsonと Roberfroid	1995
バイオジェニクス[2]	直接あるいは腸内フローラを介して生体調節機能をもつ食品成分．	乳酸菌などの発酵によって産生されるペプチド，バクテリオシン[3]	光岡知足	1998

1) プロバイオティクスとプレバイオティクスをミックスし一度に摂取することを，シンバイオティクスと称している．
2) バイオジェニクスの機能成分に，植物フラボノイド，ドコサヘキサエン酸(DHA)，エイコサペンタエン酸(EPA)も含まれるが，微生物由来とは異なる．
3) 抗菌性をもつバクテリオシンは，バイオプリザベーションとして食品保存に有効に機能することが知られる．

食品として摂取した際の微生物の保健効果については，表2のとおり，プロバイオティクス，プレバイオティクス，バイオジェニクスの3種類に分けられる．発酵乳では，スターターとして用いた生菌が消化管で作用し，ヨーグルト製造時の代謝産物が有効に作用し，死菌体となった菌体成分にも保健効果がみられるような場合もある．

「特定保健用食品」（通称，トクホ）は，内閣総理大臣が，特定の保健効果が期待できることを表示した食品であり，身体の生理学的機能などに影響を与える保健機能成分（関与成分）を含む．「いわゆる健康食品」とは異なり，その保健効果が当該食品を用いたヒト試験で科学的に検討され，適切な摂取量も設定されている．上記のプロバイオティクス，プレバイオティクス，バイオジェニクスの科学的証明（表3）が，いくつかの特定保健用食品の認可に重要な役割をはたしている．

表3 ヒトに対するプロバイオティクスとバイオジェニクスの主な保健効果

科学的根拠のある保健効果
整腸効果
消化管への感染防御作用
過敏性腸症候群の抑制
炎症性腸疾患の治療と再発防止
発癌（大腸癌・胃癌）の抑制
アレルギー低減・免疫調節作用[1]
コレステロール・胆汁酸代謝の改善
肥満防止（痩身）効果
血圧降下作用
消化管内の糖脂質代謝の改善
ストレス改善
歯周病の予防と改善

1) 特に，アレルギー低減・免疫調節作用の詳細については，研究対象となった菌種菌株名と併せて表4に示した．

3. 生物における腸内細菌の重要性

ヒトの腸内常在細菌フローラは，健康や病気と密接に関係しており，腸内細菌フローラの構成比が変化すると宿主の健康状態に影響を及ぼすことが報告されている．上述したプロバイオティクスの概念も含め，明らかになってきている昆虫，ヒト，哺乳動物における腸内細菌の重要性について概説する．

(1) 昆虫（マルカメムシ）におけるプロバイオティクスの実践[1]

マルカメムシのメスは，産卵と同時に黒いカプセルを残す．生まれた幼虫は，本能的にその黒いカプセルに口吻を差して中のものを吸う．カプセル内には，母虫由来の腸内細菌

カプセル内の腸内細菌（共生細菌）を
摂取した正常な幼虫

カプセル内の腸内細菌（共生細菌）を
摂取しなかった幼虫

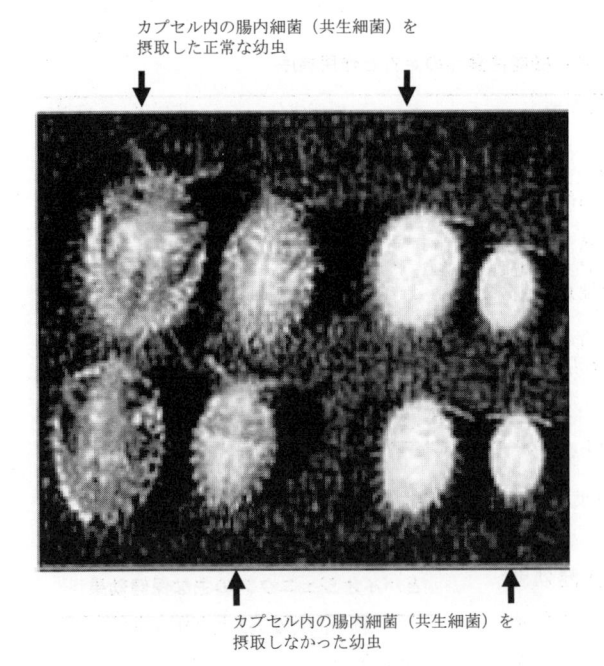

図1　2種類のマルカメムシの幼虫において，腸内細菌を摂取したものと，しなかったものの違い

（共生細菌）が生菌で保存されており，生まれた幼虫の消化管に，母虫の腸内細菌を受け継ぐ（垂直伝播）システムが確立されていた．幼虫の孵化前に黒いカプセルを除き，母虫の腸内細菌を受け継いでいない場合，図1の幼虫の画像のとおり，体の小さい幼虫となり，成虫になっても体長は短いままで，さらに寿命が短く生殖能力が著しく低下していた．そのことから，親から受け継ぐ腸内細菌が非常に重要であることが伺える．

(2) プロバイオティクスの免疫調節作用

無菌マウス，つまり germ-free マウス（GF マウス）を使って，マウス免疫系と腸内細菌に関する知見が得られてきた．経口免疫寛容の誘導には腸内細菌の存在が必須であり，GF マウスでは経口免疫寛容が成立しなかった．また，GF マウスでは腸管関連リンパ組織の1つであるパイエル板が，健常な腸内フローラをもつマウスより未発達で，GF マウスの免疫グロブリン A（IgA）産生細胞数が少なかった．したがって，腸内細菌と腸管免疫系とはお互いに影響を及ぼし合い，さらに全身の免疫系を調整していると推察される．

表4　プロバイオティクスのアレルギー低減・免疫調節作用に関する主な報告

対象	菌種	菌株	主な免疫調節作用
ヒト	*Bifidobacterium lactis*	Bb-12	アトピー性皮膚炎の症状緩和
	Lactobacillus rhamnosus	GG	
	Bifidobacterium lactis	Bb-12	ロタウイルスに対するIgA産生量の増加
	Bifidobacterium brevis	YIT4064	
	Lactobacillus rhamnosus	GG	
	Lactobacillus acidophilus	La1	好中球や単球の貪食能の亢進
	Bifidobacterium lactis	HN019	ナチュラルキラー(NK)細胞とその活性の増加，貪食活性の増加
マウス	*Bifidobacterium lactis*	—	抗β-ラクトグロブリンIgA産生量の増加
	Bifidobacterium breve	YIT4064	抗インフルエンザウイルスIgA産生量の増加
	Bifidobacterium bifidum	—	脾臓B細胞の増加，抗体産生量とIgA産生細胞数の増加
	Lactobacillus gasseri	Shirota	インターフェロン-γとインターロイキン(IL)-12産生を促進し，IL-4, IL-5, IgE産生の抑制(アレルギー症状の軽減)
	Lactobacillus gasseri	—	マクロファージのインターフェロン-α産生を誘導
	Lactobacillus plantarum	L-137	インターフェロン-γとIL-12産生を亢進

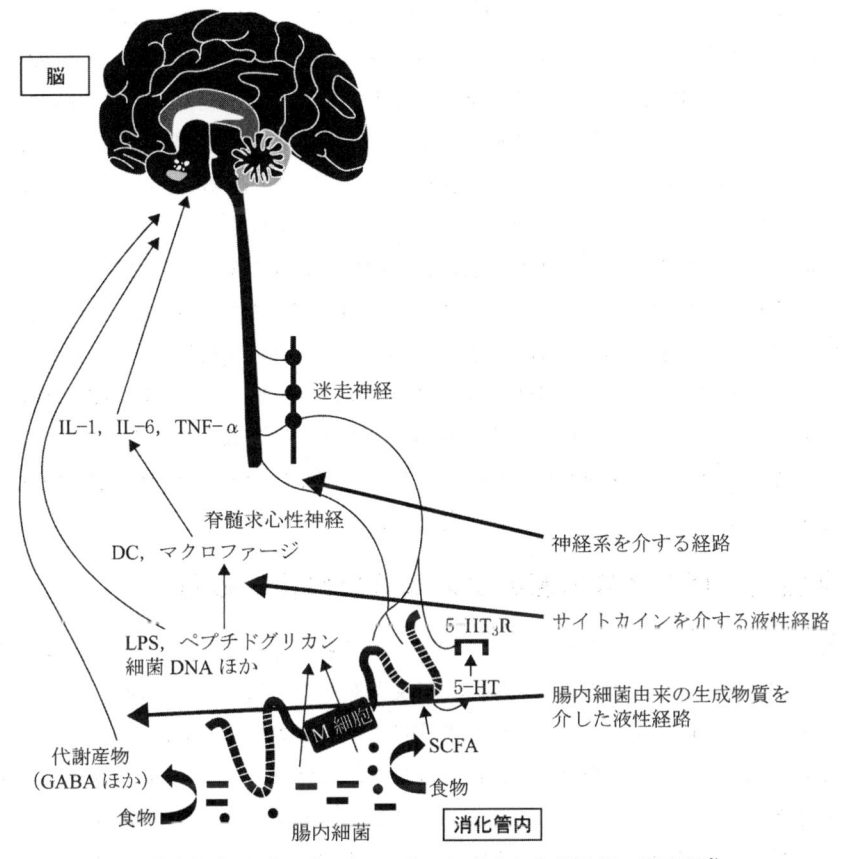

図2 腸内細菌（プロバイオティクス）を介した消化管−脳連関[2]

そして，プロバイオティクス（生菌）の投与が腸管免疫系や全身免疫系に作用することが報告されている（表4）．

(3) ストレス軽減と腸内細菌

ストレスの概念は，古代ギリシャ時代にはすでに存在していた．現在，ストレスに関する現代社会の関心は非常に高いものがあり，ストレス軽減作用を有する機能性食品へのニーズが高まっている．

宇宙飛行士やアカゲザルの研究から，ストレスによって腸内フローラが変化すること，そして，腸内フローラがストレス反応性に影響を及ぼすことが報告されている．図2のとおり，消化管内での腸内フローラの変化，つまり消化管内の情報が中枢のストレス反応に影響する経路が明らかとなっている[2]．腸内細菌由来のリポポリサッカライド，ペプチドグリカンやDNA，そしてそれらの産生した物質が，液性経路や神経系を介する経路で中枢にはたらき，ストレス軽減効果を発揮している．現在では，プロバイオティクスによるストレス軽減作用に関する臨床知見も報告されてきた．

(4) 肥満と腸内細菌[3]

哺乳類の消化管内の腸内細菌には，*Bacteroides*門と*Firmicutes*門に属するものがある．肥満マウスと痩身マウスの腸内細菌のそれらの比率を調べたところ，肥満マウスでは

Bacteroides 門が少なく *Firmicutes* 門が多かった．また，ヒトでも同様に太った人ほど *Bacteroides* 門の細菌が少なかった．さらにカロリー制限で体重を減らすと *Bacteroides* 門の比率が増えた．GF マウスに，肥満マウスの腸内細菌または痩身マウスの腸内細菌を消化管内に棲みつかせ2週間後の体脂肪率を見ると，肥満マウスの腸内細菌を与えた場合は約 47%だったが，痩せたマウスの腸内細菌を与えた場合は約27%にとどまった．すなわち，肥満マウスの腸内細菌を与えたマウスの方が多くの脂肪がついていた．メタボリック症候群が非常に注目されている現在，肥満に腸内フローラの関与が示唆されたことは，注目を集める研究成果である．最近では，遺伝子欠損肥満マウスやメタボリック症モデルマウスの腸内フローラを，健常な GF マウスに移すと，それらが肥満やメタボリック症マウスになり，腸内フローラが疾病発症の直接要因になった[4]．また，腸内細菌異常が疾患発症の根幹に存在し，腸内細菌が宿主全身の恒常性の維持と破綻に大きく関与する考えが確認された．すなわち，多発性硬化症や自己免疫性糖尿病など消化管以外の臓器を冒す疾病の発症につながることが明らかになってきた．

4. 乳酸菌・ビフィズス菌のゲノム解析情報の応用

国家プロジェクトで，ヒトゲノムやイネゲノムが解読されてきた．ヒトゲノムに関しては，1塩基遺伝子多型性（SNPs）の解析や新薬開発への応用（ゲノム創薬）がなされている．イネゲノム解析によって，イネの品種改良の期間を短くする遺伝子が発見され，害虫被害に強いコシヒカリの開発といった品種改良を，これまでの10分の1程度に短縮することも可能だという．マウスの全遺伝情報を解析した結果，これまでは何の役にも立っていないと考えられていた塩基配列，通称「がらくた DNA」から，遺伝子の発現を指令するなど重要な機能をもつ約 23,000 種類もの RNA が作られていることがわかった．ゲノム解析の情報に基づき，このような高度な知見が得られてきた．

1995年に，1つの生命体として初めてインフルエンザ菌の全ゲノム配列が決定され，その後，微生物，動物，魚，植物，昆虫等ほとんどの生物の全ゲノム解析が進められてきた．日進月歩の全ゲノム配列の公開情報は，国際 DNA データベース（DDBJ／EMBL／GenBank：http://gib.genes.nig.ac.jp/）から得ることができる．

乳酸菌やビフィズス菌のゲノムサイズは，今までの知見から 150 万塩基～300 万塩基の範囲である．乳酸菌やビフィズス菌に対する研究の方向性は，従来からの工業的な利用や発酵食品への有効利用に加え，近年ではプロバイオティクス，プレバイオティクスの考えに基づく，機能性食品，特定保健用食品そして医療にも，乳酸菌やビフィズス菌の機能を応用しようという試みがなされている．

Lactobacillus reuteri は抗菌物質であるロイテリンを産生し，下痢防止効果や感染防御効果などがよく知られる菌種である．本菌種 JCM1112 株と近縁の *Lactobacillus fermentum* IFO3956 株の全ゲノム解析を行い，その比較ゲノム解析からロイテリン産生遺伝子群はオペロンを形成し，水平伝播していることが示唆された．また，GF マウス消化管内に定着した *L.reuteri* がロイテリンを産生していることを証明し，プロバイオティクス（経口投与した生菌）が産生する抗菌物質を *in vivo* 検出した初めての報告である[5]．

また，病原性大腸菌 O157 は，ヒト消化管内でベロ毒素を放出し，激しい下痢や発熱を引き起こす．GF マウスに O157 を感染させると死亡するが，ある 1 つのビフィズス菌と O157 を同時に感染させると，そのマウスは死亡しないことがわかった．一方，それと違うビフィズス菌を O157 と同時に感染させるとマウスが死亡した．その理由を解明するために，これらの 2 菌種の全ゲノム解析を行ってすべての遺伝子を比較したところ，前者のビフィズス菌にはあって，後者にはない遺伝子が確認された．それは糖から有機酸を作る遺伝子で，その有機酸が宿主の消化管のバリア機能を増強してベロ毒素が生体内に入らないようにしていることが明らかとなった[6]．世界で初めて，ビフィズス菌のプロバイオティクス効果の作用機序を遺伝子レベルで突き止めた報告であり，ゲノム解析が責任遺伝子を探す糸口となった研究である．

　工業利用を考えた場合，安いコストで，良好に当該細菌を生育させて，最終産物を得ることが重要である．ゲノム情報が得られれば，機能している遺伝子を確認し，合理的な培地や培養条件を検討できる．また，培養中のストレス反応の検討に，ゲノム情報は大きな役割も果たす．

　乳酸菌やビフィズス菌は安全性が高いと考えられているが，GRAS が明らかではない場合は菌種菌株ごとの安全性の確認が重要である．ゲノム情報から病原因子のないことを確認して，安全性を証明することが可能となる．また，病原因子が見られる場合も，その遺伝子をターゲットに遺伝子発現や物質の確認が可能となる．さらに，望ましくない遺伝子のみの排除を目的とした組換え体を作出し，今後，"安全性を向上させた組換え体"の実用化も有効かもしれない．また，ゲノム情報は，プロバイオティクスを科学的に証明していく上で，有効な基礎的知見になるであろう．

　ニュートリゲノミクスという言葉があるが，これは，栄養学（nutrition）とゲノム科学（genomics）を語源とした造語であり，食品成分すなわち経口を介した物質が生体に及ぼす影響の解析に，食物や細菌のゲノム情報を応用していく学問分野である．

5. おわりに

　ヒトの身体の細胞数は 60 兆個で，ヒト消化管内の細菌の細胞数は 100 兆個以上といわれている．ヒトの身体を構成する細胞数より，腸内細菌の細胞数の方が多い．腸内細菌の細胞や産生物質の作用によって発現するヒトゲノムにコードされた遺伝子の存在が知られてきた知見は興味深い．腸内細菌フローラの構成比やそれらの菌数によって，健康が維持できたり，病気になったり，また癌になったり憎悪したりする事実が明らかになってきた[7]．今後，腸内細菌フローラはますます重要な研究対象になると思われる．すでに炎症性腸疾患（IBD）やアルコール症患者における腸内細菌フローラの解析も国内外で進められており，生活習慣の改善や健康診断法の確立など健康科学全般に対する情報提供が期待される．

参考文献

1) Hosokawa, T., Kikuchi, Y., Nikoh, N., Shimada, M. & Fukatsu, T., Strict host-symbiont cospeciation and reductive genome evolution in insect gut bacteria. *PLoS Biol.* 4, e337(2006).
2) 須藤信行：ストレスと腸内フローラ．腸内細菌学雑誌 19, 25-29(2005).
3) Ley, R.E., Turnbaugh, P.J., Klein, S. & Gordon, J.I. Microbial ecology: Human gut microbes associated with obesity. *Nature* 444, 1022-1023(2006).

4) Vijay-Kumar, M., Aitken, J.D., Knight, R., Ley, R.E., Gewirtz, A.T., *et al*. Metabolic syndrome and altered gut microbiota in mice lacking Toll-like receptor 5. *Science* **328**, 228-231(2010).
5) Morita, H., Suzuki, T., Takizawa, T., Masaoka, T., Hattori, M., *et al*. Comparative genome analysis of *Lactobacillus reuteri* and *Lactobacillus fermentum* reveal a genomic island for reuterin and cobalamin production. *DNA Res.* **15**, 151-161(2008).
6) Fukuda, S., Toh, H., Morita, H., Hattori, M., Ohno, H, *et al*. Carbohydrate transporters confer a host-protective function to bifidobacteria, *Nature*, in press.
7) Wu, S., Rhee, K.J., Albesiano, E., Pardoll, D.M., Sears, C.L., *et al*. A human colonic commensal promotes colon tumorigenesis via activation of T helper type 17 T cell responses. *Nat. Med.* **15**, 1016-1022(2009).

参考図書

上野川修一 監修:乳酸菌の保健機能と応用,(株)シーエムシー出版,東京(2007).
伊藤喜久治 編著代表,五十君靜信,佐々木 隆,高野俊明,服部正平,森田英利 編著:プロバイオティクスとバイオジェニクス,エヌ・ティー・エス,東京(2005).
乳酸菌研究集談会編:乳酸菌の科学と技術,学会出版センター,東京(1996).

9 牛にやさしい飼育管理技術とは －家畜行動科学の視点から－

植竹 勝治（麻布大学）

　牛にやさしい飼育管理技術とはどのようなものであろうか？そのイメージに最も近い用語は，英語の接尾語"-friendly"であろう．接尾語"-friendly"には，「…にやさしい」，「…に親切な」，「…に使いやすい」という意味があり，よく知られたところでは，"environment-friendly（環境にやさしい）"や"user-friendly（使用者に親切な，使いやすい）"といった使われ方をする（Kenkyusha Ltd 1967, 1974, 1998）．したがって，本章で検討する牛にやさしい飼育管理技術とは，cattle-friendly な管理技術であり，牛にとって使いやすく，快適なものであり，さらには派生的に，牛を管理する人にとっても（caretaker-friendly），牛を取り囲む環境・生態系にとっても（environment-friendly）望ましい飼育管理技術のことを指すことにする．

キーワード：牛，家畜福祉，環境適応，健康性，飼育管理

1. これまでの家畜管理学研究と今後の展開方向

　本題に入る前に，わが国における家畜管理学分野における研究・技術開発の歴史を，年代を追ってみると図1のように整理できるのではないだろうか．年代順に古くは暑熱ストレスを中心とした環境生理研究が盛んに行われ，それによって家畜の個体レベルでの生産性は格段に向上した．その後，例えば乳牛のフリーストール牛舎や濃厚飼料自動給餌装置

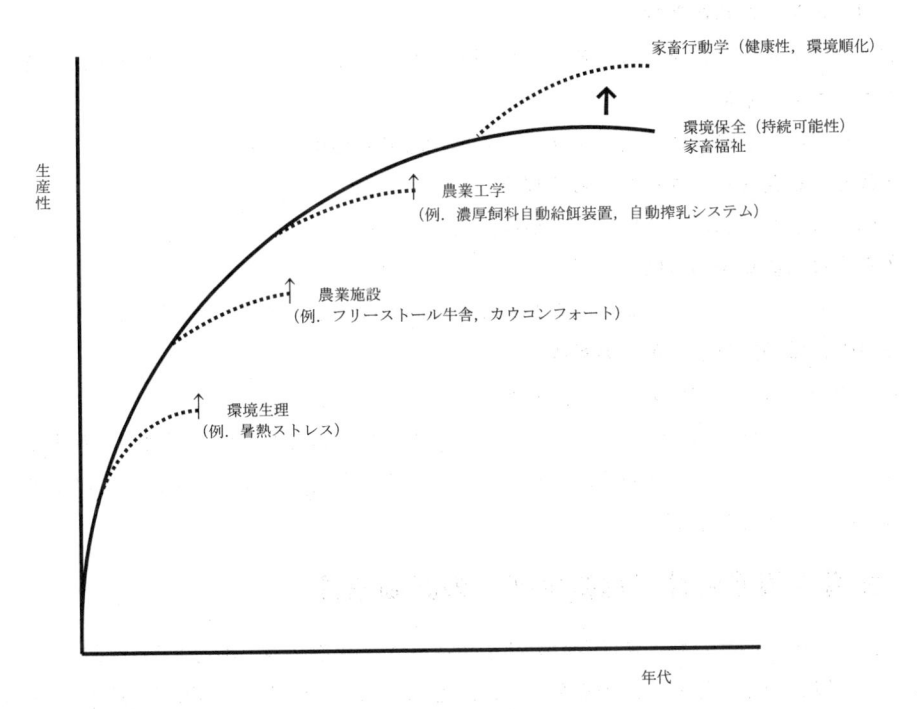

図1　家畜管理学分野における研究・技術開発の進展と生産性

といった農業工学的な施設および設備(管理機器)の設計・開発が進み,それによって個体管理から群管理への管理方式の転換が起こり,家畜群としての生産性の向上が研究・技術開発の主眼となった.この頃に,畜産の集約化・工業化が進む一方で,カウコンフォートという牛にとっての快適性の概念が起こっている.そして,近年になると群管理に伴う頭数規模の拡大に起因する家畜糞尿の環境汚染問題や,集約的・工業的畜産による家畜福祉問題が表面化し,現在では,生態系の中での持続可能な畜産および福祉的飼育方法を模索する研究が盛んに行われている.海外に目を向けると,欧州連合では,「予防は治療に勝る(Prevention is better than cure)」との標語を掲げ,2007年から2013年の7カ年にわたる家畜の健康戦略を立てている(植竹 2008; European Commission 2007).したがって今後数年間は,世界的に家畜の福祉を含めた健康性の評価および維持・改善に向けた研究・技術開発が中心テーマの一角を占めることは間違いない.そのためには,家畜行動学が中心となり,家畜の健康性・福祉との関連において,彼らの環境適応性すなわち環境順化能力について改めて評価することが必要になると考えられる.

2. 家畜福祉基準 －5つの解放・自由と5つの配慮・必要性－

家畜の健康性および福祉を考える際には,海外における家畜福祉の先進地域,特に英国の王立動物虐待防止協会(RSPCA)と米国の動物福祉研究所(AWI)がまとめた福祉基準が参考になるであろう(RSPCA 2007; AWI 2009).両基準とも,英国政府の独立諮問機関である飼養動物福祉評議会(FAWC)によりまとめられた5つの解放・自由(Five Freedoms)に基づいており,その内容と具体的な対応策は次のとおりである:

①飢えと渇きからの解放
健康と活力を十分に維持できる新鮮な飼料と水に容易にアクセスできることによる
②不快からの解放
シェルターや快適な休息場所を含む,適切な環境の提供による
③痛み,損傷あるいは疾病からの解放
予防と罹患時における早期診断・治療による
④正常な行動発現の自由
十分な飼育スペース,適切な設備と同種の仲間の提供による
⑤恐怖と精神的苦しみからの解放
精神的苦痛のない飼育条件と世話の保証による

5つの解放・自由は,動物を主体として記述されたものであるが,動物を飼育する立場にある管理者の責任をより明確にするため,時に管理者側を主体として,5つの配慮・必要性と呼ばれることもある.

3. 飼育環境適応性(福祉水準)の評価指標

上記の福祉基準は,飼育管理者および畜産従事者が守るべき原則を記したものであるが,あくまで概念的であると言わざるを得ない.それでは,それぞれの原則を科学的・客観的に測定可能なレベルにまで具現化した評価指標にはどのようなものがあるのであろうか.

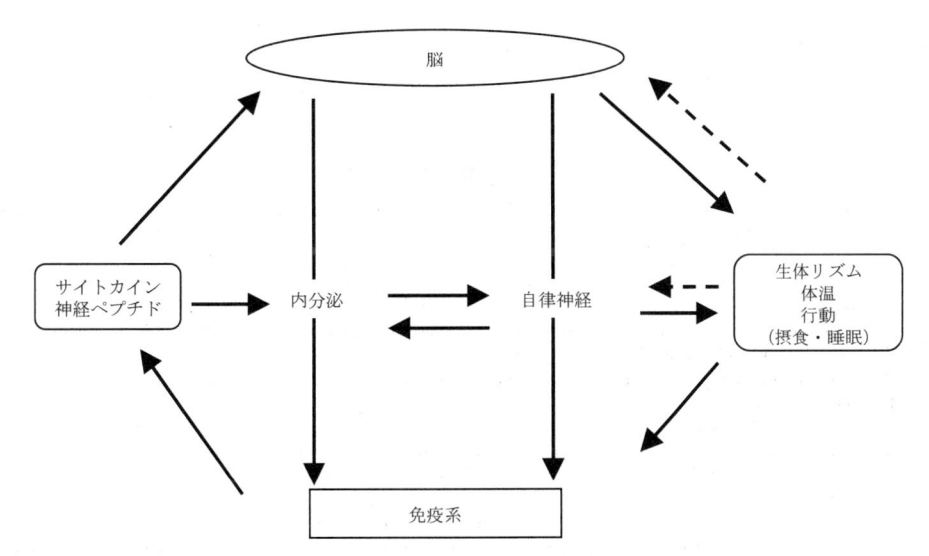

図2 神経・内分泌・免疫・行動の連関概略図　神庭・久保田（2000）を改変

その答えとしては，次の5項目を挙げることができる：①生存性，②健康性，③生産性，④神経内分泌免疫学的反応性，⑤適応意図的行動反応性の5項目である．

　生存性は死亡率，健康性は罹患率，生産性は乳量・増体量などによって評価される．神経内分泌免疫学的反応性は，アドレナリン作動性神経系・A-10神経系・GABA神経系・セロトニン作動性神経系を基盤とするノルアドレナリン・ドーパミン・オピオイド・セロトニン（池本1999；朔2009），ならびに免疫系からのサイトカインや神経ペプチド（Squires 2003）などの分泌動態を調べるものである．その他，視床下部－下垂体－副腎皮質系から分泌されてくる，いわゆるストレスマーカーとされる副腎皮質刺激ホルモン（ACTH）やコルチゾールが一般に広く指標として用いられている．適応意図的行動反応性は，飼育環境に対する欲求不満があるときに発現頻度が増加する，いわゆる葛藤行動などの失宜行動（佐藤1997）や，動物が環境への適応を試みる過程で発現する補填行動，あるいは代替行動（Ishiwataら2007）を行動指標として観察するものである．例えば，牛における失宜行動および補填行動には，休息・反芻・探査・自己身繕い・舌遊びなどがある．また，行動指標に基づいて判断する際には，対象とする行動の発現頻度と発現パターン（経時的推移）はもとより，行動発現の自発性と選択性（森村2000）についても考慮すべきである．ここで重要な点は，神経内分泌免疫学的反応性と適応意図的行動反応性は個々に評価するのではなく，図2に示すような神経・内分泌・免疫・行動の連関（神庭・久保田2000）に基づいて，総体的に評価・検討すべきということである．

4. おわりに

　家畜管理学研究の歴史を振り返る中で紹介したように，これまでは飼育環境，中でも特にハードウェアに重点を置いた施設・設備の開発と設計指針の策定が研究・技術開発の中心であった．しかしながらこれからは，本章で概観したように，動物が飼育環境に対して適応を試みる過程で示す様々な環境順化反応について精査し，それらについてのいわゆる

基準値を定めることが，冒頭で述べた牛にも牛を取り囲む環境（土－草－設備）にも，そしてさらには，牛を管理する人にもやさしい飼育管理技術の開発に結びついていくものと期待される．

参考文献

1) © Kenkyusha Ltd. 1967, 1974, 1998. New College English-Japanese Dictionary, 6th edn. © Kenkyusha Ltd, Tokyo.
2) 植竹勝治：アニマルウェルフェアに関する EU の研究動向－肉用牛生産を例として－. In：独立行政法人　農業・食品産業技術総合研究機構　畜産草地研究所　企画管理部　業務推進室　編集・発行, 畜産草地研究所平 20-3 資料 平成 20 年度間題別研究会「家畜の健康性, 健全性を考える」, 独立行政法人　農業・食品産業技術総合研究機構　畜産草地研究所　企画管理部　業務推進室, つくば. 7-8(2008).
3) European Commission, A new Animal Health Strategy for the European Union(2007-2013) where "Prevention is better than cure". European Communities, Brussels, Belgium. (2007).
4) Royal Society for the Prevention of Cruelty to Animals(RSPCA). RSPCA welfare standards for beef cattle. RSPCA, Horsham, UK. (2007).
5) Animal Welfare Institute(AWI). Five Freedoms Provide Foundation for Animal Welfare, Approved Standards. http://www.animalwelfareapproved.org/index.php?page=fivefreedoms(2009 年 7 月 30 日アクセス). (2009).
6) 池本桂子：情動を司る脳－情動と化学物質の関連. In：石浦章一編, わかる脳と神経, 羊土社, 東京 29-37(1999).
7) 朔：脳とトラウマ－神経伝達物質－. http://trauma.or.tv/1nou/3.html(2009 年 7 月 31 日アクセス).
8) Squires EJ. 2003. Applied Animal Endocrinology 1st edn. CABI Publishing, Oxon, UK. (2009).
9) 佐藤衆介：第 5 章　失宜行動と家畜の福祉. In：三村　耕 編著, 改訂版　家畜行動学, 養賢堂, 東京 98-121(1997).
10) Ishiwata T, Uetake K, Eguchi Y, Tanaka T. Function of tongue-playing of cattle in association with other behavioral and physiological characteristics. *Journal of Applied Animal Welfare Science* 11, 358-367(2008).
11) 森村成樹：飼育動物における心理学的幸福の確立, 展示動物を中心に. 動物心理学研究 50, 183-191(2000).
12) 神庭重信・久保田正春：精神神経内分泌免疫学　心とからだのネットワーク, その仕組み. 第 1 版. 診療新社, 大阪(2000).

卵巣のトキシコロジー

代田 眞理子（麻布大学）

　トキシコロジーは化学物質の有害な側面を研究する科学である．卵巣のトキシコロジーにおいて，生殖細胞の貯蔵庫である原始卵胞に対する障害は，不可逆的であり早期発見が困難な毒性である．原始卵胞を障害する化学物質の中には，自身が誘導した代謝酵素により生成された活性代謝産物が原始卵胞を障害するものがある．ブスルファンで先天的に原始卵胞を減少させたラットでは，その用量に応じて加齢性の変化が早く出現するが，卵巣では発育開始卵胞が減少する一方で卵胞の発育率が高くなることにより種に固有の排卵数が確保されていると思われる．原始卵胞の障害は生殖寿命を短縮させ，内分泌のホメオスタシスにも影響を及ぼす．原始卵胞のトキシコロジーは，女性の健康に資するだけでなく，生殖資源としての原始卵胞の活用にも寄与できる研究課題と考える．

キーワード：トキシコロジー，卵巣，原始卵胞，ブスルファン，ホルモン

1. トキシコロジーの研究

　私たちを取り巻く様々な化学物質の有害な側面を研究するトキシコロジーでは，化学物質の有害な作用が生体に現れるメカニズムを，分子や細胞の生化学的な変化や形態学的な変化，あるいは個体や集団での動向から解明し，また，そうした有害な作用が現れる可能性の程度を推定する．トキシコロジーの研究成果は，有害な影響からの回避や，また，リスクを安全なレベルまで低減する方策の立案に役立てられるので，トキシコロジーは実用の科学といえる．しかし，生体が化学物質に対して示す様々な反応を研究するトキシコロジーは，生物が進化の過程で培ってきた生存や種族維持のための戦略の一端を知る科学でもある．トキシコロジーでは基礎から応用までの広い範囲の知識が求められるが，他のサイエンスと同様に旺盛な探究心が求められる．

　トキシコロジーは，医学，薬学，理工学などの様々な角度から研究されているが，比較生物学を背景とする動物応用科学では，動物ごとの生物学的な特性に根ざした研究の展開が可能である．

2. 卵巣のトキシコロジーへのアプローチ

　卵巣は生殖腺であると同時にホルモンを分泌する内分泌腺である．性成熟に達したヒトや動物では，卵巣は動物種に固有の数の配偶子を定期的に受精の場へ放出（排卵）するために，自らの機能を制御している視床下部や下垂体と，ホルモンを媒体として情報を交換し合いながら，それぞれの動物種の生殖戦略に従って周到な準備をしている．具体的には，卵巣が分泌するステロイドホルモンのエストロジェンやプロジェステロン，それにペプチドホルモンのインヒビンは，分泌量の変化によって卵巣の機能や形態の変化を視床下部やその支配下にある下垂体に伝える．視床下部は，受け取った情報と，日周や栄養状態など，生体内外の環境情報を統合して，下垂体に向けて性腺刺激ホルモン放出ホルモン

（GnRH）を分泌して，黄体化ホルモン（LH）と卵胞刺激ホルモン（FSH）を大量に放出させ，それらが性腺を刺激して，排卵や次の排卵に向けての準備を促す．このように，卵巣は内分泌情報の交換によって周期的に活動するが，生殖細胞全体の数は，排卵や退行による消費で次第に減少していく．ヒトの卵巣について出生前から出生後，更年期の年齢に至るまで保有する生殖細胞を数えると，胎児期に最も多く，以後急減し，出生直後にはピーク時の約 5 分の 1 にまで減少する[1]．その後，加齢に伴ってさらに減少し，閉経の頃に消失すると報告されている[2-5]．同じ傾向は他の動物種でも認められている[6]．消費される生殖細胞数は，実際に排卵される数より遥かに多いが，これは，種に固有の数の配偶子を確保するために，ゆとりをもって生殖細胞を準備し，排卵までの間に不要になった生殖細胞を順次廃棄していくという，哺乳類の雌に共通の生殖戦略に由来すると考えられる．こうしたゆとりを支えているのが，生殖細胞の貯蔵庫であり，その障害は生殖能力だけでなく内分泌のホメオスタシスにも影響を及ぼす．

3. 生殖細胞の貯蔵庫「原始卵胞」

卵巣を生殖細胞の生産という観点から精巣と比較すると，精巣は生殖細胞を生産しながら供給している器官であるが，卵巣は，貯蔵している生殖細胞を消費しながら供給している器官といえる．近年，出生後の卵巣にも卵形成の起こり得ることがヒトを含む様々な動物で明らかにされているが[7-9]，ヒトを含めたほとんどの哺乳類の卵巣では生殖細胞の盛

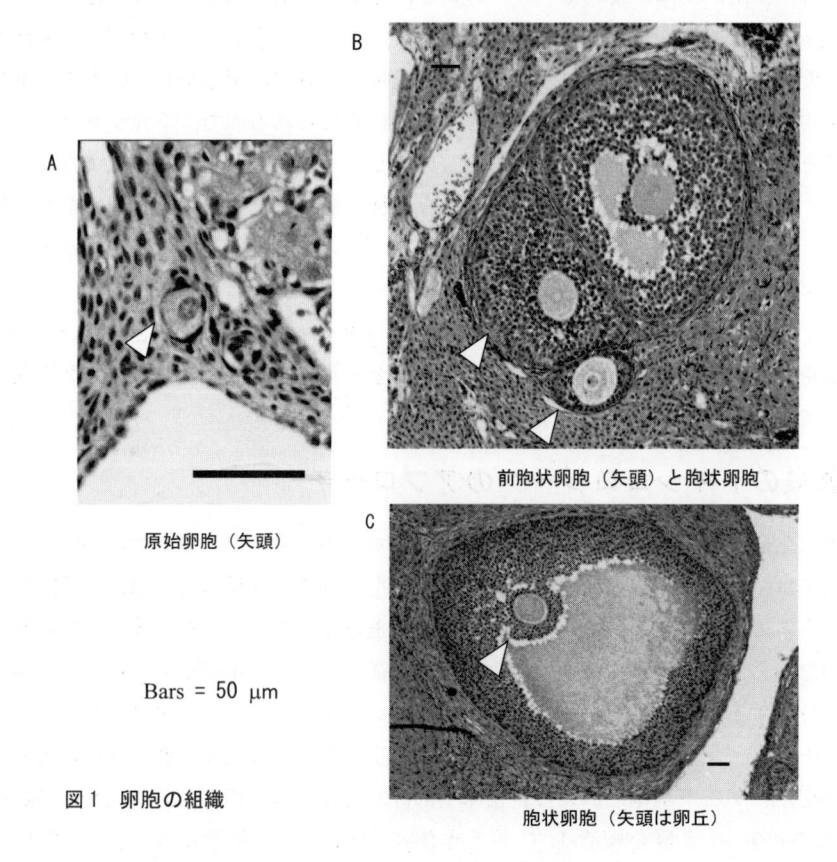

原始卵胞（矢頭）

Bars = 50 μm

前胞状卵胞（矢頭）と胞状卵胞

胞状卵胞（矢頭は卵丘）

図1　卵胞の組織

んな増殖は，やはり胎生期に限定して認められる[10]．胎児の卵巣で，増殖した生殖細胞は減数分裂を開始し，その前期で分裂を休止する．減数分裂を休止した生殖細胞（卵母細胞）は，ひとつずつ上皮細胞に囲まれて原始卵胞（図1A）を形成する．原始卵胞は，どの動物でも卵巣の中で最も数の多い集団を形成しているが，とても小さいためあまり目立たない．卵巣の組織の中で，液体を貯留した内腔のある卵胞（胞状卵胞）（図B, C）や，腔がまだ形成されていない前胞状卵胞（図1C）はサイズが大きく，すぐに目につく．これらは，原始卵胞の集団の一部が，卵母細胞は口径を増し，扁平だった上皮細胞は立方状の顆粒膜細胞になって次々と増殖した結果，大きく発育したものである．これら発育を開始した卵胞は，さらに発育を続けて排卵に至るか，発育の途中で退行して変性する以外に経路はない．一方，原始卵胞は，個体の生殖寿命が終わりに近づいてもそのままの状態で保持されていることから，卵母細胞の貯蔵組織といえる．

原始卵胞はホルモンを分泌しない．したがって，原始卵胞が減ってもそれがホルモンの血中濃度に直接反映されることはない．さらに，数は多くてもサイズが小さい（図1A）ので，化学物質による原始卵胞の障害は，極端な減少でない限り早期発見が難しい．

4. 原始卵胞のトキシコロジー

化学物質による原始卵胞の障害は実験動物で認められている．合成ゴムなどの製造過程で発生する 4-vinylcyclohexene（VCH）を，ラットとマウスに対してそれぞれ寿命に近い期間投与を続けて，長期に亘る影響や発がん性を調べる慢性毒性試験を行うと，VCHは，マウスに投与した時だけに卵巣腫瘍が発生し[11]，これより少し短い期間投与を続ける亜慢性毒性試験では，発育を開始したばかりの卵胞や排卵可能なグラーフ卵胞の減少が，やはりマウスだけに認められている[12]．その後，Texas大学のSipes博士らのグループは，VCHに認められた卵巣毒性の種差は，図2に示すP450チトクロム酵素によるVCH活性代謝産物の生成能の違いによるもので[13]，マウスではVCHから生成される

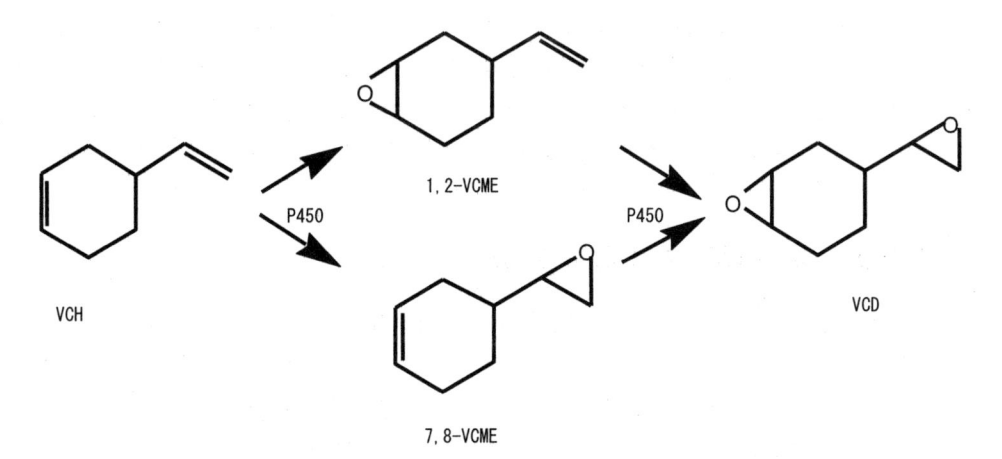

1, 2-VCME (1, 2-vinylcyclohexene monoepoxide)　7, 8-VCME (7, 8-vinylcyclohexene monoepoxide)

図2　4-Vinylcyclohexene (VCH) から 4-vinylcyclohexene diepoxide (VCD) への活性代謝化

VCDをラットに投与すると，VCHをマウスに投与して認められたのと同じ変化を卵巣に生じさせることを示した[14]．さらに，卵巣の詳細な観察からVCDは，原始卵胞と発育を開始したばかりの卵胞を毒性の標的とし[14,15]，これらの卵胞の卵細胞にアポトーシスを誘導することにより卵胞を退行させ，その数を減少させることを明らかにした[15]．性腺刺激ホルモンに依存している発育の進んだ前胞状卵胞は，性腺刺激ホルモン分泌に障害があると変性や退行が増加してくる．それより前の発育段階の卵胞や原始卵胞は卵巣内部での情報交換によって発育が制御されていると考えられている．したがって，これらの卵胞の選択的障害は，発育の進んだ卵胞に対する障害とは異なる観点から研究が続けられている．内分泌学的な観点からは，エストロジェン合成の基質を産生する莢膜細胞がまだ発達していない卵胞に障害が現れること，エストロジェンやエストロジェン活性のあるゲニスタインをVCDと併用投与すると，VCDによるアポトーシス誘導を抑制することから，エストロジェンにはVCDに対する防御作用があるのではないかと推測されている[16]．

しかし，原始卵胞にはエストロジェン受容体のいずれのサブタイプも発現が確認されていないことから，防御機構の情報伝達に関して詳細な研究が必要と考えられる．毒性学的には，代謝の観点から研究が行われている．多くの化学物質は肝臓の薬物代謝酵素で二段階の代謝を受け排泄されていく．VCHもはじめは，肝臓のP450チトクロム酵素により生成されたVCDが卵巣に影響を及ぼすと考えられていた．しかし，VCHをマウスに反復投与すると，活性代謝産物を生成するP450チトクロム酵素が，肝臓だけでなく卵巣にも発現してくること，さらに卵胞の発育段階により酵素誘導能が異なり[17]，また活性代謝産物を代謝する酵素の活性にも卵胞の発育段階で違いがあることが認められ[18,19]，細胞や組織傷害因子に対する細胞の防御遺伝子を誘導する転写因子の関与[20]，卵母細胞と顆粒膜細胞との情報伝達の阻害[21]など様々な観点から研究が進められている．

VCDの他にも原始卵胞を障害する化学物質として，芳香属炭化水素（aryl hydrocarbon, Ah）に分類される benzo[a]pyrene（BP），3-methylcholanthrene（3-MC），7,12-dimethylbenz[a]anthracene（DMBA）が，知られている．いずれもマウスの原始卵胞を消失させ，さらに，顆粒膜細胞腫を発生させる[22-24]．これらの化学物質は，いずれも，細胞内で転写因子の一種のAh受容体に結合して，代謝酵素を誘導する[25]．さらに，この酵素で自身が代謝を受け，マウスでは活性のある代謝産物が生成され[26,27]，これが原始卵胞を減少させると考えられている．

5. 先天的に原始卵胞の少ない動物

アルキル化剤のブスルファンは細胞分裂を阻害する．胎児の卵巣で生殖細胞が盛んに増殖している時期の母ラットに，ブスルファンを1回だけ腹腔内に注射すると，胎児の卵巣での生殖細胞の分裂が抑制される[28]．ブスルファンの投与量を増減することにより影響の程度を変化させることができるので[29]，卵巣に形成される原始卵胞の数と反応との関係を知ることができる．我々はこのモデルを使って，自然分娩させて得られた雌の出生児について，原始卵胞数の推移や生殖機能の発達，内分泌学的な特性を調べた[30]．結果は図3にまとめて示した．

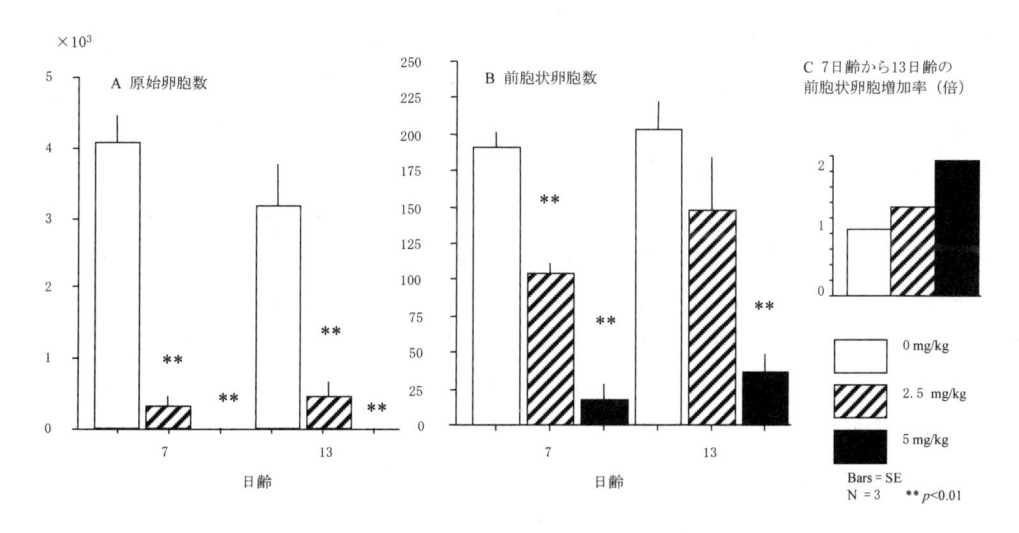

図3 ブスルファン子宮内曝露を受けた雌ラットの幼若期における卵巣で数えられた卵胞数[30]

ラットでは,初めて排卵する時期になると,卵巣が分泌するエストロジェンの作用で膣が開口するので,膣開口の日齢を調べることによって,生殖が可能になる時期（春機発動）を推定することができる.ブスルファンはコーン油に混ぜて動物に投与したので,対照群にはコーン油だけを投与した.ブスルファンをこのように投与すると,これまで他の研究者で報告されているように,投与量に応じて生殖機能の加齢性変化が若齢で認められるようになり,生殖寿命が短縮することを確認した.一方,膣開口日齢の比較から,生殖寿命は短くても,春機発動は正常な時期に訪れ,正常な数を排卵する投与量のあることも明らかになった.

2.で述べたように,種に固有の数だけ排卵できるように卵巣には実際の排卵数より多くの卵胞が発育している.したがって,片側の卵巣がなくなったとしても,残った卵巣が失われた卵巣の機能を代償して破棄されるはずだった卵胞がそのまま発育を続け,片側の卵巣から両側分の数の卵を排卵することができる[4].ブスルファンで原始卵胞が減少しても春機発動が正常であったのは,こうした卵巣の有する代償能が,春機発動の前にすでに成立していたためではないかと考え,ブスルファン投与を受けた妊娠動物から生まれた雌ラットから,幼若期に卵巣を採取してその中の卵胞数を数え,また,血液を採取して健常な発育卵胞の顆粒膜細胞から分泌されるインヒビンとインヒビンによって分泌が抑制されているFSHの各濃度を測定した.卵胞数は,卵巣の連続切片（厚さ6μm）に認められる卵胞の中で,卵細胞に核小体が認められ,そこが卵胞の中心と判断されるものを,卵胞の形態からPederson & Peters (1968)の分類[31]に従って3つに分類して数えた.その結果,春機発動に明瞭な影響が認められなかった投与量でも原始卵胞数は著しく減少していた（図3A）.それに加えて,発育を開始した卵胞（この時期はほとんどが前胞状卵胞）の数が用量に相関して減少し（図3B）,ブスルファンによって原始卵胞が減少すると,前胞状卵胞の数も減少することが明らかになった.一方,7日齢から13日齢までの前胞状卵胞数の増加率を計算すると,ブスルファンの用量が高くなる程大きくなり（図3C）,原始卵

胞数が減少するのに従って卵胞の発育が促進されていた．血中ホルモン濃度を測定すると，それを裏付けるように，卵胞発育を促す FSH の血中濃度がブスルファン投与群で高くなっていた．FSH 分泌を抑制するインヒビンの血中濃度は逆に低くなっていたので，まず新生児期の卵巣で発育を開始する卵胞の数が減少し，血中インヒビン濃度が低下し，それによって，下垂体から大量の FSH が分泌されて卵胞の発育が促されたものと推測された．原始卵胞が減少すると，生殖寿命が短縮する．卵巣の内部では，若齢の時期から少ない原始卵胞を「やりくり」して，性成熟や排卵数に影響が現れないようにしているのかもしれない．加齢した動物の卵巣でも類似した変化が生じることが報告されているが [2, 22, 32]，ブスルファン投与モデルを用いることにより，生殖機能に加齢性変化が生じるメカニズムの一端が明らかになるかもしれない．

6. おわりに

原始卵胞に対する化学物質の影響は不可逆的で，原始卵胞の障害は雌性生殖機能に決定的な影響を及ぼすにもかかわらず，かなり時間が経過しないとそれを認知できない．我々が行ったブスルファンでの実験では，影響が軽微であるほど，変化は遅れて現れた．

また，子宮がんを好発する系統のラットに同様の処置をして，得られた雌の出生児に発がん物質を投与すると，対照群の出生児と比べて子宮がんが若齢で発生してくることが認められている [33]．これは，ブスルファンが子宮がんのきっかけを作ったというよりは，発育卵胞の供給異常によって，内分泌の均衡がくずれたことによると考えられている．また，原始卵胞は生殖工学では貴重な資源でもある．このように原始卵胞のトキシコロジーは，女性の健康維持や生殖資源としての原始卵胞の活用など動物応用科学の新展開に寄与する研究課題であると考えている．

参考文献

1) Baker, T. G. in Germ Cells and Fertilization (eds Austin, C. R. & Short, R. V.) 17-45 Cambridge Univ. Press, (1972).
2) Richardson, S. J., Senikas, V. & Nelson, J. F. Follicular depletion during the menopausal transition : evidence for accelerated loss and ultimate exhaustion. *J. Clin. Endocrinol. Metab.* 65, 1231-1237 (1987).
3) Faddy, M. J., Gosden, R. G., Gougeon, A., Richardson, S. J. & Nelson, J. F. Accelerated disappearance of ovarian follicles in mid-life : implications for forecasting menopause. *Hum. Reprod.* 7, 1342-1346 (1992).
4) Greenwald, G. S. & Roy, S. K. in Reproductive Physiology, vol. 1 (eds Knobil, E. *et al.*) 629-724 Raven Press (1993).
5) Faddy, M. J. & Gosden, R. G. A mathematical model of follicle dynamics in the human ovary. *Hum. Reprod.* 10, 770-775 (1995).
6) Byskov, A. G. in Germ Cells and Fertilization (eds Austin, C. R. & Short, R. V.) 1-16 Cambridge Univ. Press (1972).
7) Johnson, J., Canning, J., Kaneko, T., Pru, J. K. & Tilly, J. L. Germline stem cells and follicular renewal in the postnatal mammalian ovary. *Nature* 428, 145-150 (2004).
8) Zou, K., *et al.* Production of offspring from a germline stem cell line derived from neonatal ovaries. *Nature Cell Biol.* 11, 631-636 (2009).
9) Tilly, J. L., Niikura, Y. & Rueda, B. R. The current status of evidence for and against postnatal oogenesis in mammals : a case of ovarian optimism versus pessimism? *Biol. Reprod.* 80, 2-12 (2009).
10) Mauleon, P., Cinétique de l'ovogenèse chez les mammifères. *Arch. Anat. Microsc. Morphol. Exp.* 56, 125-150 (1967).
11) Collins, J. J., Montali, R. J. & Manus, A. G. Toxicological evaluation of 4-vinylcyclohexene. II. Induction of ovarian tumors in female B6C3F1 mice by chronic oral administration of 4-vinylcyclohexene. *J. Toxicol. Environ Health* 21, 507-524 (1987).
12) Collins, J. J. & Manus, A. G. Toxicological evaluation of 4-vinylcyclohexene. I. Prechronic (14-day) & subchronic (13-week) gavage studies in Fischer 344 rats and B6C3F1 mice. *J. Toxicol. Environ. Health* 21, 493-505 (1987).
13) Smith, B. J., Carter, D. E. & Sipes, I. G. Comparison of the disposition and *in vitro* metabolism of 4-

vinylcyclohexene in the female mouse and rat. *Toxicol. Appl. Pharmacol.* **105**, 364-371 (1990).
14) Smith, B. J., Mattison, D. R. & Sipes, I. G. The role of epoxidation in 4-vinylcyclohexene-induced ovarian toxicity. *Toxicol. Appl. Pharmacol.* **105**, 372-381 (1990).
15) Kao, S. W., Sipes, I. G. & Hoyer P. B. Early effects of ovotoxicity induced by 4-vinylcyclohexene diepoxide in rats and mice. *Reprod. Toxicol.* **13**, 67-75 (1999).
16) Thompson, K. E., Sipes, I. G., Greenstein, B. D. & Hoyer, P. B. 17beta-estradiol affords protection against 4-vinylcyclohexene diepoxide-induced ovarian follicle loss in Fischer-344 rats. *Endocrinology* **143**, 1058-1065 (2002).
17) Cannady, E. A., Dyer, C. A., Christian, P. J., Sipes, I. G. & Hoyer, P. B. Expression and activity of cytochromes P450 2E1, 2A, and 2B in the mouse ovary : the effect of 4-vinylcyclohexene and its diepoxide metabolite. *Toxicol. Sci.* **73**, 423-430 (2003).
18) Flaws, J. A., Salyers, K. L., Sipes, I. G. & Hoyer, P. B. Reduced ability of rat preantral ovarian follicles to metabolize 4-vinyl-1-cyclohexene diepoxide in vitro. *Toxicol. Appl. Pharmacol.* **126**, 286-294 (1994).
19) Cannady, E. A., Dyer, C. A., Christian, P. J., Sipes, I. G. & Hoyer, P. B. Expression and activity of microsomal epoxide hydrolase in follicles isolated from mouse ovaries. *Toxicol. Sci.* **68**, 24-31 (2002).
20) Hu, X., Roberts, J. R., Apopa, P. L., Kan, Y. W. & Ma, Q. Accelerated ovarian failure induced by 4-vinyl cyclohexene diepoxide in Nrf2 null mice. *Mol. Cell. Biol.* **26**, 940-954 (2006).
21) Fernandez, S. M. *et al.* Involvement of the KIT/KITL signaling pathway in 4-vinylcyclohexene diepoxide-induced ovarian follicle loss in rats. *Biol. Reprod.* **79**, 318-327 (2008).
22) Krarup, T., Pederson, T. & Faber, M. Regulation of oocytes growth in the mouse ovary. *Nature* **224**, 187-188 (1969).
23) Mattison, D. R. & Thorgeirsson, S. S. Smoking and industrial pollution, and their effects on menopause and ovarian cancer. *Lancet* **1** (8057), 187-188 (1978).
24) Jull, J. W. Ovarian tumorigenesis. *Methods Cancer Res.* **7**, 131-156 (1973).
25) Mattison, D. R. & Thorgeirsson, S. S. Gonadal aryl hydrocarbon hydroxylase in rats and mice. *Cancer Res.* **38**, 1368-1373 (1978).
26) Mattison, D. R., West, D. M. & Menard, R. H. Differences in benzo(a)pyrene metabolic profile in rat and mouse ovary. *Biochem. Pharmacol.* **28**, 2101-2104 (1979).
27) Borman, S. M., Christian, P. J., Sipes, I. G. & Hoyer, P. B. Ovotoxicity in female Fischer rats and B6 mice induced by low-dose exposure to three polycyclic aromatic hydrocarbons : comparison through calculation of an ovotoxic index. *Toxicol. Appl. Pharmacol.* **167**, 191-198 (2000).
28) Hirshfield, A. N. Relationship between the supply of primordial follicles and the onset of follicular growth in rats. *Biol. Reprod.* **50**, 421-428 (1994).
29) Gray, L. E. in Comprehensive Toxicology, vol. 10, Reproductive and endocrine toxicology (eds Boekelheide, K., Chapin, R. E., Hoyer, P. B. & Harris, C.) 329-338 (Elsevier Science 1997).
30) Shirota, M. *et al.* Effects of reduction of the number of primordial follicles on follicular development to achieve puberty in female rats. *Reproduction* **125**, 85-94 (2003).
31) Pederson, T. & Peters, H. Proposal for a classification of oocytes and follicles in the mouse ovary. *J. Reprod. Fertil.* **17**, 555-557 (1968).
32) Meredith, S. *et al.* Unilateral ovariectomy increases loss of primordial follicles and is associated with increased metestrous concentration of follicle-stimulating hormone in old rats. *Biol. Reprod.* **47**, 162-168 (1992).
33) Yoshida, M., Watanabe, G., Shirota, M., Maekawa, A. & Taya, K. Reduction of primordial follicles caused by maternal treatment with busulfan promotes endometrial adenocarcinoma development in donryu rats. *J. Reprod. Dev.* **51**, 707-714 (2005).

11 動物は色や形をどのように見ているのか？
その行動学的アプローチ

田中 智夫（麻布大学）

　動物は，環境から来る様々な刺激のうち，それぞれの種がその種にとって必要な範囲のものだけを情報として処理するように進化してきた．したがって，同じ地球環境に生息していても，感じ取っている刺激は種ごとに異なる．本章では，特に視覚に焦点を絞り，イヌや産業動物などヒトの身近にいる動物たちを例に，彼らの多くが実は色の区別が可能なことを示した実験例や，ヒトと同様の方法で測定した動物の視力値などを紹介して，彼らがどのようにものを見ているのかを考察する．

キーワード：視覚特性，色覚，視力，認知

1. はじめに

　地球上には様々な動物種が生息しており，それぞれが環境から来る無数の刺激にさらされている．しかし，例えばイヌが，我々人間が感知できないような高周波音を聞き分けたり，あるいはかすかな匂いを感じとる能力を持っていることや，ヘビは人間には見えない赤外線を感知して獲物を捕らえていることからも分かるように，同じ環境に住んでいても，それぞれの種が持つ感覚器の能力によって，実際に感じ取って情報処理している刺激の範囲は大きく異なっている．

　家庭でイヌを飼っている場合など，ヒトと同じ環境にいるイヌが，ヒトと同じように音を聞き，ものを見ているというふうについ思いがちであるが，彼らは我々と異なる感覚能力を持っていることを忘れてはならない．

　本章では，動物の感覚機能のうち特に視覚について，行動学的知見から得られている情報を紹介する．

2. 色覚

　動物の目の能力，視覚について，まず色覚についてみると，最近まで一般には，霊長類を除くほとんどの哺乳類は色覚を持たない，すなわち白黒の世界に住むと考えられていた．ところが，文献的に調べてみると，1960年代には，いくつかの哺乳類が色彩感覚を持つということがすでに報告されている[1]．その後にも，夜行性でない哺乳類はすべて程度の差こそあれ，何らかの色覚を持つことを示唆するような論文も発表されている[2]．しかし，明暗に関係する桿状体細胞と波長に関係する錘状体細胞がどの動物の目にどのように存在しているか，などというような論文を一般の人が見ることも少ないと思われ，また，上述の論文の内容にも不明確な部分もあり，一般には，多くの動物は色覚を持たないと考えられていたようである．したがって，例えばイヌについても，書店のペットコーナーに置いてあるいくつかの書籍にも「イヌは色が見えない」というようなことが書かれている

ものが多い．また，テレビの動物番組でも，イヌのプロを自認するような方が同じようなことを言ったりすることもある．ところが，イヌだけでなく多くの身近な動物たちが色覚を有していることが，筆者らを含め，多くの実験で明らかになってきている．

古くは，闘牛のウシがはためく赤い布に対して興奮するのは，赤い色が血の色だからだとか，いや色は見えないので単に動きに反応していているだけだ，それが証拠に，白い布を振ってもウシは反応した，などと議論されたことがあった [3,4]．その後も，色に対するウシの反応に関する論文がいくつか発表された [5,6] が，日本でも，色と餌とを関連づけたオペラント条件づけ学習を応用して，ウシが三原色を見分けることができるという論文が発表された [7]．具体的には，例えば赤のパネルの方に行けば餌が食べられる，ということを覚えさせてから，二股迷路で赤と他の色とのどちらを選ぶか，という方法で明度や彩度が同じで色相だけが異なる三原色を区別できた，というものである．もちろん，左右は無作為に変えた上，餌の匂いの影響をなくすような方法が採られた上で実験されている．

同じ頃，筆者らも同様の興味を持っていたので，ウシに色が分かるならヒツジではどうなのかと考えて，ウシと同様の方法を用いて実験した．その結果は，やはりヒツジも三原色が見分けることができた [8]．そこで，草を主食とする彼らが微妙な草の色まで見分けられるのか，という疑問から黄色と青からそれぞれ徐々に緑に近づけていく数種類のパネルを作成し，それらと緑をどこまで識別できるのか，といった実験を行ったところ，ヒツジは我々が見ても瞬時には区別がつかない程度の微妙な色の違いまで識別できることが分かった [9]．このことから，おそらく彼らは草を選択する際に，色も情報の一つとしてとらえていると思われる．なお，こういった実験で用いた色パネルは，紙と塗料の専門業者に明度や彩度が同じで色相だけが異なるという条件のもとに特注で作ってもらったもので，もし，色覚がない目で見れば，どれもが同じ灰色に見える，という想定のもとで行われている．

次に筆者らが実験したブタは，まず三原色の識別の実験を行ったところ，青は同じ明度の灰色とはっきりと識別することができたが，緑はそれが困難で，赤はほとんどできない，という結果が得られた [10]．青と緑，青と赤の違いも識別できたが，緑と赤は識別できなかった．そうなると，この色覚の特徴はイノシシの時代からのものなのか，あるいは家畜化されたブタ特有のものなのか，ということが知りたくなった．そこで，イノシシの子供，ウリボウを手に入れて訓練し同様に実験をしたところ，やはりブタと同様の特徴が見られた．これは，ヒトにおいて黎明期や薄暮期には，青が最も判別が容易な色であることが知られているのと同様に，もともとイノシシが，夜明けや日暮れの前後に活発に行動する動物であることから，青を中心とした色に対する感覚が発達したものと解釈している [11]．

イヌについても，筆者らが行った実験において，三原色のすべてを見分けることができることが明らかになった [12]．しかし，ヒトがいわゆる三原色の3色性色覚であるのに対して，イヌは赤は見えにくい2色性色覚であることが解剖学的に分かっている [13,14] ので，ヒトと同じように見えているとは言えないかもしれないが，少なくともこれらの色の識別は可能であるといえる．

イヌが色を識別できるということが明確になったので，盲導犬に信号機の色の意味を教

えれば，利用者にとってより安全になるのでは，と考えた．そこで（財）日本盲導犬協会に尋ねてみたところ，協会の方もイヌは色の識別ができない，と考えておられたようで，少なくともイヌの訓練において，イヌに信号の判断をさせる，というようなことはやっていないとのことであった．盲導犬は，通常は利用者，つまり目の不自由な方が周囲の音などから判断して，GO か STOP かをイヌに指示している．多くの交差点では，信号が青の時に，それぞれの方向で異なる音楽が鳴るようにはなっているが，それがない場所もあれば，その音があっても大きな騒音によって聞き取りにくい，というような場合もあると思われる．そんなときには，利用者が五感を澄ませて判断することになるが，そこにイヌ自身も信号の識別ができれば，安全性は高まるはずである．信号機は，青と赤の位置が上下あるいは左右で決まっているし，さらには電気までつくわけだから，それをイヌに覚えさせるのは，先にやった実験のような，左右どちらにあっても教えられた色パネルを同明度の他の色パネルと区別して選ぶ，という課題よりははるかに簡単と思われた．実際に，横断歩道で使われる信号機を手に入れて，はじめはイヌの目の高さにおいて，青なら GO，赤なら STOP の訓練を始めた．まずはその信号機に注目するようにヒトが介入しながら，うまくいったときには撫でながら小さな餌を与えてほめてやり，失敗したときには軽く叱る，ということを繰り返して，ほぼ信号機の色と GO または STOP との関係が理解できたところで，徐々に信号機の高さを上げていって，最終的には本来の高さで，距離も実際の道路を想定して数メートル隔てた位置から判断させる，ということに成功した．この結果は，ゴールデン・レトリーバー1 頭のみのデータではあったが，NHKニュースで取り上げられ，NHK・BS の英語ニュースでも流されたので，海外からも問い合わせが来るなど，しばらくは反響を呼んだ．

なお，文献的にはネコやウマにおいても灰色と赤，青，緑，黄の 4 つの色との識別が可能なことが報告されている [15,16]．

3. 視力

次に，動物の目の解像度，視力という点ではどのくらいなのか，という実験も行われている．これは，色覚の場合と同様に，条件づけされた刺激の弁別学習で行ったが，刺激はヒトの視力検査を応用して用いている．つまり，ヒトの視力検査の場合は，通常 5 m 離れた位置からランドルト環と呼ばれるＣの字型の図形を見て，その切れ目の位置を上下左右で答えて視力を測定するが，この方法では，切れ目の大きさと距離から次の計算式によって視力値が求められる．

すなわち，$s = (7.5/p) \times (n/5)$，$Fk = (1.5/s) \times (n/5)$ となり，このとき s が視力値，Fk はランドルト環の幅(mm)，p はランドルト環の外径(mm)，n は測定距離 (m) となる [17]．このランドルト環の切れ目が判別できなくなるというのは，切れ目がつながって円形に見えてしまう，ということである．そこで，動物の場合は円形なら餌がもらえるが，切れ目があればもらえない，ということをまず学習させた後，ある距離から同じ大きさの円とランドルト環を識別させる．そして徐々に図形の大きさを小さくしていく，あるいは距離を長く取っていって，識別できなくなった時点の大きさとそのときの距離から視力値

を求める，という方法がとられる．筆者らを含めいくつかの家畜で調べられた結果をまず述べると，ウシが 0.05-0.1 程度[18,19]，ヒツジは 0.1-0.2 程度[20]，ブタはもう少し低くて 0.02-0.07 程度であった[21]．ブタについては，筆者らの論文を参考にして，2008 年に新たな論文が発表された[22]が，そこに示された視力値は筆者らのデータとほぼ同様で，筆者らも確認したとおり[23]，暗いところでは視力が落ちることも報告されている．このような値を見ると，「動物はずいぶん目が悪いんだな」と感じるかもしれないが，彼らは新聞の小さい字を読むわけではなく，まして「未」という字と「末」という字では上下の横棒のどちらが長いか，などということは全く必要ない．それよりも，遠くにいて自分をねらっている肉食獣の動きが感知できる，という方がよほど大事なことであり，それぞれの種がそれぞれに応じて適応的に進化してきた結果といえよう．一般に，草食動物のように目が顔の横についている動物は視野が広く，自分の体の真後ろ以外は見えているような，300 度前後の視野を持つものが多い．また，動くものを感知する能力も優れているが，その一方で目の前のものの細かな解像度という点では劣っている．例えば，野生の羊は 1 km 離れたところにいる敵の動きを感知できることが知られている[24]．

　ではイヌの視力はどうかというと，彼らはもともとオオカミが家畜化されたものなので，すなわち狩りをする動物である．狩りをするためには，目の前の獲物を見据えて距離をとらえる必要があるので，目は草食動物に比べて比較的顔の正面に並んで付いている．したがって，視力もウシやヒツジ，ブタなどと比べると比較的よく，筆者らが柴犬 3 頭で調べた結果では，0.24-0.33 という値が得られている[25]．これが，イヌにとってどれくらいの意味をもつのか，ということは正直なところ正確には答えられないが，目に限らず彼らが持つ感覚器官の機能をまずはヒトと比べてどの程度のものか，という点からとらえることが彼らを知る，ひいては彼らとよく共生していく第一歩といえよう．例えば，前述した草食動物など視野は広いが両眼視できる幅が狭くて，いわゆる視力が低い動物というのは，ものの深み，奥行きの感覚がヒトよりも鈍いということが言える．したがって，ヒトが気にならないようなちょっとした影でも怖がる，というようなことが起こる．例えば，ウシやブタで次のようなことが知られている．すなわち，天候や時間帯によって，いつも通る通路でも嫌がってすんなりと通ってくれないことがあるが，その理由がはじめは分からなかった．しかし，よく観察すると，嫌がるときは天気のいい日でちょうど通路に柵の影ができて縞模様になる．そのときに通りたがらないようだということが分かり，実験的に通路に影を作ったり，床に縞模様を書いたりして，そのことが確かめられた．つまり，その動物たちは床の縞模様が平坦ないつもの通路にできた単なる影なのか，あるいは深さのある溝ができているのかの判断が困難になって，それを通りたがらない，ということが明らかにされた．このように，彼らの感覚の機能をよく知った上で，管理に役立てることが大切である．

4. 視覚による認知

4.1 図形の弁別

　前述の視力測定において，同じ大きさの円とランドルト環を弁別させるという方法を用

いた．これは，供試した動物が類似の図形を見分けることができる，ということを前提にした実験方法であり，結果的にはウシ，ヒツジ，ブタ，イヌのすべてにおいて，この方法による視力測定が可能であった．

このような，類似の図形の弁別能力については，Baldwin[26, 27]が詳細な研究を行っている．それによると，三角形と四角形の弁別や，同じ図形を90度回転させた図形の弁別など，十数種類に及ぶかなり難度が高いと思われる課題を提示したところ，ヤギ，ヒツジおよびウシのいずれもがほとんどの課題をクリアしたことが報告されている．

筆者らも，柴犬を対象に同サイズの三角形，四角形，および円形の弁別実験を行い，これらの識別が可能であったことを報告した[28]．

4.2 ヒトの顔の認知

我々人間は，優れた顔認知能力を持っている一方で，ヒト以外の動物の顔を見分けるのは比較的困難である．これは，顔認知の種効果とよばれ，ヒトの顔は容易に見分けられても，例えば同品種のイヌを並べられた場合にその顔の区別は難しい，といったようなことである．これは，チンパンジーやリスザルなどの霊長類においても同様で，同種の顔の見分けはできても，他種の顔は見分けにくいようである．

一方で，飼育されている動物が管理者を見分けていることは経験的にも知られているが，この場合，視覚以外の要因，例えば匂いなどは大きな影響を及ぼしていると考えられる．視覚情報としても，体格や服装，動きなどが異なれば，動物にもその区別は容易であろう．そこで，これらの要因を排するようガラス越しに顔だけを見せたり，顔写真を用いての弁別実験がいくつかの動物で行われている．それらの実験から，ウシやヒツジ，ブタにおいてもある程度ヒトの顔を識別することができ，その際には目の位置やその他の配置など複数の情報を手がかりとしているであろうことが報告されている[29]．筆者らがイヌで行った同様に実験においても，男性と女性や，長髪と短髪など明らかな相違がある場合には容易に見分けるが，同性で髪型も似ている場合などでは識別が困難であるとの結果が得られている[30]．

4.3 数的概念

京都大学霊長類研究所で長く研究されているチンパンジーのアイとその息子のアユムが，かなり高度の知能をもつことはテレビなどでも紹介されており，一般にもよく知られている．例えば数の大小のような概念に関しても，具体的なものの数ばかりでなく，数字の意味するところといったような抽象的な概念も十分に形成されるようである．しかし，ヒトとのつきあいが最も古く，また今でも最も身近なコンパニオンアニマルであるイヌは，俗には頭がいいとか賢いなどとは言われているが，ものをどのように認知しているのかといったことや数の概念があるのか，というようなことに関してはこれまであまり調べられていない．

筆者らは先に，ブタがものの数をある程度数えられるのではないかと考えて，実験を行ったことがある．このときは，前述の色が識別できるか，という実験の際に正解したときの報酬として，幼児用の卵ボーロを5粒与えていたのだが，ある時，たまたま4粒しか出ないことがあった．そのときに，ブタがうろうろと最後の一粒を探すような仕草を見せた．

あのように小さなボーロが4つでも5つでも，食欲を満たすか，という点においては大差がないはずだが，ともかく探しているように見えた．そこで，その後の実験で，時々わざと報酬を4粒にすると，やはり同じような行動が見られた．これはブタが4と5の違いを分かっているに違いないと考えて，改めて実験を行った．その方法は，これまでの色や視力の実験と同様に二者択一の弁別法であったが，このときはパネルにドットを書いて，ドットの数を1つ，2つ，3つ，というふうにして，またそれを図形として認識させないために，いずれの数においてもドットの位置や大きさを様々に変えて1つの数値について30種類のパネルを作成した．そして，例えば3のほうに行けば餌が食べられるがそれ以外の数のほうは食べられない，というようなやり方で実験を進めたのだが，まずなかなかこの方法の学習が困難でし，ようやく1頭だけ実験にこぎ着けた．しかし，この個体も何とか3と2は見分けたのだが，3と4になると分からない，というような結果であった．なお，この結果はたった1頭であり，論文としては発表していない．しかし，ボーロでは4粒と5粒が違うということが理解できたのに，ドットの数では分からないというのはいかにも豚らしいのかもしれない．このときの報酬もボーロだったのだが….

　そして，イヌで同様の方法で行ったところ，柴犬4頭を訓練して，4頭ともが手順の学習が成立し，実験できた．もちろん，そうすんなりとできたわけではなく，個体それぞれで性格や能力に差があるので，かなりの時間と実験者の根気強さが必要であったが，ともかく何とかデータを取ることができた．その結果は，1頭が5まで，2頭が7まで，そして1頭は8まで，1つあるいは2つ違いのパネルを見分けることが可能であった．3〜4個のドットであれば，我々も見た瞬間にどちらがどうだ，ということは分かるが，7〜8個のドットになると，それぞれランダムに書かれたパネルの比較では，瞬時にはどちらがどう，ということは困難で，コンマ何秒あるいは1〜2秒を要したが，イヌは見た瞬間に判断してそちらに向かっていった．したがって，数えている，と言うよりは直感で違いを把握しているように思われたが，いずれにせよ，かなり高い能力があることが明らかとなった[31]．すなわち，彼らは視覚的に捕らえたドットを，図形としては異なっていても同じ数のものは同じ意味であることを理解する能力は備えているものと思われる．

5. おわりに

　動物の感覚能力については，知られているようで意外に知られていないことが多い．前述したように，つい最近まで，あるいは今でも多くのヒトは，イヌは色覚を持たないと考えていたのである．感覚器の形態や機能など，解剖生理学的な知見はもちろん重要であるが，動物が実際にどのようにものを見たり，どのように音を聞いたりしているかを，動物の行動から検討することも同等に重要である．このような研究がさらに進み，動物が環境をどのように認知しているのかを理解することが，彼ら動物とヒトとがより良好な関係を結ぶ基本的事項のひとつと言っても過言ではないだろう．

参考文献

1) Dücker, G. Colour-vision in mammals. *J. Bombay Natur. Hist. Soc.* **61**, 572-586 (1964).
2) Jacobs, G. H. The distribution and nature of colour vision among the mammals. *Biol. Rev.* **68**, 413-471 (1981).
3) Stratton, G. M. The color red, and the anger of cattle. *Psychol. Rev.* **30**, 321-325 (1923).

4) Riol, J. A., Sanches, J. M., Eguren, V. G., & Gaudioso, V. R. Colour perception in fighting cattle. *Appl. Anim. Behav. Sci.* **23**, 199-206(1989).
5) Dabrowska, B. *et al.* Colour perception in cows. *Behav. Proc.* **6**, 1-10(1981).
6) Gilbert, B. J. Jr. & Arave, C. W. Ability of cattle to discriminate among different wavelengths of light. *J. Dairy Sci.* **69**, 825-832(1986).
7) Entsu, S. Discrimination between a chromatic colour and an achromatic colour in Japanese Black cattle. *Jpn. J. Zootech. Sci.* **60**, 632-638(1989).
8) Tanaka, T. *et al.* Color discrimination in sheep. *Jpn. J. Livest. Management* **24**, 89-95(1989).
9) Tanaka, T., Sekino, M., Tanida, H. & Yoshimoto, T. Ability to discriminate between similar colors in sheep. *Jpn. J. Zootech. Sci.* **60**, 880-884(1989).
10) Tanida, H. *et al.* Color discrimination in weanling pigs. *Anim. Sci. Technol. (Jpn.)*, **62**, 1029-1034(1991).
11) Eguchi, Y., Tanida, H., Tanaka, T. & Yoshimoto, T. Color discrimination in wild boars. *J. Ethol.* **15**, 1-7(1997).
12) Tanaka, T., Watanabe, T., Y Eguchi, & Yoshimoto, T. Color discrimination in dogs. *Anim. Sci. J.*, **71**, 300-304(2000).
13) Neitz, J., Geist, T. & and Jacobs, G. H. Color vision in the dog. *Visual Neuroscience*, **3**, 119-125(1989).
14) Jacobs, G. H., Deegan, J. F., Crognale, M. A. & Fenwick, J. A. Photopigments of dogs and foxes and their implications for canid vision. *Visual Neuroscience*, **10**, 173-180(1993).
15) Mello, N. K. & Peterson, N. J. Behavioral evidence for color discrimination in cat. *J. Neurophysiol* **27**, 323-360(1964).
16) Snith, S. & Goldman, L. Color discrimination in horses. *Appl. Anim. Behav. Sci.*, **62**, 13-25(1999).
17) 萩原 朗・若林 勳・下中邦彦 編:世界大百科事典第15巻. 478-479. 平凡社. 東京(1973).
18) Entsu, S., Doi, H. & Yamada, A. Visual acuity of cattle by the method of shape discrimination learning. *Appl. Anim. Behav. Sci.* **34**, 1-10(1992).
19) 萬田正治・山本幸子・黒肥地一郎・渡邉昭三:行動学的手法で測定した牛の視力値. 日本家畜管理研究会誌 **29**, 55-60(1993).
20) Tanaka, T., Hashimoto, A., Tanida, H., & Yoshimoto, T. Studies on the visual acuity of sheep using shape discrimination learning. *J. Ethol.* **13**, 69-75(1995).
21) Tanaka, T., Murayama, Y., Y Eguchi, & Yoshimoto, T. Studies on the visual acuity of pigs using shape discrimination learning. *Anim. Sci. Technol. (Jpn.)* **69**, 260-266(1998).
22) Zonderland, J. J., Cornelissen, L., Wolthuis-Fillerup, M. & Spoolder, H. A. M. Visual acuity of pigs at different light intensities. *Appl. Anim. Behav. Sci.* **111**, 28-37(2008).
23) Tanaka, T., Murayama, Y., Y Eguchi, & Yoshimoto, T. Studies on the visual acuity of pigs under low light intensity. *Jpn. J. Livest. Management* **34**, 57-60(1998).
24) Geist, V. Mountain Sheep: A Study in Behavior and Evolution. 383. University of Chicago Press. Chicago. (1971).
25) Tanaka, T. *et al.* Studies on the visual acuity of dogs using shape discrimination learning. *Anim. Sci. J.* **71**, 614-620(2000).
26) Baldwin, B. A. Operant studies on shape discrimination in goats. *Physiol. Behav.* **23**, 455-459(1979).
27) Baldwin, B. A. Shape discrimination in sheep and calves. *Anim. Behav.*, **29**, 830-834(1981).
28) 齋藤通子・伊藤秀一・植竹勝治・江口祐輔・田中智夫:中小家畜を対象としたオペラント行動解析システムの試作と柴犬を用いた有効性の検討. 日畜会報 **79**, 67-72(2008).
29) 木場有紀・谷田 創:家畜はヒトを識別しているのか?-ヒトと家畜との相互作用-. ヒトと動物の関係学会誌 **3**, 72-78(1999).
30) 東海林由季・石川圭介・江口祐輔・植竹勝治・田中智夫:ヒトの顔画像を用いたイヌの弁別学習. 日本畜産学会第102回大会講演要旨(2003).
31) Kobayashi, M. & Tanaka, T. Studies on numerical cognition in dogs. *Proc. 33rd Int. Cong. Int. Soc. Appl. Ethol.*, (Lillehammer, Norway), 155(1999).

12 シカの生態学の展開:「リンク学」の提唱

高槻 成紀（麻布大学）

　本書には様々な動物応用科学研究の事例が載っている．生物の基本は個体であり，個体は器官でできており，それ以下の小さな単位について，それぞれについての研究がある．分子生物学はミクロ生物学の代表格だが，それよりもミクロな研究もある．一方，私が研究している生態学は，個体よりも上位な生物現象を解明しようとする．例えば，個体がどういう動きをするか，個体同士がどういう関係にあるか，個体の集まりである個体群はどういう数の変動をするのか，ある種と他の種とはどういう関係をもっているか，ある土地と生物群集との関係はいかなるものかなどを研究対象とする．この章では，このような背景から，私自身が取り組んできたニホンジカの研究を紹介しながら，それを動物応用科学として位置づけることを試みたい．

1. はじめに

　近年，日本列島ではニホンジカの数が増えて，マスコミなどで紹介されるのを見聞きした人も多いはずである．なかには実際に見たことのある人もいるかもしれない．だが，私が子供の頃，シカを見たなどという話は聞いたことがなかった．私が大学生になり，研究者を志したのは1970年代だが，その頃でもシカは珍しい動物だった．私は東北大学の3年生のときに宮城県の金華山という島に行き，そこでシカをみて，「日本にこんな野生動物が本当にいるんだ」と感激し，「こういう動物を研究できたらどんなにすばらしいだろう」と思って研究に着手し，現在にいたっている．その頃，日本各地でシカが増えて問題になるなどという状況は全く予想できなかった．

　そのこと自体が示すように，私がシカ研究を始めたのは，人間との関係について研究するのによい対象動物だと考えたからではない．むしろ生物現象として，人間とは無関係に展開されている，シカと植物群落との関係を解明したいという知的欲求によるものであった．しかし，結果としてはシカという動物は人間と野生動物との関係を考える上でまたとない研究対象であった．そのことを本章で説明し，同時に今後の研究の展開を展望したい．

2. シカとはどういう動物か

　ニホンジカはシカ科に属し，東アジアに分布する．シカの仲間はこのほかにもたくさんおり，ユーラシア，南北アメリカにもいるが，アフリカにはいない．熱帯から温帯，一部には寒帯にまで生息するが，乾燥地帯にはいない．多くの種ではオスに角があり，シカといえば枝角（アントラー）がイメージされる．この角はウシなどの洞角（ホーン）が生涯生え替わらないのと違い，数カ月で伸びて完成し，骨化したあと，頭から落ちる．また基本的に枝角をもつ．

　ニホンジカ（以下誤解がない限り単にシカ）は中型のシカで，オスは80kgほど，メスは50kgほどになるが，大きさは地域によりかなりのばらつきがある．オスの枝角は枝が

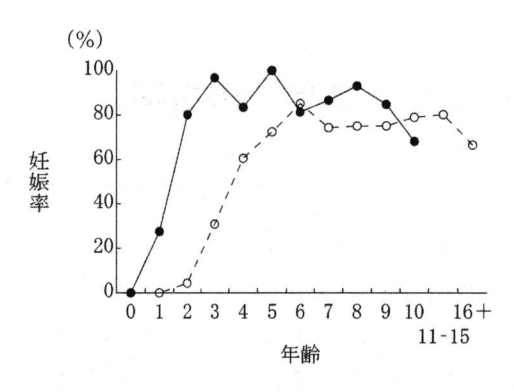

図1 ニホンジカ（●）とニホンカモシカ（〇）の年齢別妊娠率（高槻, 2006 より）

4本ある．シカは毎日乾物で 1.5 kg ほどの植物を食べる．

またシカは群れる性質をもつ．ニホンカモシカは同じ反芻獣であり，シカよりもやや小さいが（体重が 40 kg ほど），基本的に共通点が多い．ただし，いくつかの違いがある．その中でも特に重要なのは，カモシカはナワバリをもっていて，1 頭 1 頭が一定の距離を保ちながら暮らしているという点である．これはカモシカの行動学的あるいは心理学的なことが原因であり，そのために，結果としてはカモシカの密度は数頭/km² 以下となる．これに対してシカはそのような抑制を持たない．基本的には数頭のメスが小さな群れを形成して生活しているが，見通しのよい場所ではそのような小群が集まって十数頭，あるいは数十頭の大きな群れを形成する．その結果，食料条件さえよければ，シカは高密度になり，1 km² に数十頭が暮らすこともある．積雪地方では山の上に雪が積もると，シカはしかたなく低い場所に降りてくるが，そういう場合には密度は 100 頭/km² を越えることがあり，食物がなくなって樹皮を剥いだり，枯草を食べたりすることになる．

繁殖特性をみてもシカとカモシカには違いがある．カモシカのメスは 3 歳くらいから妊娠するようになり，それ以降は 70% くらいの妊娠率となる（図1）．これは 1 頭あたりでいえば 3 年に一度は「休む」ということである．しかしシカでは 2 歳から妊娠するようになり，その後はほぼ全部のメスが妊娠する（図1）．初期妊娠は栄養状態によって変動があり，食糧事情のよい生息地の集団の場合，しばしば 1 歳でも妊娠する．

次にシカとカモシカの全国分布をみると，シカが北海道から屋久島にいたる広範囲に分布しているのに対して，カモシカは本州から九州の落葉広葉樹林に限定されていることが判る（図2）．

この違いは地史と古生物学を考えなければならない．ニホンカモシカの近縁種にはタイワンカモシカ，スマトラカモシカなどがおり，その分布を考えると，このグループは暖かい地方の動物であり，ニホンカモシカはその北限種であるといえる．しかし津軽海峡（ブラキストン線）を越えることはなかった．これに対してニホンジカはこれより北にも生息し，日本列島には「北グループ」と「南グループ」があることが遺伝学的にも証明されており，北グループは落葉広葉樹林帯に，南グループは常緑広葉樹林帯に適応的であると考えられる．

もうひとつ重要な違いは雪との関係である．カモシカの分布は落葉広葉樹林と対応しているが，同時に多雪地とも大きく重複している．これに対してシカの場合，積雪が 2 m を越えるような場所にはほとんど生息しない（ただし北海道ではその限りではない）．

カモシカはがっちりした四肢と体重の割に大きな蹄をもち，副蹄が発達しているから，積雪に耐性があるものと思われる．これに対してシカの蹄は小さく，雪の中では沈んでし

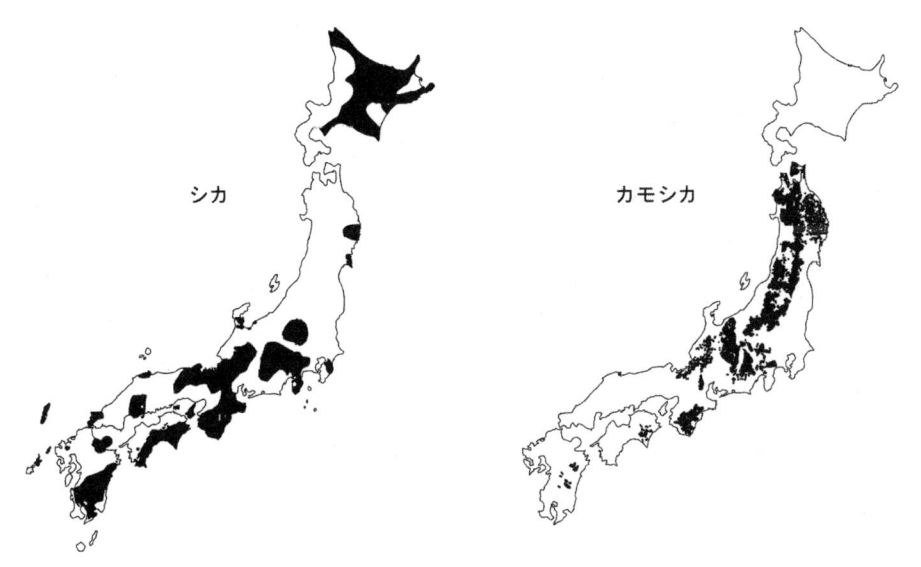

図2 シカ(左)とカモシカ(右)の分布
(カモシカは環境省資料，シカは森林総合研究所資料より)

まうため，多雪地に生息するのは不利となる．かつて広く分布していた東北地方で分布が非常に限定的なのは，大雪の冬に人によって穫り尽くされたためである．

カモシカは森林にすみ，しばしば急峻な地形の場所にいる．カモシカはウシ科に属すが，ウシ科というのは大きなグループで，大きくいってウシの仲間とヤギ・ヒツジの仲間に分けられる．ヤギ・ヒツジの仲間は岩場のような環境に暮らすものが多いが，これは，食糧事情は悪いが捕食者から逃れやすいという利点があるためと思われる．実際，アイベックスやシロイワヤギなどはきわめて険しい地形の岩場にすみ，驚異的なジャンプ力や着地能力によって捕食者から逃げることができる．ニホンカモシカにも多少そのような性質をかいま見ることができ，下北半島の海岸の岩場にいるなどはそのような性質によるものと思われる．一方，平地の草原的な場所や田園地帯には基本的にいない．

これに対して，シカの場合は森林にもいるが，草原的な環境にも暮らすことがある．そういう場所のほうが植物が豊富であるから，シカはむしろ好んで生息する．地形の急峻な場所にも生息するが，基本的にはなだらかな地形を好み，平地にもいる．

また食性も違い，カモシカはより良質の植物を選択的に食べる傾向がある．東北地方での事例では冬にはヒメアオキ，イヌツゲなどの常緑低木をよく食べるが，大量にあるササはほとんど食べない．これに対してシカは食性の幅が広く，有毒植物や不快な味や匂いのする植物以外なら何でも食べる．特に常緑で大量にあるササは冬によく食べる．

3. 人間との関係：植生遷移と動物との対応

それではシカとカモシカのこのような違いは人間との関係でどういう意味をもっているのだろうか．

考古学の研究により，旧石器時代や縄文時代の遺跡から出土した動物の骨が分析されて

いる．これによると，骨の大半はシカとイノシシで，カモシカはほとんど出てこない．ここではイノシシには触れないが，カモシカの出土が少ないのは，カモシカは人間の居住環境にはほとんどいなかったということを示唆する．人は山地帯から丘陵地にすみ，規模の大小はあるが，周囲の植生に影響をおよぼしながら暮らしていた．森林は伐採されたり，失火によって失われ，明るい藪のような群落が出現し，人はそれを刈り取るなどして森林に移行しないように働きかけたはずである．そういう場所にはノウサギやモズなど，里山の動物といわれる動物がすむ．こうした群落は植生遷移でいえば，二次遷移の初期段階の群落といえる．その特徴は種の多様度が高く，生産性が非常に高く，植物の開花率が高いため，果実生産もよく，秋になれば枯れるので，一年間のバイオマス変動が大きいなどの特徴がある．

　また野生動物の環境という意味でいえば，森林よりも見通しがよい．こういう空間はカモシカには好ましくなく，シカには都合がよい．そのことが遺跡の出土に反映していたものと考えられる．

　その後の農耕社会はシカやイノシシ，あるいは害鳥や害虫との闘いであった．農民は大変な努力によって，シカやイノシシの侵入を防ぐために「シシ垣」とよばれる土塁や石垣を築いた．

　日本の農民はきわめて勤勉であった．暇があれば雑草を抜き，雑木林に出かけては柴刈りをし，ナラなどの木を切って炭を焼いた．高温多湿な日本の夏は植物の旺盛な生育を約束し，植生遷移は急速に進む．日本の農民はこの遷移を食い止めることに多大なエネルギーを注いだといえる．広重の「東海道五十三次」の「袋井」（静岡県）を見るときわめてすっきりした景観であることがわかる（図3）．これは強い刈り取りが頻繁に行われていた証拠である．

　江戸の太平は19世紀の後半に打ち破られるが，しかし国民の大半が農民であったという意味では，明治・大正，そして昭和初期までは同質な社会が維持されたとみてよいのではないか．政治的には明治元年が日本史の近世と近代を画する大きな断絶とされるものの，「農村社会」は容易に変質したわけではない．むしろ国民が海外に渡航できるようになり，海外の物資が大量に流入するようになった1970年あたりのほうが大きな節目になるという見方は十分に成り立つ．この時代に農村人口は急撃に減少し，田んぼは減反で減っていった．それに燃料革命により，炭は使われなくなり，水力発電ではとうていまかなえないほどの電力を消費し，エネルギーは石油や原子力に頼るようになった．こうした変化にもかかわらず，時代区分としては「戦後政治」として

図3　安藤広重の「東海道五十三次」のうち「袋井」

一括されがちだが，日本人と自然の関わり方を考えるとき，1970年代はむしろ江戸と明治との境界よりも大きいかもしれない．

時代区分は措くとしても，現実に起きたことは農山村から人が減ったことである．薪炭林は放置され，炭焼きも柴刈りもされなくなったし，落ち葉掻きもされなくなった．東日本から東北日本にかけてはアズマネザサなどが生い茂って暗い林になった．減反で放棄された田んぼは雑草が生い茂るかヨシ群落になった．農家から家畜がいなくなったために，餌を確保した茅場（ススキ群落）も消滅した．茅がなくなったから，茅葺きの家もなくなった．労働力がなくなったから，耕作は小規模ながら機械化し，堆肥がなくなったから，化学肥料を使うようになった．

日本の農民は国民性として勤勉であると思うが，働き盛りの世代がほとんど田畑にいなければ，必然的に草は伸びる．日本の植生遷移の旺盛さは，きわめて強い抑圧をかけなければとどめることはできないのである．

その結果，日本各地でかつての薪炭林であった林が荒廃しており，放棄された田畑が藪のようになっている．そういう視点で，改めて江戸時代の風景を描いた浮世絵をながめると，そのきれいさに驚かされ，勤勉な多数の農民による手入れがあったことがよくわかる（図3）．

こうしたことを，いま野生動物との関係で考えてみたい．浮世絵に見るような刈り払われた空間には野生動物は出ていきたがらない．ましてやあっちにもこっちにも働き盛りの屈強な若者がいれば，恐ろしくて引き下がってしまう．農民は勤勉であり，多数いた．丹誠込めて作った農作物を荒らすものがいれば，虫であろうが，鳥であろうが，獣であろうが，徹底的に排除した．ウサギやタヌキなどは捕まえてごちそうとして食べた．したがって野生動物が安心して暮らせるのは，農耕地からかなり離れた山地の森林であった．

ただし日本の大きな特徴として，地形が細やかで平坦地が一面に続くということはほとんどない．その複雑な地形を利用して，狭い範囲に林，茅場，田んぼ，畑，小川などがモザイクのように入り組み，その間に農家，お寺や神社などがあった（図4）．こうした場所には異なる群落が接して存在し，それに応じて利用する動物も様々であった．農地には夜に出て，昼間は林に隠れるという暮らしをする動物も多かった．また大きな農家や社寺にはしばしば大樹があり，木立を形成していたから，ムササビやフクロウなどもいた．

総じて原生的な自然にしか暮らせない動物を別とすれば，日本の田園地帯は多様な野生動物を擁する空間であり，山村を含

図4　多様な群落がモザイク状に配列される里山

めれば，さらに多様な動物の生活を保障していたといえる．

　このことが1970年代を境に崩壊といってよいような変化をみせた．野生動物からみて恐ろしくて近づけなかった農地から人の姿が消えた．かつてはひとつ残らずとられていたカキの実やミカンなども残ったままだし，野菜なども出来の悪いものは畑に放置されている．雑木林には低木やササが繁るようになったから，身を隠すのに都合がよくなった．田畑と林との間の空間もかつてはよく刈り取られて動物が隠れるところがなかったが，今は藪のようになっているので，それを伝って田畑に接近できるようになった．

　最初は恐る恐る里山に近づいていた野生動物も撃退されることがないとわかれば次回は大胆になるだろう．山にある木の実や葉などに比べて，果物や野菜ははるかにおいしいし，栄養価も高い．多少の危険をおかしてでも挑戦する価値は十分にある．老人が少しいるだけだから，さほど怖くないし，簡単な柵を作ったり，爆竹やマイクの銃声を流したりしても，最初のうちは多少驚くが，実害がないとわかれば「突破」する．動物の世代交代は早い．農地に味をしめた二代目，三代目となると，もはや生まれたときから農地利用を知っている．むしろそれが本来の食生活だと思っているかもしれない．

　人間と野生動物との関係という側面でながめなおすと，この30年ほどの時代は日本の農地が体験したことのない状況に直面しているのかもしれない．いうまでもなく農家の悩みは野生動物問題だけにあるのではない．それはむしろ副次的なことだ．かつては重労働は宿命のようなものであり，家を継ぐためには当然のこととして甘受するのが農村社会の考え方であった．しかし「家」に対する考えそのものが大きく変化した．自分の子供たちにはこんな苦労はさせたくない．土地は受け継ぐにしても，専業農家はごめんだ．役場にでも就職してもらって週末に農作業をしてくれればよい．およそそういう意識変化があった．かつては孫のために木を植えたものだが，その木が切り出すための日当にさえならないほど値崩れしてしまった．手入れをしたくてもそれができない．炭を焼く必要もなくなったので，林で木を切ることもなくなり，焚きつけの柴刈りも，堆肥のための枯葉集めもすることはなくなった．そもそも林に入ること自体滅多になくなった．カキにしても，ユズにしても，一日かけて取り入れる余裕がない．もっとおいしくて安い果物が手に入る．ちょっともったいない気もするが，木登りもできなくなったし，梯子をかけて落ちでもしたら大変だ．めんどうだからそのままにしておこう．全体として，こうした雰囲気が農村社会を被うようになった．

　そうした閉塞感の中に，野生動物の問題が被いかぶさってきた．せめて町にすむ息子や孫の喜ぶ顔をみたいと思って畑に野菜やイチゴなどを作ってみたが，イノシシが来て食べてしまった．スギの苗を植えたが一カ月もしないうちにシカが来てことごとく食べてしまった．弱り目に祟り目とはこのことだ．もはや野生動物に立ち向かうほどの気力も残っていない．そういう状況がある．

4. そのほかの動物による農林業被害

　シカとカモシカを比較し，その生態学的特性と植生遷移との関係と農林業被害との関係を考えてみたが，確かにこのようなアプローチは説明力をもつ．同じような試みをほかの

動物にもあてはめてみたい.

　図5には1965年からの林業被害を示した.これによると,初期の十数年は,現在とは大きく様相が違うことがわかる.シカの被害などはほとんどなく,ネズミとウサギの被害が圧倒的に大きい.

　このことも植生遷移のことを考えるとよく説明できる.戦争中,日本の林野は荒廃した.森林は伐採され,その後の手当ても不十分であった.そのために各地に「禿げ山」ができてしまった.それは植生遷移からすれば二次遷移の初期,群落タイプでいえばススキ群落である.そういう群落は保水力がよくないから,雨が降ると土砂が流れやすい.戦後しばらくは台風の災害が相次いだ.実際に豪雨が多かったようだし,社会の混乱のために河川の管理も不十分であったという事情もあるが,山が荒れていたために土砂が流れ出すような形で川を下って洪水になったケースが多い.

　このことが憂慮され,植林事業が国家事業として活発に行われた.禿げ山だけでなく,原生的な森林を伐採して針葉樹を「造林」することが推奨された.

　こうした伐採後の明るい場所はハタネズミなどのネズミ類やノウサギが好む.こうした動物は状況さえ許せば個体数を大きく増加させる性質をもつため,植栽した苗や若木が被害にあった.当時の林業においてはネズミ対策,ウサギ対策が大きな課題であった.

　こうした状況は1970年代まで続く.この頃になると初期に植えたスギやヒノキが育ち,周りの草本や低木を被陰するまでになった.こうなるとネズミやウサギにとっては住みにくい環境になる.こうして,あれだけ駆除に苦労した時代が嘘のように,何もしなくてもネズミやウサギの被害は収束していった.

　その後一部の地域では局所的にカモシカが増加して林業被害を発生させることになり,天然記念物でありながら有害獣駆除を行うという変則的な手が打たれるようになった.それと呼応して,この頃からシカによる林業被害が大きくなってきた.これはカモシカよりも広域的であり,しかも被害は農業にも大きなダメージを与える点でカモシカよりも深刻であった.

　シカの増加の原因は実はよくわかっていない.しかし森林が伐採されて食料が増えたこと,ハンターが減少して密猟を含め個体数の抑制力が弱まったこと,狩猟がオスに偏っていたために,一夫多妻のシカにとって,狩猟が抑止力にならなかったこと,暖冬によって積雪量が減り,シカの冬期死亡率,特に子鹿の死亡率が下がったこと,そして先にあげた農業人口の減少による被害防止抑制力の低下などが複合的に働いた結果であろうと推察されている.

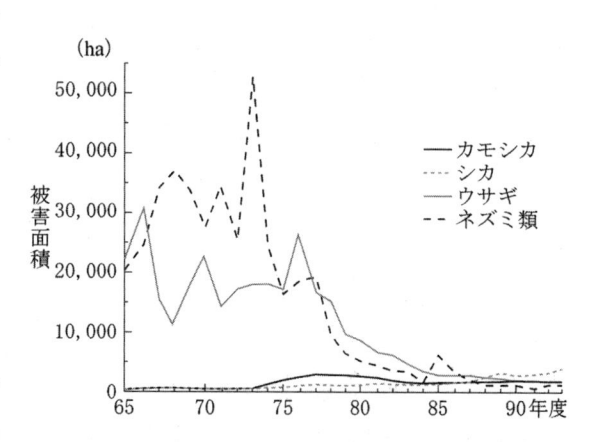

図5　野生動物による林業被害面積の推移
(森林総合研究所資料より)

これらに遅れてイノシシによる農業被害が大きくなった．このことも遷移との関係で考えてみる．森林伐採後の植生遷移は，ススキ群落，低木群落，若い林と続くが，その後は林によって違う流れとなる．これを「遷移系列」という．人工林として造林されたところでは針葉樹が育って暗い林になってゆく．これに対して雑木林の場合はナラやシデなどの高木が育って，林床が暗くなるためにススキ群落にあった草本や低木は減少してゆくが，人工林に比べれば下生えは比較的豊富である．

　こうした遷移系列と段階を考えるとき，イノシシは最も初期の段階に対応していることになるが，実態はもう少し違う．それはイノシシが農地に対応しているということである．では農地とは植生遷移ではどう位置づけられるだろうか．農地はススキ群落などよりははるかに濃厚に人が影響を与え続け，管理する特異な群落であるといえる．水田であれば灌漑工事によって大規模な土木工事が行われ，地面を耕起するだけでなく，肥料を入れ，水を張り，雑草を抜き，稲刈りが終われば水を抜くという管理が行われる．畑はそこまでではないとはいえ，耕起と施肥は行われ，除草も行われる．これらの農地に共通なのは栄養価の高い農作物が生み出されるということである．

　イノシシは雑食性であり，何でも食べる．特に地下の食物，例えばイモ類やミミズなどを好んで食べる．そのために嗅覚が鋭く，また鼻で地面を掘り起こして食物を見つけて食べる．もちろん穀類も果実類も食べる．つまり人間が農地で作るものは，すべてイノシシが利用するものだということになる．その上，イノシシは多産である．シカもカモシカも一度に一頭の子を産むだけだが，イノシシは数頭の子を産む．この点だけをみればイノシシは「ネズミ並み」ということになる．しかもたいへん頭がよい．イノシシのもつこうした性質は必然的にイノシシを農地に引きつけることとなる．

　紙数の関係で簡単にしかとりあげることができないが，サルとクマにもふれておく．植生遷移からするとサルは森林の動物であり，初期の群落にはいない．ただし，同じ霊長類であるから，消化生理などには人間と共通点が多く，シカやカモシカのように葉だけを食べているわけにはいかず，果実や動物質も食べ，農作物は大好物である．そこで森林の中に点在するような集落に，森林から波状攻撃をしかけるような形で被害を出す．サルは木登りを得意とするから，通常の柵は簡単に乗り越えてしまう．また頭がいいから，単純な防除法を工夫しても，すぐに対処法を考えてしまう．このように加害者としてはなかなか手強い相手といえる．

　クマも森林の動物であり，遷移段階では最も進んだ群落に生息するといってよい．したがって通常であれば人との接触はない．登山者が偶然クマに出くわして攻撃を受けるのは落雷や滑落よりはずっと確率が低い．しかしクマは食肉目に属す大型獣であり，潜在的に「猛獣」であって危険である．嗅覚は犬並みであり，走るのも速ければ，木登りもでき，水も泳げるオールマイティな動物である．また特異なことに冬眠をする．長い間，飲まず食わずになるため，冬眠前の秋に大量のドングリを食べて脂肪を蓄積する．そのために秋には広い範囲を動き回ってドングリを探す．ドングリを実らせるナラやブナの木は毎年実をつける訳ではない．しかし，うまくしたもので，ひとつの山には幾種ものドングリをつける木があるから，ある木が不作でも別の木が豊作であれば，クマはそれを食べればよい．

ところが稀にすべての木が不作という年がある．そのような年の秋にはクマはドングリを求めて広い範囲を動き回り，しばしば農業地帯にまで降りてくる．2006年がそのような年であり，その年だけで4,000頭以上のツキノワグマが駆除され，世間を騒がせた．クマは人里が怖いことをよく知っているから，そのクマが農村に出てくるというのはよほどのことと理解すべきである．

　以上，主に農林業の加害獣をとりあげ，それぞれの種が遷移のどの段階の群落を利用するかという視点で考えてみた．このような視点は動物のおかれた状況を考える上で多くのヒントを与えてくれる．同じことは，農地というものがどういう特徴をもっているのかということについても改めて考える契機となる．これからの日本の国土をどうしてゆくかというのは大問題だが，その中で野生動物の問題は今や付随的な問題とはいえないほど大きくなっている．そのとき，野生動物を植生遷移の中で位置づけるというアプローチは有効なものとなるであろう．

5. 自然植生へのシカの影響

　シカという動物は野生動物の中でも特異な存在といえるかもしれない．それは，多くの野生動物においては，農業に被害を出しても，農地を離れれば特に問題動物とはならないが，シカだけはそうではないということである．遷移初期群落に多いイノシシやノウサギは農地では加害獣になるが，森林にはあまりいないので，森林への悪影響は起こさない．逆に森林に多いクマやカモシカは行動学的特性によりもともと高密度になることはないので，群落を変容させるということはない．問題になるのは造林地でのカモシカの植林木被害であり，問題は局所的であり，被害抑制は可能である．クマの場合は農作物を食べることの実害よりも，危険動物として出没しただけで「有害」とされる．これは「被害」の質が違い，解決は別のところに求められるべきことである．

　これに対してシカの場合は牧草を食べるとか，野菜を食べることなどによって農業に被害を出し，また植林木を食べたり，樹皮をはぐなどして林業にも被害を出す．しかも，それにとどまらず，自然植生にも強い影響を及ぼす．つまりシカによる被害は面的にも広大であり，しかも被害の程度も強い．これはシカが利用する群落の遷移段階が広いこと，また大食であり，高密度になることによる．

　宮城県の金華山は，島という限られた空間で狩猟も行われていないために，シカが高い密度になって植生に強い影響を与えているが，私が研究を始めた頃，そういう場所は広島県の宮島など，限られた場所でしかなかった．しかし最近になって，例えば房総半島や北海道の阿寒地方などで，島ではない場所でもシカの密度が高くなって植生が強い影響を受けるようになり，さらに日光の戦場ヶ原やその周辺，紀伊半島の大台ヶ原などでも同じようなことが報告がされるようになった．そしてさらには尾瀬湿原とか，南アルプスの高山帯の植生などこれまでシカがいないと考えられていた場所でさえ，植生に強いマイナスの影響が出ていると報告され，驚きをもって受け止められている．

　このようなことはクマやカモシカ，イノシシなどでは考えられず，シカだけが特異な存在であることがわかる．

6. リンク：生き物のつながり

これまでの考察で，シカが特異な動物であることを明らかにしてきた．その説明はシカという草食獣が食物としての植物を食べることによって及ぼす植物への影響ということであった．シカの影響を理解するためには，シカの食性や植物の属性についての知識が重要となる．つまりシカという草食獣と個々の種がいかなる関係をもつかを理解するには，個々の生物についての知識や観察が不可欠である．私はこうした生物のつながりを「リンク」ということばで表現し，そうしたとらえ方の重要性を提唱したい．

シカという種は植物を食べるという局面で植物とリンクしている．その植物が食べられることで減少するとき，別の種が有利になって増加することもある．現実にあることだが，減少する種がイネ科であり，増加する種がキク科などの虫媒花植物であれば，イネ科を食べるジャノメチョウの幼虫が減少してひとつのリンクが消滅し，チョウやハチなどの訪花昆虫が集まってきて別のリンクが発生することになる．訪花昆虫は別の花に花粉を運ぶことで受粉という生態学的機能を果たし，そこにまた新しいリンクが生まれることになる．

シカと植物のリンクの例として，シバの種子散布がある．シカは大量の植物を食べる．そのとき主に植物の葉を食べるのだが，同時に果実や種子も食べる．反芻獣は反芻胃で微生物による発酵をし，また長い腸で時間をかけて消化する．そのため採食された種子は死亡率が高いと考えられていた．確かにそういう傾向はあるが，私たちが調べたシバの種子の例では，約3分の1が生存した．死亡率は低いとはいえないが，取り込む量が多いから，結果として大量のシバ種子を散布していることがわかった（図6）．実際，金華山ではシカ道に沿ってシバ群落が拡大してきたことが観察されている．ここにシカとシバのリンクがあり，この例はシカがシバの種子散布を担うという生態学的役割を果たしていることを示している．

ところで，シカの排泄する糞があれば，それを利用する糞虫が多くなる．またダニやヒルなどの寄生動物も多くなる（図8）．一方，シカが死ねば巨大なタンパク質の塊が供給されることになり，死体をつつきにカラスやキツネなどが来るほか，腐敗が進むとシデムシなどの分解者が集まってくる．こうした現象もリンクととらえることができる．ただし，捕食・被食という関係や種子散布，受粉などが生きた生物によって展開されるリンクであったのに対して，糞虫は消化生理の結末としての排泄物利用者であり，シデムシは一生を終えた死体という生命活動を終えた物質の利用者であるという点で質の異なるリンクである．こうしたリンクは，排泄物や死体が新たな生物の生活を創成するという意味で物質循環を担っているとみることもできるし，「死が生を産む」という生命現象の深い意味を考える

図6　シバの花穂
シカは葉といっしょに花穂も食べ，種子散布をする．

図7 シカ糞に来るオオセンチコガネ

図8 シカの体について血を吸ったダニ

ことにもなる.

　以上は生きた生物同士であれ，そうでない場合であれ，シカという動物の直接的な影響に関する減少であった．だが，生態学として重要なことは，間接効果である．植物は多くの動物にとっての食物資源であると同時に生活空間でもある．つまりシカの影響で群落の構造や組成が変化したり，植生遷移が影響されたりすると，それを利用する動物にも影響が波及する．このような影響を「間接効果」という.

　金華山ではブナ林などの森林が下生えがないために明るくすっきりしている．こういう林にはヤマガラやキビタキなどはいるが，ウグイスなど藪を好むような鳥は少ない．これは間接効果の例である.

　また，シカが採食することによって群落が変化するが，その採食が虫媒花に不利になってイネ科に代表される風媒花に有利になるような場合は訪花昆虫による受粉が不活発になるという間接効果が生まれる．日光ではシカによってクガイソウが減少し，その間接効果としてコヒョウモンモドキが絶滅状態にあるという．ただ，シカによる群落変化は受粉にマイナスばかりではなく，実際には様相は複雑で，例えば金華山ではハンゴンソウ，クリンソウ，キンカアザミ，カリガネソウなどのシカが食べない虫媒花植物が増加して，一部の訪花昆虫にはプラスに働くようになっている．東京都の奥多摩でも植物の減少のほうが目立つが，マツカゼソウなどは増加し，これに訪問する昆虫はいる．しかしそれ以上に採食圧が強くなるとシバ群落が出現し，そこでは

図9 シカの採食によりシバ群落と盆栽状になったメギだけが目立つようになった場所（宮城県金華山）

虫媒花植物は少なくなる.

　金華山では，シカが草原状の群落を利用して，草丈が低くなってシバ群落になってしまった場所では，同時にシカが食べ残すメギという棘植物が増えて，まるで日本庭園のような景観になった（図9）.

　おもしろいことに，メギは赤いベリーをつけるが，サルがこの実を好んで食べる．サルはいうまでもなく森林の動物であり，一般には危険のある草原的な場所に出るのを好まないが，金華山のサルはメギの開花期や結実期にはさかんにこの群落に出てくる．つまりシカの群落変容の間接効果によってサルの群落利用が影響を受けたといえる．

　また，ササは東アジアの森林に生えて特異な群落構造を作っているが，シカの食料としてもユニークな存在である．なんといっても大量にあり，しかも常緑である．このような植物は世界のほかの温帯地域では稀である．このため，シカがいれば当然冬にササを食べる．金華山ではササがなくなってしまったから，ササを利用する多くの蛾などの昆虫も少ないだろう．また森林にすむネズミは捕食の危険を避けるためにササのある場所を好むので，シカがササを「刈り取る」とネズミが少なくなる．これもシカの間接効果のひとつである．

　このようなシカによる間接効果の研究はまだ十分には進んでいないが，今後，日本の森林生態系の管理を考えてゆく上で重要な意味をもっている．

　このようなことから，私は今後の研究展開として，シカという生態系に強い影響をおよぼす種（こういう種を「キーストーン種」という）とほかの生物とのリンクを解きほぐす研究を提唱したい．

　もちろん，これはシカだけでなく，ほかの動物についてもあてはまる普遍性をもつものである．考えてみれば，どのような生物も単独では生きていない．しかし伝統的な生物学は，生物のもつあまりの多様さに目を奪われて，ひとつひとつの種を丁寧に見ることに集中するあまり，種ごとの専門家を作ってきた感がある．もちろん一方で各生物群についての専門家は必要であるが，生物をほかの生物と切り離して，ミクロ生物学だけを進めるのは生物の理解としてバランスを欠いたものになるだろう．

　現代人は本来の哺乳類の一種としての「ヒト」と違い，自分の生活空間内にあるもので生活を満たすことができなくなっている．多量の物資を海外から輸入して消費し，また大量のゴミを排出して別の場所に移動して廃棄している．排泄物は水洗して廃棄し，死体は焼却して抹消している．このような現代人の生活は，本来の生物としての他種とのリンクという視点からすればきわめて異常なものといわざるをえない．そう考えれば，自然界で生き物のリンクを解明するということは，現代人の生き方を問い直すことにもつながっているといえる．その意味でリンクの研究はすぐれて動物応用科学的であるといえるだろう．

　＊文献は割愛した．高槻成紀（2006）「シカの生態誌」（東京大学出版会）を参照されたい．

犬を使った野生動物の被害対策
ベア・ドッグの導入事例から考える

南　正人（麻布大学）

1. 山積する野生動物の問題

　野生動物の問題というと，多くの人は「希少野生動物の絶滅」を挙げるだろう．19世紀から20世紀にかけての全世界での野生動物の絶滅のペースは急速で，多くの野生動物が失われて行った（プリマック・小堀 1997, 高槻 2006, 三浦 2008）．現在も開発による森林や草原の喪失，化学物質による汚染など，様々な要因で多くの野生動物が危機に瀕している．日本でも生息地の減少等により多くの野生動物が危機に瀕している．

　一方，近年非常に大きな問題になってきているのが，イノシシ，ニホンジカ，ニホンザルなど，一部の野生動物の生息地の拡大と個体数の増加，そしてそれらによる農林業の被害である（三浦 1999, 2008, 高槻 2006）．特に，イノシシとニホンジカの生息地の拡大は著しく（三浦 2008），農林業の被害だけでなく，生態系そのものが影響を受けるに至っている．南アルプスの高山帯のお花畑はニホンジカの食害によって姿を消しつつあり（中部森林管理局 2007），いくつかの地域では森林が大きなダメージを受けている（湯本・松田 2006, 柴田・日野 2009）．東京都の多摩ではニホンジカの食害により森林がダメージを受け，水源林としての機能を維持できるかが心配されている（環境省 2009）．

　さらに，外来生物の分布の拡大が深刻になっている．北海道や神奈川県では侵略的外来生物に指定されている北米原産のアライグマによる農業被害は深刻で，さらに日本在来の生物相に大きな影響を与えている可能性がある（池田 2006）．すでに対策ができないほどの広がりをみせているハクビシンの二の舞にしない為に，様々な取組みが行われている．

2. 野生動物の被害対策と犬の活用

　野生動物の保護管理には，いくつかの対策が必要とされる．まず，野生動物の生息地を好適な環境として維持すること（生息地管理）が挙げられる．危機に瀕している動物の生息地を守り生活場所を確保することで，絶滅や個体数の減少を食い止める．また，増加しすぎた動物にとって好適な環境を減らし個体数を抑えたりすることも含まれる．被害を出す動物についても，その動物に好適な生息地を充分に維持して個体群を維持し過度の減少を食い止める一方，そこから溢れ出る個体については駆除するという考え方も出てくるだろう．

　次に，対象となる動物の個体数を調整する対策がある（個体数管理）．増えすぎて様々な被害を出している動物を，狩猟や有害鳥獣駆除などで，その動物を殺して個体数を減らすことである．また，個体数が減りすぎた場合には，個体数を回復させる為に駆除数を減らすなどして，適正と思われる個体数にコントロールするのである．数だけの調整にとど

まらず，増えすぎて繁殖力が落ちるなどの影響も含めて管理するという考え方（個体群管理）もある．このような管理には，個体数や栄養状態をモニタリングしながら，常に駆除数を調整する順応的な管理が取られることが多い．

さらに，野生動物の被害を受けないように農作物などを守る被害防除も対策のひとつである．農地周辺の植物を刈り払って動物の潜む場所を無くしたり，強固な柵や電気柵を設置して農地を守るなどの方法がとられる．

近年，このような対策をより強化する為に，犬を利用することが各地で試みられ始めた．国内では，主に被害を受ける農地に近づく野生動物を追い払ったり，被害を出す動物の駆除の補助に使ったりしている．ハンターは昔から狩猟の為に犬を使っていたが，保護管理という目的での使用が始まったと言えるだろう．

筆者は，これらの犬の利用が本格的に始まる頃に，ツキノワグマ（以下，クマと表記）の保護管理に犬（ベア・ドッグ）を利用するプロジェクトに関わった．本稿では，ベア・ドッグの事例を中心に紹介し，さらに，アライグマの駆除を進める為のアライグマ探索犬等の紹介を行い，野生動物との共存の為に犬を活用することについて考えてみたい．

3. 軽井沢のクマの保護管理とベア・ドッグの導入

長野県軽井沢町は，夏の間に多くの人が訪れる避暑地・観光地であり，同時にクマやニホンカモシカなど多くの哺乳類や野鳥が生息する自然豊かな地域である．ここでは，別荘地に出没するクマをできるだけ殺さずに，人間と共存することをめざす保護管理の取組みが続けられており，その方法のひとつとして訓練された特殊犬が使われている．

軽井沢町には非常に多くの別荘が建てられ，現在もその数は増加している．また，別荘は山の奥の森の中にも点在している．そして，夏になると人口2万人程度の町に，1カ月余りの間に400万人が訪れる．行政職員の懸命な回収努力にもかかわらず，夏の間には別荘街や市街地近くに点在するゴミ・ステーションにゴミが溢れかえる．

このようにゴミが溢れかえる夏は，クマにとって，自然の食料の採取に苦労する時期でもある．クマは冬眠明けから春には新芽や柔らかい草本類を食べ，初夏にはサクランボやクワの実などの液果を食べている．秋にはブナやミズナラ，クリなどの栄養価の高い堅果が実り，これらを食べることで冬眠の準備をすると考えられる．クワの実が終わり，ドングリがまだ実らない8月，クマにとっての食料はアリやハチなどの昆虫，わずかに食べ残した液果類や固くなってしまった草本類である．このようなクマにとって，人家周辺のゴミや古い別荘にできたハチの巣は格好の食料となる（ピッキオ 2007, 大井 2004, 2009）．

15年程前に，あるホテルが敷地内に投棄していた生ゴミに11頭のクマが餌付いていたと言われる．また，自宅の軒からクマに餌を与えていた人もいた．人の近くに行けば食料が手に入ることを覚えたクマ達が軽井沢の別荘地と市街地近くで生活していた．ゴミに餌付いてしまったクマが，人間に対して攻撃的になることについては，世界中で多くの報告がある（ヘレロ 2000, 萱野・前田 2006）．軽井沢町役場は，自主的にクマの調査を始めていた株式会社星野リゾートのピッキオという部門（現在はNPO法人化し「NPO法人ピッキオ」として活動）に，2000年からクマの現状調査と被害防除を委託した．

当時，ピッキオの責任者であった筆者は，1頭1頭のクマを識別しその行動や性格から危険性を判断し，危険性の高いクマは駆除し，危険性の低いクマは森に帰す個体管理という方法で，被害を食い止めながらクマをできるだけ殺さずに保護管理することにした．捕獲したクマを殺さずに山に戻す移動放獣（学習放獣・奥山放獣と表現する場合もある）が，すでに広島県や岩手県などの各地で行われていた（自然環境研究センター 1995，米田 1998，岩手県生活環境部 2001）．筆者らも，長野県でこのような活動を続けているNPO法人信州ツキノワグマ研究会に支援をあおぎ，捕獲や発信器の取付けの指導を受けた．

　このような方法は，クマを目撃したらすぐに駆除するという短絡的で人間勝手な方法ではなく，クマの生存権を尊重しながら，クマの被害を生み出す人間側の原因を提起する手段でもあった．もちろん，人間の安全が第一であるので，人家に侵入するなど明らかに危険なクマは駆除しなくてはならないし，人の生活する市街地付近に来るクマについては追い払わなくてはならない．それぞれのクマに対して適切な対応法の判断をする為には，それぞれのクマを識別し，そのクマの行動を明らかにしなくてはならない．そこで，捕獲したクマすべてに発信器を装着して追跡し，行動範囲や移動ルート，採食の傾向，ゴミへの依存度，人が近づいた時の行動等を把握した．

　追跡の結果，様々なタイプのクマがいることがわかってきた．日中は町から離れた山中にいながら，夜間に急速に移動して市街地近くや別荘街にやってくる個体，別荘地に定着し日中はじっと藪に潜み夜間に活発にゴミを漁る個体など．また，年によって行動する範囲を変える個体や20km近くを移動するクマもいた（南 2003a）．また，性格にも個性があり，おとなしいクマも攻撃的なクマもいた．

　ピッキオのメンバーは，夏の間24時間体制で勤務し，受信機を装着した車で巡回してそれぞれのクマの位置を把握し，荒らされたゴミ・ステーションの現場検証を行い，まだ捕まっていないクマの捕獲を試みた．さらに，住民からの通報に24時間体制で臨み，聞き込みと事情説明に終われ，寝る間もない勤務であった．このような活動は現在も続いており，1998年から2009年9月までに65個体を捕獲し，そのうち12個体を危険と判断して駆除し，生存中の25個体を現在も追跡している（2010年1月現在，NPO法人ピッキオ私信）．

　このような活動の中で大きな課題になってきたのが，何度もゴミ・ステーションや市街地に接近するクマの存在であった．このようなクマの存在は，クマと住民が遭遇する機会を増し，また，住民に大きな心理的負担をかけるものであった．何より，このようなゴミ・ステーションへの接近が続くと，クマがゴミの臭いと人の臭いを結びつけて覚え，前述のように人的被害を出す可能性を高めてしまう．最初に駆除したスポットという個体は，3年間の間にゴミ・ステーションに対する執着を強め，その結果駆除された．

　そこで，何らかの方法でクマを追い払う必要があった．当時，捕獲したクマに対して，通称「クマ・スプレー」と呼ばれるカプサイシン（唐辛子）のエキスのスプレーを噴射して，刺激臭と刺激痛を与えてから逃がしていた．しかし，筆者はもっと強い追い払い方法が必要であると考えていた．知床では，財団法人知床財団のスタッフがヒグマに対して銃を使って弾頭がゴムでできたゴム弾を命中させて痛みを与え，さらに大きな音がする花火

弾を近くに着弾させて，威嚇して追い払っていた．軽井沢の別荘地では，法律上では実弾扱いとなるゴム弾を発射することはできない．したがって，知床のような方法を採用することはできなかった．

この頃，筆者はオスカー・ヒューゲンス氏（信州ツキノワグマ研究会）に教示され，北米で犬を訓練してクマ対策に応用しているキャリー・ハント氏（Wind River Bear Institute 代表，以下 WRBI）の取組みを知った．動物行動学者である彼女は，フィンランドとロシアの国境に位置するカレリア地方でヒグマ猟に使われていたカレリアン・ベア・ドッグという犬種の犬に特別な訓練を行い，その犬でクマを発見して追跡し，さらに追い払いに利用して，クマとの共存をめざした保護管理手法を開発していた．カレリアン・ベア・ドッグは，体重 25 kg 前後の犬種で，クマに対して強い関心を持ち，クマをうまく樹上に追いつめる能力を持つ（田中 2007）（図1）．彼女らは，北米の国立公園や州立の野生動物保護区などで，ヒグマやアメリカクロクマの保護管理活動を続けている．

株式会社星野リゾートの全面的なバックアップの下，ハント女史のチームと協力関係ができ，2003 年には彼女がカレリアン・ベア・ドッグ 2 頭と共に来日し，軽井沢でのクマ対策への犬の活用が始まった．翌年ピッキオは幼犬のカレリアン・ベア・ドッグを譲り受け，成犬になった現在ではこの犬は現場に出動して対策にあたっている．

WRBI によって訓練されたカレリアン・ベア・ドッグは下記のような仕事を行うことができる（Hunt 2003，田中 2007）．

　ア．臭いや音からクマの存在を発見するパトロール
　イ．臭いをトレースすることでクマの侵入・逃走経路を知る現場検証
　ウ．吠えたり追撃することでクマに恐怖感を与える追い払い
　エ．演技をすることで人への教育効果の向上
　オ．クマと対峙する際の人間の護身的役割

臭いを追跡する能力は非常に高く，能力の高い個体は低速で走行中の車の窓からクマの臭いを発見することができる．このような能力は効率的で正確なパトロールを可能とする．さらに，被害にあった人家やゴミ・ステーション周辺でクマがどのように行動したかを知る手がかりになる．クマが何に引きつけられたか，どの方向からやってきて，どのように侵入して，どの方向に去ったかを教えてくれることで，侵入を防止する対策を講じることができる．的確な訓練を受けた犬の素晴らしいところは，他の獣の臭いとクマの臭いを明確に弁別できることである．幼犬からの訓練によって，クマの臭いを嗅いだ時と他の臭いを嗅いだ時では，異なった行動を示してハンドラーに教えてくれる．また，クマの臭いが新しいか古いかまで教えてくれる．このような能力は，他の手段に代え難い能力である．

カレリアン・ベア・ドッグは，白黒のパターンの人目を引く毛色をした犬種である．さらに，WRBI による幼犬時代からの社会化訓練によって，人間に対して常にフレンドリーな態度を取るように訓練されている．人間の幼児が犬の体に触っても平気で，犬がじゃれついて人を押し倒すこともないように訓練されている．また，いくつかの芸を覚え，聴衆の前でハンドラーと共に演技をすることができる．この親しみやすさは，多くの人にクマとの共存に対する関心を引き寄せる効果を生み出す．

このように効果の高いベア・ドッグだが，国内の利用ではいくつかの問題がある．北米で活動する場合は，ベア・ドッグと共に銃器が使われることが多い．例えば，北米では捕獲され発信器を装着されたクマを放逐する際には，走り去るクマにゴム弾を命中させて痛みを与え，走り去るクマの背後に花火弾を連続的に着弾させて大きな爆発音で威嚇し，その後をベア・ドッグ数頭と人間が大きな声を出しながら追いかける．これでは，クマは反撃どころではない．また，不用意に人家に近づこうものなら，電波発信器で位置を特定され，待ち伏せされて，ゴム弾と花火弾を打ち込まれ，さらにベア・ドッグに吠えかかられることになる．このようなことを通じて，クマは「危険地帯」である人家周辺には近づこうとは思わなくなる．このような攻撃を受けても人家周辺に近づこうとするクマは，ゴミや人家に対して非常に強い誘引を受けていると考えられるので，そのような個体は駆除対象となるのも仕方ないだろう．

　このように強い追い払い効果を持つことを考慮して，ハント女史は深追いをしない．それは，クマにとっての安全地帯と安全な行動をクマに教える為であるという．この場所にいれば人にも犬にも追われないという場所をクマに覚え込ませ，彼らに賢明な行動選択をさせる．また，人が来れば藪に隠れて人に近づかない行動をとれば安全だということをクマに覚え込ませる（参考　小山 他 2007）．「正しい」行動を選択すれば，「安全・安心」な状態が得られることを学習させるのである．日本でそのまま適応できるかは議論すべきであるが，クマに行動選択をさせ，間違えば強い恐怖が与えられ，正しければ安心が得られるという方法は，動物の学習理論に則っている．

　日本では銃器の使用制限が厳しく，ベア・ドッグによる追い払いの際に，ゴム弾を撃つことができない場所が多い．そこではベアドッグと人間だけで追い払いをしなくてはならない．クマが別荘地や人家に近づいたところで強力な追い払いを行い，ここに来たら痛い目に会うことをクマに教えることは，クマを殺さないで共存する為にはきわめて重要な手段である．近づいてはいけない場所や，人の怖さも教えることができるかもしれない．銃器を併用しない状況でのベア・ドッグの追い払い効果については体系的な検証が行われることが期待されている．現状では，ベア・ドッグが大きな声で吠えて脅すことにより，クマの犬に対する恐怖心を増大させる効果があることを期待するしかない．もしその効果が高いなら，家庭犬が吠える家にも近づかないようになる可能性もあるだろう．

　もし非常に強い追い払い手段を持っていれば，クマが捕獲された際に，捕獲された現地で放獣することによって，その場所に対する忌避効果を期待することができる．日本の多くの地域では，クマを捕獲して放獣する際には，奥山に移動してから放獣せざるを得ない．銃器が使用できないので強い追い払い手段を持てないこと，地域の合意が得られないことからである．この場合に，クマに学習させることのできる可能性のあることは，人に対する恐怖心だけである．被害場所から移送することで被害を軽減する可能性はあるが（小山 他 2007），クマの行動範囲は広い為，通常は行政区分内でしか移動させることができない移動放獣では限界があるだろう．

　ハント女史は，クマを追い払う際には，ヒグマに対しては5頭以上の犬を，アメリカクロクマには2頭以上の犬を使うことを推奨し，場合によっては1頭に減らすことも可能で

あるとしている（ハント　私信）．圧倒的な力の差でクマと対峙することで，クマに反撃の気力を起こさせない為には複数の犬が必要である．もし少ない頭数の犬で対峙すると，クマが犬の攻撃力をなめ，反撃する動機となる可能性がある．実際，日本に導入された雄のカレリアン・ベア・ドッグが生後6カ月の幼犬だった頃には，茂みに潜んだ若いクマによって威嚇を受けたことがある（太田 2006）．クマの攻撃的な衝動が恐怖心から出てくる場合もあるが，相手が強力であれば，その攻撃的な衝動も抑えられるであろう．相手の攻撃力を見抜くことも生き抜く能力である以上，威嚇してくる犬の能力をクマが見抜くことは当然のことである．

　捕獲されたクマの中には，檻の隅の方で脅えてうずくまっている個体もいるし，檻の近くに近づいた人間に猛然と攻撃してくる個体もいる．性別や年齢，子供を連れているかなど，それぞれの個体の個性と事情を充分考慮する必要がある．軽井沢で1998年から2006年までに捕獲された45個体のクマのうち，26個体（57.8％）は放獣後，再被害を出していない（小山 他 2007）ので，軽井沢における移動放獣は一定の効果をもたらしていると考えられる．2004年の放獣からはベア・ドッグも出動している．放獣時にクマ・スプレーだけでなく，ベア・ドッグが吠えかかり人と共にクマを追跡することを行った．しかし，農作物被害や人に慣れたクマの場合は，顕著な有効性を得ることができなかった（小山 他 2007）．同じ刺激を受けても，個体や状況によって，強い忌避を生む場合と馴れを促進させる場合がある．ベア・ドッグの運用にあたっては，これらの対象個体の特性と共に，馴れの発生に対する対策を常に考えておく必要があるだろう．馴れを生じさせずに効果的な追い払いが可能となる犬の頭数について，日本でも検証する必要がある．

　このようなベア・ドッグのもうひとつの課題は，その専門的能力の高さを発揮させる為に犬に充分なトレーニングが必要であることと，その能力を引き出すハンドラーのトレーニングが必要であることである．その為には，犬を訓練する訓練士や，飼い主をトレーニングする訓練インストラクターという専門家が必要である．これらの体制とトレーニングは高い能力を保証するものだが，その一方，これらのトレーニングには時間も資金も必要となる．つまり，このような専門的チームの数は限られてくるということである．そこで，ハント女史と共にカレリアン・ベア・ドッグのトレーニングを担当された山下國廣獣医師（軽井沢ドッグビヘイビア主宰）は，家庭犬を使ったクマの対策を提案されている．軽井沢では多くの人が犬を飼っているので，この犬をクマの臭いに対して反応するようにトレーニングして，散歩の際にクマの存在

図1　ベア・ドッグ
（NPO法人ピッキオ提供）

を見つけるようにする．こうすれば，朝に通学路を犬と散歩してもらい，犬がクマを発見すれば，その通学路を変更するなどの対策をとることができる．ゴミ・ステーション付近に潜んでいるクマを発見すれば，クマの市街地への出没を未然に防ぐ策を講じることができる．山下氏によれば，クマの臭いにだけ特に反応するように訓練することは，さほど難しくないとのことである．さらに，放獣時など限定された状況では，よく訓練された家庭犬はベア・ドッグのサポートもできるだろう．そして，このような家庭犬とその持ち主たちと，専門的チームの共同作業は，地域全体にクマとの共存の課題についての意識を高めると山下氏は考えている．上記の発想をさらに発展させた，一般家庭犬とその飼い主が人と野生動物との棲み分けを図るムーブメントとして，2010年9月から，NPO法人スポーツコミュニティ軽井沢クラブによって「軽井沢フォレストレンジャードッグプロジェクト」が始まった．

　クマに対して駆除一辺倒の対策を取らないならば，より強い追い払い体制を構築することが急務である．上記のようなベア・ドッグの運用上の工夫や検討だけでなく，それを可能とする資金や体制の問題を抜きに語ることはできない．軽井沢では町役場の予算とNPOの自助努力だけによって，ベア・ドッグが運用されている．法律の適用の問題や資金の問題，人的資源の問題など，NPOだけに任せることなく地域全体の取り組みとして，また，中央省庁も含めた体制でこの新しい手法の確立を目指すべきであろう（南 2003b，参考：長野県 2006）．

　本稿では，野生動物の追い払いや住み分けを行う為に犬を使うことを紹介するのが目的である．しかし，本来，野生動物との共存の為には，野生動物の生息地そのものが保全され，野生動物にとって好適な環境を作り出すことが必要であることは言うまでもない．別荘地が緑を求めて山の奥深く入り込んで行けば，必然的にこのような動物との軋轢は拡大する．住み分けを行うというのなら，人間の側もルールを守る必要がある．

4. その他の犬の活用

　犬を野生動物対策に活用する試みは国内外にもあり，対象はジャワマングース（沖縄，奄美），アメリカミンク（イギリス）などである（中井 2009）．また，中井（2009）によればニュージーランド環境保全局は，外来動物の探索や駆除，キウイなどの希少動物の保護の為の探索などにも犬を使っており，そのトレーニングを行っている．前述の山下氏と北海道大学文学部の池田透教授，および大学院生の中井真理子氏によって，アライグマ探索犬の育成が試みられている（図2）．アライグマ探索犬は，侵入初期の地域や対策が進み根絶に近い状態になった地域，分布の最前線地域など，アライグマの個体数密度が低いところで，捕獲罠を集中的にかける為に，アライグマの居場所を特定することが主な仕事となる．繁殖巣の特定ができれば，捕獲効果が飛躍的に向上する可能性もある（中井 2009）．選別された親から生まれた甲斐犬の中から，基礎的な能力の判定が行われ，さらにハンドラーとなる中井氏との性格的な相性も考慮されて，1頭の雌犬が選ばれた．見知らぬ人や他の犬に対して馴らせる訓練（社会化訓練）や，ハンドラーの指示に従う訓練，アライグマの臭気に特別な興味を持たせる訓練，アライグマと他の動物を区別する訓練（判別訓

練）などが行われている．

また，各地でニホンザルを追い払うモンキードッグなどの取組みが始まっている．兵庫県では，県の機関である森林動物研究センターが犬を活用した野生動物被害の対策の為に詳細なマニュアルを作成し，ホームページで公開している．山梨県北杜市でも里守り犬という取組みが始まっている．この取組みは，NPO法人地域交流センターが中心になって作られた構想で，地元の農家自身が自ら飼い犬を訓練して使い，農地に出てくるニホンザルを山に追い返すというものである．この構想の特徴は，ハンドラーである農家の人が犬と共にトレーニングを受けて，犬をきちんとコントロールすることをめざしていることである．

図2　アライグマ探索犬の訓練風景
4つの植木鉢には異なったにおいの源が入っており，正解するとごほうびがもらえる．　　　　　　　　　（中井真理子氏　提供）

このように犬が野生動物の被害対策に使われることが増えているが，その効果についての実証的な検証はほとんどない．また，この対策の対費用効果についての検証も行われていない．効果測定の方法の確立や総合的な被害防除の中での位置づけなど，これからの課題は多い．

5．学習理論の被害対策への応用

野生動物の様々な問題を解決する為に各地で犬が使われ，それは広がりをみせつつある．対象動物の発見に使う場合，対象動物の追い払いを行うなど棲み分けの方法として用いる場合，対象動物を樹上に追い上げたりして駆除や捕獲の為の補助に使う場合，対策員の安全の確保に使う場合など用途は様々である．犬は臭覚や聴覚などで人間を圧倒する優れた感覚を持ち，運動能力は人をはるかにしのいでいる．また，そもそも犬は追跡型のハンターとして，ほとんどの野生動物にとって脅威となっている動物である．このような能力を持つ犬の活用は，野生動物の様々な対策の効果を飛躍的に向上させる可能性をもっている．本稿では，その一部を紹介したにすぎない．

その用途によって犬の使い方も様々である．犬を放して自由に行動させる方法もあれば，犬を手綱（リード）につないで作業する方法，人が充分コントロールできる状況で手綱を放して作業する方法等がある．犬を自由に行動させる使用法には，犬の機動性を活用し人間の労力はかからない利点があるが，対象動物に対して効果的な行動ができないことがあるだけでなく，対象動物以外の動物や人間等に危害を加えたり，危害を加えられたり，犬

が事故にあう可能性もある．その為，犬は飼い主に呼ばれたらすぐ戻る訓練と，対象動物に対してのみ興味を持たせ，人や他の動物に対する攻撃性をなくす訓練が必要となる．

一方，手綱を付けたままの使用は，犬を充分コントロールできるので，人間や対象動物以外の動物への影響や事故はほとんどないが，犬の機動力を活かすことができず，ハンドラーの労力も大きくなるだろう．

カレリアン・ベア・ドッグやアライグマ探索に従事する甲斐犬などの訓練を担当された山下氏によれば，狩猟本能が強く残るこれらの犬種を使うことには利点が多いという．犬自身の判断よりもハンドラーの指示（コマンド）を優先して命令に従う犬種に比べて，これらの犬種は自らの判断力を活かしながら求められた指示を遂行する．例えば，「川を渡れ」という指示に対して，前者の犬は指示に忠実にまっすぐに川を渡るが，後者の犬は指示を受けてから自分で考え，渡りやすい場所や飛び石などを利用して渡って行くという（山下　私信）．利用目的や利用法，訓練法，能力の高い犬の入手の可否等，いろいろな条件があるので，一概に言うことはできないが，日本犬等の狩猟本能の強い犬を使うメリットは大きいと思われる．特に，探索を行うような使用法の場合，狩猟本能によって常に動機づけられた状態，すなわち犬が自ら楽しい行為を行う状態で，探索行動を継続することが期待できる．

犬の訓練法は，軍用犬の流れをひく強制訓練法と，ほめることを基本にした陽性強化法（あるいはモチベーション訓練法）と言われる方法に大別できる（山下 2009）．カレリアン・ベア・ドッグと軽井沢のアライグマ探索犬は，陽性強化法によって訓練された．強制訓練法が犬を屈服させ服従させるという考えを基礎にしているのに対して，陽性強化法は学習と行動に関する理論（メイザー 1996，リード 2007）に基づいて，人間の望むことを犬がやりたくなるように仕向けるトレーニングであり，好ましい行動に報酬を与えることを基本としている．また，訓練対象の犬の挙動を詳細に観察することが基礎となり，犬の心理的状態に応じて行動を促進する「強化子」や抑制する「弱化子」の提示または除去の組み合せによって，人間の側が行って欲しい行動を犬が自ら行うように仕向ける．一見，餌で「つって」いるように見えるが，ご褒美になるのは食べ物とは限らない．犬の心理を利用して，犬がその行動を行えば，犬にとってもっと行いたいことができる状況をつくることもご褒美になる．つまり，犬の心理をうまく利用するということである．このような理論とトレーニングの具体的な方法は，長い歴史の中で培われてきた専門性の高い分野である．

実際，カレリアン・ベア・ドッグが人間の指示を実行して良い結果を出した際には，ベア・ドッグにご褒美のおやつを与えるだけでなく，ハンドラーの手とベア・ドッグの手でハイタッチを行いながら，「グッド・ジョブ」と声をかけ，共にその成功を祝っていた．また，チーム全体でそのような行動を行い，チームの一員であるベア・ドッグの行動を讃える行動をすることで，ベア・ドッグの動機付けを強化するようにしていた．このような訓練と日々の活動によって，犬をハンドラーと同じ仕事をする仲間（パートナー）に仕立てて行くのである（山下 2009）．

私は 20 年間にわたって，野生のニホンジカの行動観察を続けてきた．600 頭のシカを

個体識別してその行動を追跡し，最も良く観察した個体に対しては近接距離から1頭に対して 500 時間以上も観察を続け，12 時間以上その個体を観察し続けた日もあった．そのおかげで，シカに関しては少しはその心理を読み取ることができると自負している．しかし，野生動物の観察はほとんどが一方的である．野外で実験を行うこともあるが，その多くは行動の意味を検証するものであり，対象動物に何かを学習させるものではない．すなわち，野生動物の行動学的研究と犬のトレーニング学はどちらも動物の行動理論に基づいているとはいえ，かなり異なるものである．犬を野生動物の保護管理に利用する場合には，野生動物の状況に応じた犬の利用という点では野生動物に対する知見と経験をもった専門家が必要であるが，犬を的確に利用するという点では，適切な訓練を行える訓練士，もしくは飼い主に適切な指導を行える訓練インストラクターが不可欠である．

野生動物の保護管理の現場で犬を利用する際には，それを使う人の役割が重要である場合が多い．犬を放し飼いにして防除するような場合でも，犬を有効に，かつ，人や対象外の野生動物への影響をなくす為には，飼い主にはその犬と対象の動物に対する一定の知識が必要である．また，人が犬と一緒に行動して野生動物の対策にあたる際には，犬と一緒に行動するハンドラーが犬の使用について訓練を受けていることが，より高い効果を生み出すと考えられる．つまり，犬の訓練だけを行う訓練士ではなく，その犬を使う飼い主兼ハンドラーのトレーニングを行えるインストラクターが必要となる．山梨県の里守り犬プロジェクトでも，インストラクターが指導する対象は犬ではなく飼い主兼ハンドラーである．さらに，そのハンドラーが，対象動物に対して知識や経験を持ち的確な判断ができると，さらに効果が期待できることはいうまでもない．野生動物の専門家が訓練インストラクターによって犬のハンドリングの訓練を受けたピッキオでの実践は，その例と言えるだろう．

私は野生動物の行動学の専門家の端くれである自分に次のように自問せざるを得ない．日本の野生動物行動学が本当に野生動物の行動を理解し，それを保護管理や被害防除に利用できているだろうか．特に，被害防除について行動学の知見を蓄積し，それを利用できているだろうか．イノシシについては，江口祐輔氏によって，飼育下の実験を含めて被害対策への応用が進んでいる（江口 2003）．ニホンザルについては，井上雅央氏の試行をはじめ，各地で取組みが行われている（井上 2002，室山 2003）．しかし，他の動物では，行動学の保護管理への応用は今後の課題である．犬の訓練に使っているような精度とまではゆかなくても，そのような発想で，強化子や弱化子を考慮した野生動物の行動管理が行われているだろうか．犬の意識をハンドラーに向けさせる訓練では，犬への対応がほんの1秒遅れることで，犬がその指示を理解する程度が大きく下がる．犬程度の知能のある動物では，それほどのレベルで学習や行動選択が生じている．そのような動物に対して，何を，どのように，学習させるかを検討してゆく必要があるだろう．私たちは，訓練インストラクターが専門的に学んでいるような学習行動の基礎理論を含めて，もう一度野生動物の行動学を見つめ直す必要があると感じている．犬を使うという実践的な意味でも，行動学を被害防除に応用するという意味でも，野生動物学と，犬の行動学やトレーニング学の恊働が必要となっている．

参考文献

1) 池田　透：アライグマ対策の課題. 哺乳類科学 46(1), 95-97(2006).
2) 井上雅央：山の畑をサルから守る-おもしろ生態とかしこい防ぎ方. 社団法人農山漁村文化協会. 117(2002).
3) 岩手県生活環境部：ツキノワグマ保護管理対策事業報告書-移動放獣マニュアル, 90(2001).
4) 江口祐輔：イノシシから田畑を守る-おもしろ生態とかしこい防ぎ方. 社団法人農山漁村文化協会. 149(2003).
5) 大井　徹：獣たちの森(日本の森林/多様性の生物学シリーズ 3). 東海大学出版会, 244(2004).
6) 大井　徹：ツキノワグマ-クマと森の生物学. 東海大学出版会. 226(2009).
7) 太田京子：がんばれ! ベアドッグ. 草炎社. 189(2006).
8) 萱野　茂・前田菜穂子：よいクマわるいクマ-見分け方から付き合い方まで. 北海道新聞社. 259(2006).
9) 環境省：平成 20 年度関東山地ニホンジカ広域保護管理指針(案)作成事業報告書. 105(2009).
10) 小山　克・田中純平・玉谷宏夫・樋口　洋：学習放獣の効果と課題-軽井沢町を事例として. JBN 緊急クマシンポジウム&ワークショップ報告書 67-69(2007). 日本クマネットワーク(JBN).
11) 財団法人自然環境研究センター：野生鳥獣による農林産物被害防止等を目的とした個体群管理手法及び防止技術に関する研究 ツキノワグマに関する報告書 214(1995).
12) 柴田叡弌・日野輝明：大台ケ原の自然誌. 東海大学出版会. 301(2009).
13) 高槻成紀：野生動物と共存できるか. 岩波ジュニア新書. 岩波書店. 209(2006).
14) 田中純平：軽井沢町のツキノワグマ保護管理におけるベアドッグの使用例. JBN 緊急クマシンポジウム&ワークショップ報告書 78-79(2007). 日本クマネットワーク(JBN).
15) 中部森林管理局：平成 18 年度南アルプスの保護林におけるシカ被害調査報告書-南アルプス北部の保護林内-. 中部森林管理局, 109(2007).
16) 中井真理子：外来生物探索犬の導入と育成方法に関する研究-日本におけるアライグマ探索犬の導入に向けた育成計画-. 北海道大学文学部平成 20 年度修士論文 96(2009).
17) 長野県：クマ対策犬(ベアドッグ)育成のためのガイドブック. 第 2 期特定鳥獣保護管理計画(ツキノワグマ)(平成 19 年 3 月)資料 19-28(2006).
18) ピッキオ：森の「いろいろ事情がありまして」. 信濃毎日新聞社. 184(2007).
19) プリマック, R. B. ・小堀洋美：保全生物学のすすめ-生物多様性保全のためのニューサイエンス. 文一総合出版. (1997).
20) ヘレロ, S.：ベア・アタック-クマはなぜ人を襲うか. 北海道新聞社. 521(2000).
21) 米田一彦：生かして防ぐクマの害. 社団法人農山漁村文化協会. 192(1998).
22) 三浦慎悟：野生動物の生態と農林業被害-共存の論理を求めて-. 社団法人全国林業改良普及協会. 174(1999).
23) 三浦慎悟：ワイルドライフ・マネジメント入門-野生動物とどう向き合うか-. 岩波書店. 123(2008).
24) 南　正人：個体レベルの行動研究はどのように野生動物の保全に役立つか-ツキノワグマとニホンジカの行動研究を保全に応用する-(特集：野生生物の保全に挑む行動学). 日本鳥学会誌 52(2)：79-87, (2003a).
25) 南　正人：事例：野生生物保護管理の担い手. (生態学からみた野生牛物の保護と法律(財)日本自然保護協会編)158-159(2003b).
26) 室山泰之：里のサルとつきあうには-野生動物の被害管理. 京都大学学術出版会. 246(2003).
27) メイザー, J. E. の学習と行動. 二瓶社 421(1996).
28) 山下國廣：日本犬の特性を生かすトレーニング. 第 4 回日本ペットドッグトレーナーズ協会カンファレンス講演概要(2009).
29) 湯本貴和・松田裕之：世界遺産をシカが喰う シカと森の生態学. 文一総合出版. 213(2006).
30) リード, P. J：エクセレレーテッド・ラーニング-犬の学習を加速させる理論. レッドハート. 219(2007).
31) Hunt C. The "Partners-In-Life" Program : Bear shepherding guidelines for safe and effective treatment of human-bear conflicts. 71pp. The Wind River Bear Institute, Montana. 71(2003).

14

動物の素顔を追う －ヒトは動物を誤解する動物である－

江口 祐輔（近畿中国四国農業研究センター）

　わたしたちは自分の感覚能力や，生活している社会の常識を基準に物事を見ている．しかし，動物に対しても同じように人間の目線だけで見てしまうと，動物を誤解して理解してしまうことがある．また，動物と接する機会が少ない現在では，その動物の生活のほんの一部分を切り取ったにすぎないテレビ映像がその動物の特徴として強くインプットされてしまいやすい．動物を正しく理解するためには彼らの目線で考えなければならない．現在，ヒトと野生動物の軋轢が社会問題になっているが，これは，動物を理解していないことによって問題をさらに助長したり，適切な対応がとられていない場合が多いからである．まず，動物が何を考え，どのように行動するのか，すなわち彼らの素顔を知ることが重要である．

キーワード：動物の素顔，動物行動学，ヒトと動物の軋轢，野生動物，鳥獣害

1. 動物に対する誤解を解消する応用動物行動学

　不潔に見える豚は本来清潔だからこそ，結果的に不潔に見えてしまう．跳躍能力に優れた野生動物でも，障害物の上を跳ぶよりも下をくぐる方を選択する．ニホンザルは人間が過大評価しすぎていて，実際には，他の動物より頭がいいとはとても言えない．このような例はいくらでもある．なぜ，ヒトの目線で動物を見ると，誤解が生じてしまうのだろうか．応用動物行動学の研究を通して動物の素顔を紹介する．

写真1　泥まみれの豚

2. 豚は不潔か清潔か

　一般的に豚のイメージはあまり良くない．養豚場に行ったことのある人は，豚はくさい，汚いと感じることが多い．また，実際に糞尿まみれの豚を見たことのある人は，豚は不潔だと感じる（写真1）．しかし，これは豚に対する大きな誤解である．写真2を見てもらいたい．イノシシが小川で排尿を行っている．このイノシシだけがこのような行動をとるのではなく，この付近に生息するイノシシは成獣も幼獣も皆，同じ様に水の流れているところで排尿する．まさに水洗トイレである．また，「ぬたうち」とか「泥浴び」と言う言葉を聞いたことがあるだろうか．これはイノシシなどの動物がぬかるんだ場所で転げ回り，

写真2 イノシシの排尿行動
水洗便所のように川を利用する.

体中に泥を塗りつける行動である.ぬたうちは,夏場,上昇した体温を下げて体温調節を行ったり,体についたダニやシラミなどの外部寄生虫を追い出したり,体を泥でパックすることで寄生虫がつきにくくしたり,アブや蜂から身を守ることもできる.このような行動特性を有するイノシシが家畜化されたことにより,豚もこれらの行動を受け継いでいる.では,養豚場では何が起きているのか,豚の行動を観察してみよう.一般的な豚房は限られたスペースであり,そこに設置されているのは餌槽(餌箱)と飲水器だけの場合が多い.豚は餌槽から餌を摂食し,飲水器から水を飲む.食欲が満たされた豚は,そのうちに,尿意・便意を感じる.どこで排泄すればよいだろうか.本来清潔な豚は,できれば糞尿が流れ去ってしまう水のあるところで排泄したい.狭いスペースではなおさらである.あたりを見回すと飲水器の周辺にこぼれた水がある.排泄場所としてとても魅力的な場所である.しかし,飲水器の周辺の糞尿は流れることなくたまってしまうので,「水飲み場で排泄するなんて豚は不潔な動物だ」と人間は思ってしまう.

　夏場,体温が上昇した体を冷やすために豚はどうするか.また,外部寄生虫やアブなどが飛来してきて,これらを追い払いたいとき,豚はどうすればよいだろうか.本来であれば祖先種のイノシシの様に土のぬかるんだ場所を探して泥浴びをしたいのだが,豚房の中では泥がないため,そうは行かない.飼育施設内で泥に似たものは飲水器からこぼれた水と混ざって泥状になった糞尿である.豚は体温を下げるため,寄生虫から身を守るため,泥の代わりに糞を体に擦りつけるしかないのである.

　豚は人間が飼育することによって,環境が制限され,それによって,本来有する行動が十分に発揮できない場合,人間から不潔だと誤解される状況を招いてしまうのである.豚も本来は清潔な動物なのである[1].

3. サルはアタマが良い？悪い？

　他の章で動物の色の見え方や視力について紹介されている.これらの能力を明らかにするには動物の学習能力を利用した実験手法が用いられている.色覚能力などの実験[2]を霊長類以外の豚やイノシシがこなすことに驚かれたと思う.一般的にサルは他の動物に比べて頭が良いと思われている.

　例えば,写真3のように,中に餌が入っている箱の入り口に掛けてあるネットの裾を

一頭のニホンザルが持ち上げて，他の個体がそこを通る写真を見ると，多くの人は「サルは頭が良い，優しい．仲間が通りやすいようにネットを持っている．」と解釈してしまう．

しかし，理想と現実は大きく異なる．この写真を見ただけの解釈は完全な間違いである．この写真を撮影する前に，ネットの部分に上下に開閉できる木製の扉を設置した実験を行った．ニホンザルが扉を上に持ち上げれば箱の中の餌が得られる仕組みである．

写真3　ニホンザルの餌獲得試験
猿が仲間のためにネットを揚げているように見えるが，実は全くの偶然．

まず，私が50頭余りのサルを目の前にして扉を上げて開き，中の落花生やミカンを食べるデモンストレーションを数回繰り返した．餌を欲しがるサルは私の動作を凝視している．次はサルたちの番である．私が箱から離れると彼らは一斉に箱に近づき，探査を開始する．前肢で触れてみたり，箱に登ったり，金網部分をかじったり，様々な行動を見せてくれた．

しかし，いつまでたっても扉を持ち上げる個体は出てこなかった．サルは餌が欲しくて，箱をいじっているのは間違いなかったが，私のまねをして扉を開ける個体はいない．20分も経過すると，サルはいらいらし始め，箱をたたいたり，かじって金網を破ろうとする行動が認められた．結局2時間待っても扉を開ける個体はいなかった．翌日も同様であった．扉を持ち上げて扉を開けるくらいサルにとって簡単だと思うかもしれないが，実は彼らにとってそんなに優しいことではないのである．どうやらニホンザルにとって猿まねは難しいようだ．

写真3は木製の扉の替わりにつり下げたネットにも手を焼き，とうとう餌をとるのを諦めたニホンザルがネットの裾を振り回して遊んでいたとき，偶然できた隙間に気付いた他の個体が箱の中へ侵入し，また同様に箱から出てきたときの一場面である[3]．仲間のために入り口を開けるなど，何も考えていないのである．

4. 野生動物の運動能力と行動特性に対する誤解

野生獣による農作物の被害をくい止めたい農家や，高速道路場で起きる野生動物の交通事故（ロードキル）を防止したい管理会社は，侵入防止柵を設置するときに野生動物の跳躍能力を考えて柵の高さを重要視するが，柵と地面との隙間や，柵の格子のサイズには意外と無頓着である．実際に，高さを優先しただけの柵では野生動物の侵入防ぐことはできない．これも野生動物の本来の行動を理解していないためである．野生動物のしなやかで力強い体を見ていると，その運動能力の高さを想像することができる．実際にイノシシ

の跳躍能力を調査してみたところ，高さ1m を飛び越えることができた．1.2m の障害物でも最上部に飛びつき，越えることができた[4]．また，身の危険が迫ったときなどは，金網などの足場がある場合には2m 以上の高さでもジャンプしてからよじ登って柵を越えることができる．シカの跳躍能力はそれ以上である．

しかし，奥行き1m の金網を地面から20cm 浮かして設置し，その先に餌を置くとイノシシはどのようにして餌をとるのだろうか．結果は，すべてのイノシシが数十秒から数分間の金網への探査行動を行った後，鼻で金網を力一杯押し上げてから前肢を折り曲げ，匍匐前進（ほふくぜんしん）で金網の下を通り抜けて餌にたどり着いた[4]．イノシシは金網を飛び越える，あるいは金網の格子に足を通して渡ると言う選択肢があるにもかかわらず，すべての個体が金網の下をくぐりぬけた．このことからイノシシは障害物の先に進むとき，通り抜けられる隙間があれば障害物を飛び越えるより，くぐり抜けることを優先することがわかった．なぜ，このようなことが起こるのか．

動物には何かを行うのに十分な能力を有していても，その能力を生かした行動を優先的に選択しない場合がある．これはとてもおもしろく，動物の素顔を知る上でとても重要である．では，なぜイノシシはくぐり抜けを選択するのだろうか．野生動物の生活を考えてみよう．彼らは常に生死を懸けていると言っても過言ではない．私たちのように安心して暮らせる環境ではないことは確かである．彼らは常に警戒していなければならず，気を抜くと，天敵に捕食されてしまうかもしれないし，猟師に捕獲されてしまうかもしれない．また，急斜面や泥濘に足を取られたり，溝にはまってしまうと幼齢個体にとっては命取りになることもある．ちょっとした気の緩みや選択ミスが命に関わる．例えば，山の中でイノシシの目の前に有棘植物の茂みがあったとしよう．茂みの先の足場はよく見えない，もし飛び越えた先の足場が悪く脚を痛めてしまったらどうだろうか．餌が探せなくなった個体や，天敵や猟師から逃げられなくなった個体は生き延びることができるだろうか．

野生動物ではないが，競走馬を例にとるとわかりやすいかもしれない．サラブレッドがレース中に骨折するとどのような結末が待ち受けているのか，皆さんはよく理解していると思う．動物にとって，脚のけがは致命的なのである．ましてや野生動物ではなおさらである．イノシシも飛び越えるより，茂みの隙間を通り抜けた方が四肢を痛める可能性は低い．角もなく，首も短い，はっきり言ってぱっとしない体型のイノシシはその流線型の体を生かして，茂みを通り抜けるのに適している．障害物を飛び越えてばかりいる個体は，四肢に怪我を負う可能性が高く，結果的に淘汰されてきた可能性が高い．また，シカにおいてもこのような行動が観察されている．柵を跳び越えるより，角が引っかからないようにアタマを巧みに動かして柵をくぐり抜けて農地に侵入することができる．これらのことを考えると，跳躍能力に優れた大型の野生動物がくぐり抜けを選択するのは自然なことと考えられる．

5．野生動物の食性も変化する

イノシシは雑食性である．雑食と言っても植物食が中心となり，根茎や果実，堅果類（いわゆるドングリ）を好むことが知られている．動物食では小さな昆虫やミミズ，カエ

写真4 放牧地で草を摂食するようになったイノシシの群れ

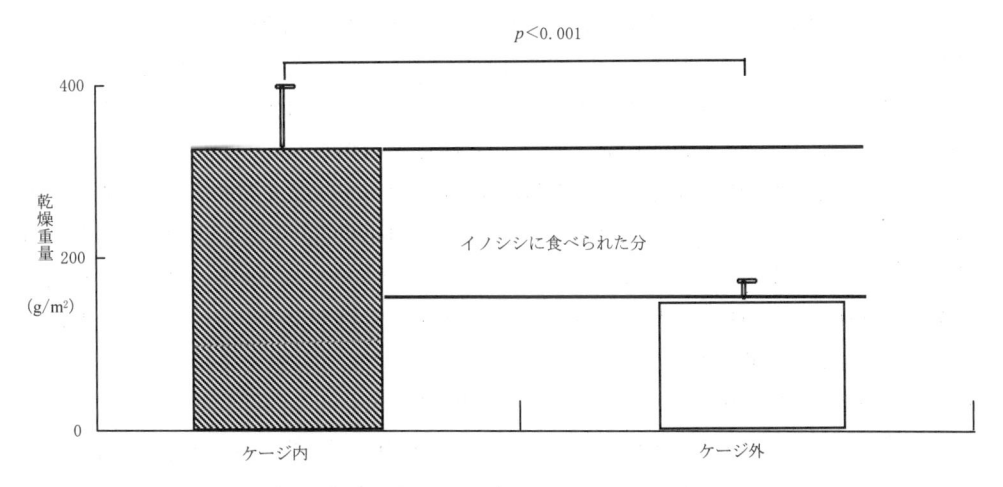

図1 イノシシによって摂食された牧草の乾燥重量　　　上田ら, 2008より改変

ル，ヘビなども摂食する．多くの図鑑，書籍にも大体これと同じようなことが記載されているがイノシシがこれらをどのくらい好んでいるのかは実のところ余り分かっていない．母イノシシが口にするものを子もまねをすることは分かっているので，母親の食性次第である．私の現在の職場には牛の放牧地や採草地がある．そこにイノシシが侵入しては草地を掘り返し，芝をめくりあげ，土の中の昆虫や幼虫，根などを探して摂食する光景や痕跡が10年前から毎年観察された．ところが数年前から放牧地の様子が変わってきた．イノシシは確かに牧草地に侵入しているのだが，以前ほど派手に掘られることはなく，その代わりに，草が短く刈られたような状態になった．

そこで，同僚である上田ら[5]は牧草地においてイノシシの行動を調べたところ，彼らは牧草を好んで摂食し，特に冬の寒地型牧草は，半分以上がイノシシに食べられていることが明らかになった（写真4）．イノシシに食べられないようにケージをかぶせて草を保護したところは，保護していないところに比べて2倍以上の草丈があった（図1）．まるで草食動物のような草のイノシシの食べっぷりである．雑食性の動物は環境に応じて食性を臨

機応変に変えることができるのである.

　この動物はこうあるべきだという先入観は持たない方が，野生動物の本質や状況による行動の変化を理解できる.

6. なぜ野生動物が人里に現れるのか

　野生動物が人間の生活域に現れるとニュースや新聞で大きく取り上げられることが多い．住宅街を徘徊したり，家屋に侵入して屋根裏などに住み着いたり，農作物を荒らしたり，さらには人間に危害を加えることもある．

　野生動物はなぜ人里に現れるのであろうか．森林伐採によって餌がなくなるとか，地球温暖化によって個体数が増えたためなどと言われることもあるが，私はこの説をほとんど信じていない．もちろん，これらの要因がゼロだとは言わない．しかし，もっと身近なところで野生動物の行動が変化していることを見過ごしてはいけない．例えば，携帯電話のアンテナ，都会では至る所に設置されている．ところが，野生動物の生息する地方の中山間地域ではアンテナが少ないため，通信環境が余り良くない．そこで，通信会社はこの状態を改善しようと，アンテナの増設が行われる．都市部であればアンテナはビルなどの高いところに設置されるが，地方の中山間地域では山頂や尾根に沿って設置される．山の尾根部に資材を運ぶため，作業通路を造らねばならない．木を伐採するだけでは，表土が流れるなどの問題が起こるために，草を吹き付けて根を張らせる．これに利用される草の多くは成長が早く，冬も青々として枯れない寒地型牧草であった．放牧地でウシが育つ牧草である．冬期，山の植物は冬枯れする．シカなどの野生動物が食べる草はほとんど無い．

　しかし，尾根から続くアンテナ工事用の作業通路だけは緑の絨毯である．飢えて生き延びることのできない個体が，この草を得ることで冬場に死亡する個体が激減することが予測できる．まさに，人間が知らないうちに野生動物を養っていたのである[6]．また，この緑の絨毯は人里へとつながっているため，農作物への誘因道にもなっているのだ．同様に，農道整備や林道整備で山を削る．削った法面（のりめん）はやはり，崩れないように草が吹き付けられる．最近は景観も重要視されるため，やはり，冬場も青々とした草が選ばれる．これは道路整備事業と言うだけでなく，野生動物増殖事業と言っても過言ではない．少なくとも私たちの研究チームはそう呼んでいる．野生動物の問題を考えるには様々な分野との協力が必要になる．

7. 餌が無くなったからではなく，餌があるから出てくる野生動物

　山ぎわの集落に初めてサルがやってきた．空き屋の庭に生えている誰も管理していないほったらかしの果樹の枝で実を食べている．この珍しい状況に，人間は喜び，家からカメラを持ってきてカシャッ．野生動物にとって人間は本来，警戒すべき，恐ろしい存在であった．しかし，実際は写真を撮るだけで，何もしない，木に登ってくることもない，石も投げつけてもこない．サルは「人は怖くない」と感じる．この段階で集落への餌付けと人慣れの第一段階が完了する．

　中国産のタケノコが安く，日本産のタケノコが売れない．したがって収穫が減る．人が

入らなくなった竹林をたまたまイノシシが通る．うまい餌場（タケノコ）を見つける．人の住んでいる周辺には上手いものが冬場でも手に入ることを知る．

林縁部に人が廃棄したくず野菜がある．人はすでに食べ物とは見なしていない[7]．しかしイノシシなどの野生動物にとっては経験したことがないほど美味しい．そして，なるべく集落のそばで餌を探すようになる．これも集落への餌付けである．

写真5　山ぎわに捨てられたジャガイモの種芋
野生動物にとってはこの上ないごちそうである．

写真5はジャガイモの種芋を放ったものだ[8]．一日に4時間も5時間もひたすら餌を探し，一日の必要量を満たすイノシシにとってこの光景はどう写るのだろうか．このように知らず知らずのうちに野生動物の餌場となっている場所は多い．現場に目を向けると，新聞やテレビの報道とは違う真実が見えてくる．

8. 人間の目線で失敗する被害対策の例

多くの動物がトウモロコシを好むため，様々な動物が侵入して被害を起こす．しかし，表面的に物事を捕らえると対策を誤ってしまう．農家が早朝に畑に行くと数羽のカラスが飛んで逃げていった．カラスのいたところではトウモロコシが荒らされている．カラスにトウモロコシを荒らされたと認識した農家はカラスよけを購入して設置するが，いっこうに被害が減らない．手をこまねいている間に作物は全滅してしまう．被害が減らなかった原因は2つ考えられる．

一つは，動物に対して効果があると勝手に思い込んで，超音波装置や磁石を設置した場合である．カラスを始め，ほとんどの鳥類は超音波を聴くことができない．また，渡り鳥は磁力を感じ方角を知ることができるとあるが，餌を求めるために磁力は必要としない，目で見て探すのである．また，多くの鳥は磁力を利用して方角を知ることもない．この前提を知れば，上記2つの対策が，「ちちんぷいぷい」のまじない程度の役割しか持たないことがわかる．

被害が減らないもう一つの理由は，カラスは本当の加害動物ではない場合である．カラスの行動を観察すると，トウモロコシの皮をむくのは相当の労力であり，非常に難しいことがわかる．ところが，被害現場には大量の皮が破れ，散乱している．とてもカラスが日の出から農家が来る早朝までの時間に行ったとは思えない光景がある．おそらく，地面を注意深く観察すると，アライグマやタヌキ，ハクビシンの足跡があるはずだ．人間はカラスを目撃したので，すべてカラスのせいだと決めつけてしまう．しかし実際は夜間にこれらの中型野生動物が巧みにトウモロコシの皮をむき摂食する．彼らが逃げた後，朝にな

ってこれに気づいたカラスがおこぼれを頂戴しているところを人間に見つかった，と言うわけである．さらに細かく観ていくと，トウモロコシの倒れ方，食べ残しなどで，どの動物種が来たのかもある程度判断できる．そこに明らかな足跡があれば，ほぼ間違いなく真犯人が特定でき，正しい対策を行うことができる[9]．

9. 動物の心理に働きかけて行動を制御する

野生動物の行動を制御したいとき，彼らの心理や行動特性を理解すれば，比較的簡単なやり方で成功する．農作物被害対策において野生動物の農地への侵入や行動を制御する方法を紹介する．

野生動物の警戒心を利用した例：茂みに潜む野生動物は見通しの良いところで，全身が丸見えになることを好まない．野生動物が人里に侵入しても，道の真ん中を堂々と歩いているわけではない．茂みを上手く利用しながら移動している．農村地域では，集落周辺の至る所に茂みがあり，特に，農地周辺広がる放棄地の茂みは彼らにとって格好の隠れ場所兼，移動通路兼，生活拠点となる．私が3年間観察したイノシシの群れは，毎日ほぼ同時刻に林縁部の茂みから開けたところに出没したのだが，いつまでたっても，警戒を怠ることなく，体が丸見えになる直前にぴたっと停止し，周囲を確認してから毛を逆立てて現れた．実際，農作物の被害を受けやすい場所は茂みが農地に接しているところである．そこで，草刈りをして，見通しをよくしてやると，野生動物の警戒心は高まり，農地に入ることに集中できなくなる[8]．

サルも身を隠す動物だが，イノシシやシカとは決定的に違う利点がある．彼らは樹上も利用できるので，行動が3次元になる．例えば，根元近くで摂食しているイノシシやシカはヒトの姿が見えたらすぐに逃げなければならない．ところが3mの樹上で果実を摂食しているサルはヒトがここまでは登ってこられないことを知っているため，それほど慌てる必要がない．そこで，果樹の樹高を低くするとどうなるだろうか．剪定や，接ぎ木の仕方は果樹によって異なるが，樹高を低くすること自体はできる．高さ1mの果樹園はサルの目にはどのように映るだろうか．全体的に見通しが良く体を隠せる場所が少ない，木に登っても高さが1mしかないため，人の手が届く，イヌがいれば，飛びつかれる．サルにとって魅力のない，できれば避けたい餌場（農地）になる[10]．

10. 野生動物の行動特性を利用して行動を制御する

ニホンザルは樹上も生活域であるため，立派な柵をたてても彼らは難なく越えてしまう．イノシシやシカは障害物をくぐる方を優先的に選択することを説明したが，サルは上を登って越える方が得意である．そこで，柵の支柱を弾力性のある素材（例えば，グラスファイバー製のダンポール）を用いて高さ3mほどのネット柵を設置する（図2）．サルはネットをよじ登ろうとするが，支柱がしなって非常に登りにくい．この柵の利点は他にもある．支柱が曲がるので高さが3mだろうが4mだろうが脚立ナシで設置できる[10]．

サル以外にも登ることを優先する動物がいる．ハクビシンやアライグマである．彼らは果樹園に侵入し，枝や棚を渡って果樹を摂食する．柵を作っても簡単に登られるため，ネ

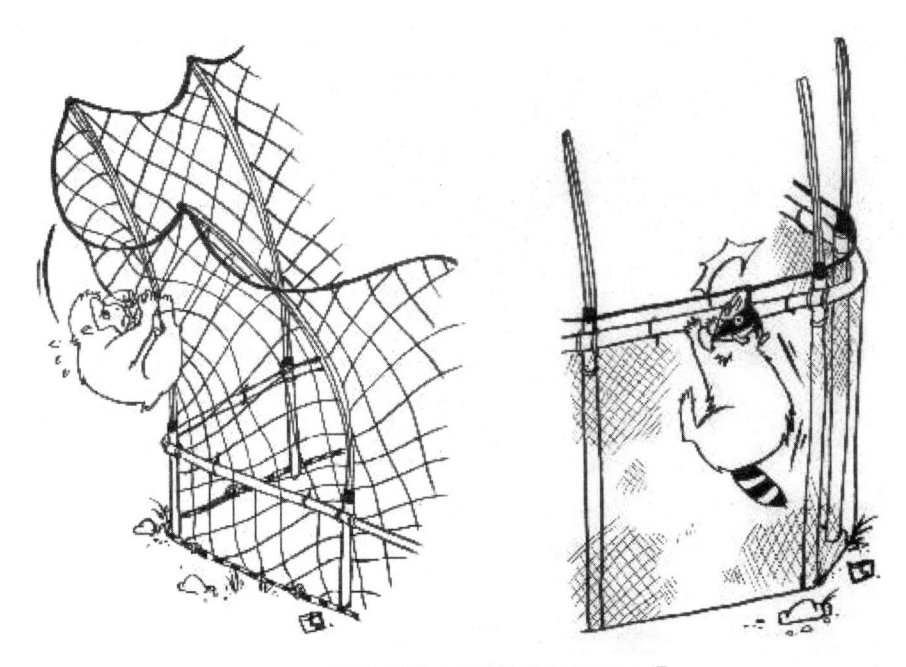

図2　動物の行動特性を利用した柵
左：サル用の猿落君（えんらくくん）は支柱を柔らかくして猿を登らせない．
右：アライグマやハクビシンなど木登りの得意な動物用の伯落君（はくらくくん）は
まず柵に登らせてから電気ショックで嫌がらせ．

ットで天井を作らなければならず，大変である．電気柵も，体の小さい彼らに対応するためには地上から5ないし10cmの高さに電線を張らねばならず，すぐに雑草が伸びて漏電してしまうなどの問題がある．そこで，まず作物をネット柵で囲い，柵の最上部から5cm上のところに電気柵を張る（図2）．登ることや細い枝を歩くのが得意なハクビシン[11]やアライグマにはまず登ってもらってから柵の上で電気ショックを与える[9]．雑草による漏電も心配ない．

11. 野生動物の心理と行動特性を利用した柵

　イノシシの障害物に対する行動特性として，1）跳躍するより，くぐり抜けることを優先する，2）障害物から30cmほど離れたところで踏み切る，3）障害物を飛び越えるときには上下に首を振り，柵の位置と柵の高さを繰り返し確認する，などが明らかになっている[12-13]．そこで，写真のように高さ1mのワイヤーメッシュ（溶接金網）の上部30cmを外側に20〜30度外側に折り曲げてやる（写真6）．するとイノシシの行動はどのように変化するだろうか．イノシシは柵に近寄り踏切やすい位置で静止する．まず柵の下部を見て，距離を確認し，次に高さを確認するために上を見る．すると，予測していた位置よりも柵の先端がイノシシに近くに迫っており，跳びにくいため，イノシシは後退する．そして再度，柵の下部に目を落とすと，今度は柵との距離が離れすぎて跳ぶのが容易ではない．元々跳ぶことを最優先しないイノシシは，柵を跳び越えることをすぐに諦めてしまう．イノシシから農作物を守るのに高い柵はいらないのである．

野生動物を観察するときは彼らの目線に立って、「見るより観る、聞くより聴く」を心がければ動物のことをより正しく理解できるようになるのではないだろうか.

写真6 イノシシの行動を特性をさかてにとった折返し柵
踏切の位置が定まらず，飛ぶことが出来ない.

参考文献

1) 江口祐輔：豚の行動からわかること．わかりやすい養豚場実用ハンドブック(伊東正吾 編)34-44(チクサン出版 2006).
2) Eguchi, Y., Tanida H., Tanaka T. and Yoshimoto T. Color discrimination in wild boars. *Journal of Ethology* **15**, 1-7(1997).
3) 江口祐輔 *et al.*：ニホンザルにおける押し上げ力量の測定. *Animal Behaviour and Mamagement* **42**, 72-73(2006).
4) 江口祐輔：食害イノシシの行動管理. 日本家畜管理学会誌 **36**, 90-96(2000).
5) 上田弘則・高橋義孝・井上雅央：冬期の寒地型牧草地はイノシシ(Sus scrofa L.)の餌場となる. 日本草地学会誌 **54**, 244-248(2008).
6) 井上雅央：これならできる獣害対策.(農山漁村文化協会)1-181(2008).
7) 藤井和美・江口祐輔・植竹勝治・田中智夫：野生獣による農作物被害において問題とされる無意識的な餌付けに関する調査(事例報告)*Animal Behaviour and Mamagement* **40**, 16-17(2004).
8) 江口祐輔：イノシシから田畑を守る.(農山漁村文化協会)1-149(2003).
9) 古谷益朗：ハクビシン・アライグマ.(農山漁村文化協会)1-106(2009).
10) 井上雅央：山の畑をサルから守る.(農山漁村文化協会)1-117(2002).
11) 江口祐輔：ハクビシンの素顔を追って. 森林技術 **803**, 22-23(2009).
12) 江口祐輔：イノシシの跳躍特性の解析と折り返し柵の開発・普及. 植物防疫 **62**, 183-186(2008).
13) Eguchi, Y *et al.* How Japanese wild boars overcome fences? *Proceedings of 11th Animal Science Congress AAAP* 202-204(2004).

15 野生動物との共生 －その可能性と方向－

小林 信一（日本大学）

「野生動物問題」と言えば，誰もがまず「絶滅危惧種・希少種の保全」の問題を考えるかもしれない．日本にはトキに象徴される絶滅危惧種[1]が存在し，その解決のための様々な努力が続けられている．トキやコウノトリは日本産野生種が絶滅した後に，中国やロシアの同一種を飼育下繁殖することからはじめて，野外放鳥にまでこぎつけている．また沖縄の固有種であるヤンバルクイナは，沖縄本島の南部から徐々に希少化しており，現在島を横断するフェンスを設置して，補食獣であるマングースの北上を食い止める努力が続けられている．ヤンバルクイナは沖縄固有種であるため，絶滅してしまえばトキやコウノトリのように，海外からの同一種を持ってくることもできない．こうした絶滅危惧種・希少種の保全は確かに重要な野生動物問題だが，それと同様に深刻な野生動物問題が存在する．それは，ヤンバルクイナの補食獣であるマングースのような外来種であり，またシカやイノシシに代表される在来種でもある．本稿では，農山村を中心として，深刻な農林業被害を引き起こしているシカ，イノシシのような野生鳥獣問題に焦点を当てて，こうした野生動物問題が引き起こされた要因と，その解決方向について考えてみたい．

1．増加する鳥獣被害と捕獲頭数

平成20年度（2008年度）におけるシカ，イノシシ，サルの捕獲頭数はそれぞれ250,600頭，306,700頭，15,900頭であった（表1）．昭和35年度（1960年度）に比べ，それぞれ32倍，9倍，159倍の急増である．捕獲頭数には，主に狩猟によるものと，農林業など人間生活に被害を与える場合に行われる「有害駆除」に分けられる．サルは全頭が

表1 主な鳥獣の捕獲数の推移

（単位：頭）

	シカ			イノシシ			サル		
	有害等捕獲数	狩猟頭数	合計	有害等捕獲数	狩猟頭数	合計	有害等捕獲数	狩猟頭数	合計
昭和35年度	200	7,600	7,800	5,300	27,700	33,000	100	－	100
昭和40年度	800	12,900	13,700	7,800	35,200	43,000	200	－	200
昭和45年度	300	14,300	14,600	9,700	53,700	63,400	500	－	500
昭和50年度	800	12,200	13,000	10,800	61,700	72,500	1,300	－	1,300
昭和55年度	2,000	18,200	20,200	12,300	69,300	81,600	2,700	－	2,700
昭和60年度	4,400	21,300	25,700	9,200	51,000	60,200	5,100	－	5,100
平成2年度	10,700	31,300	42,000	12,600	57,600	70,200	4,900	－	4,900
平成7年度	25,500	56,300	81,800	16,400	71,400	87,800	5,800	－	5,800
平成12年度	46,700	90,700	137,400	47,700	100,600	148,300	9,700	－	9,700
平成17年度	69,600	120,600	190,200	76,400	139,900	216,300	9,300	－	9,300
平成18年度	79,600	118,300	197,900	108,100	145,700	253,800	15,100	－	15,100
平成19年度	90,200	121,500	211,700	97,000	134,800	231,800	12,600	－	12,600
平成20年度	115,200	135,400	250,600	136,600	170,100	306,700	15,900	－	15,900

資料：環境省
注：平成20年度は暫定値

有害獣駆除によるものだが，シカ，イノシシでは狩猟の割合が以前は9割前後を占めていたのが，現在では5割台に低下している．つまり，有害獣駆除による捕獲が増加しているわけだが，有害獣駆除のみでは，昭和35年度比シカが576倍，イノシシが26倍である．

こうした野生鳥獣の「有害駆除」を中心とする捕獲頭数の急増の背景には，鳥獣による農林業被害の増加がある．野生鳥獣による農産物被害は，平成19年度までの5年間では190〜200億円に達する（表2）．その6割がシカ，イノシシ，サルによるものであり，鳥類を除く獣類に限れば，3種でほぼ9割に達する．これに被害額の算定が難しい林業や人的被害なども加えると莫大な額となる．

表2 野生鳥獣による農作物被害額の推移

被害額							単位：億円
	シカ	イノシシ	サル	その他獣類	カラス	その他鳥類	合計
平成15年度	39.5	50.1	15.2	14.9	37.1	42.6	199.4
16年度	39.1	55.9	15.9	16.7	35.4	42.7	205.7
17年度	38.8	48.9	13.9	16.3	33.4	35.6	186.9
18年度	43.1	55.3	16.3	20.6	30.7	30.4	196.4
19年度	58.2	53.8	15.4	19.9	25.4	26.3	199.0
割合							単位：%
平成15年度	19.8	25.1	7.6	7.5	18.6	21.4	100.0
16年度	19.0	27.2	7.7	8.1	17.2	20.8	100.0
17年度	20.8	26.2	7.4	8.7	17.9	19.0	100.0
18年度	21.9	28.2	8.3	10.5	15.6	15.5	100.0
19年度	29.2	27.0	7.7	10.0	12.8	13.2	100.0

資料：平成22年度食料・農業・農村白書より作成

被害農地面積は平成19年現在，合計約9万haに及んでおり，作物別で最も多いのは飼料作物の27,740haで，次いでイネ（23,509ha），果樹（18,745ha）などとなっている．各地域における野生鳥獣による被害は深刻で，地域特産品であるタケノコやシイタケが壊滅状況にされたり，トウガラシやミョウガ，ニンニクなどを除き，ほとんどすべての作物が収穫時に被害にあったりしている[2]．国の調査では農産物被害は前述したように年間約200億円で，ここ数年は横ばい状況にあるとされているが，自給的作物の被害がほとんどカウントされていないことや，あきらめから被害申告を行わない住民も多いこと，また何よりも，農業生産が衰退する中で，鳥獣による農産物被害がさらに農業生産の衰退に拍車をかける，という悪循環の中での被害額の横ばいという点に留意する必要がある．

さらに，農産物被害のみではなく森林や人への被害の他に，イノシシによるタケノコ，葛の根，山ゆり，自然薯の掘り取りにより，がけ崩れや林道の崩落などが起きている．また，従来は山間地にしか見られなかったヤマビルが，シカなどの野生動物に付着し集落に持ち込まれ，住民の吸血被害が増加しており，さらに，ヒル対策に使われている殺ヒル剤の健康や環境への悪影響が取りざたされるといった二次的，三次的な被害が報告されている．

2. 野生鳥獣被害増加の要因

野生鳥獣害多発の背景には，中山間地域を中心とする農山村における急速な過疎化・高齢化の進展があり，そのことが要因になっていると共に，鳥獣害対策を効果あるものと出

2. 野生鳥獣被害増加の要因

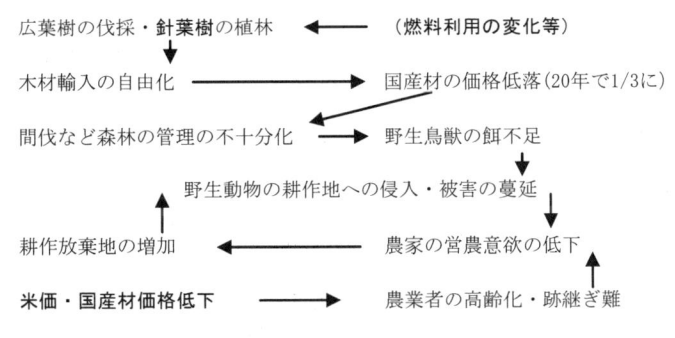

```
広葉樹の伐採・針葉樹の植林 ← （燃料利用の変化等）
         ↓
木材輸入の自由化 → 国産材の価格低落(20年で1/3に)
                              ↙
間伐など森林の管理の不十分化 → 野生鳥獣の餌不足
              野生動物の耕作地への侵入・被害の蔓延
                      ↑                ↑
耕作放棄地の増加 ← 農家の営農意欲の低下
         ↑
米価・国産材価格低下 → 農業者の高齢化・跡継ぎ難
```

図1　農林地利用の後退と鳥獣害の悪循環

来ない原因ともなっている(図1)．つまり，過疎化・高齢化による担い手不足，農林産物価格の下落により，耕作放棄地や間伐などの手入れが十分でない人工林が増加しており，その結果，野生鳥獣の生息域である奥山における餌不足と，奥山と集落の境界域である里山の荒廃が，集落への野生鳥獣の出没を助長している．間伐が充分でないため下草も生えず，餌が不足する針葉樹林の山から，餌となる農産物が実り，人も滅多に来ない農地や集落へと野生動物が降りてくることは，その間を遮る里山の手入れが行き届かず荒れ果てた結果，緩衝地帯としての役割をなさなくなった中では，自然なことだろう．

(1) 林業不振と森林の荒廃

山村の暮らしを支えてきたのは，林業であった．日本は，国土の約7割が森林に覆われた森の国である．しかし，第二次世界大戦中の軍需を中心とした木材需要の高まりによって，毎年70万haに及ぶ「乱伐」が行われ，森林は一気に荒廃した．昭和20年代に相次いだ水害は，この時期の乱伐が原因とされている．このように森林は水源涵養と保水の観点から国土保全に密接に関連している．戦後林政の課題は，こうした荒廃した山林を造林によって回復することにあった．昭和26年の「森林法」改正，27年の「造林事業10カ年計画」などが相次いで打ち出され，人工造林面積は急速に増加し，29年にはピークとなる43万haに達した．造林は昭和40年代後半まで毎年30万haを維持し，造林面積の総合計は戦後の4半世紀で森林総面積約2,500万haの1/3を超えた．

こうした造林の結果，森林面積に占める人工林率は昭和41年の31.5%から56年には39.2%へと

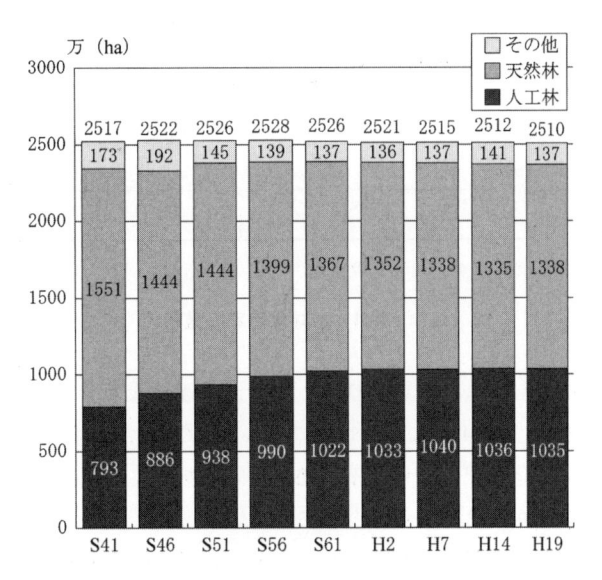

図2　森林面積の推移
資料：林野庁「森林資源の現況」

年	人工林	天然林	その他	合計
S41	793	1551	173	2517
S46	886	1444	192	2522
S51	938	1444	145	2526
S56	990	1399	139	2528
S61	1022	1367	137	2526
H2	1033	1352	136	2521
H7	1040	1338	137	2515
H14	1036	1335	141	2512
H19	1035	1338	137	2510

増加した（図2）．この時点の 2,528万 ha が森林面積のピークで，それ以降徐々に減少したが，平成19年でも森林面積は2,510万 ha を維持している．しかし，人工林率は41.2％までに上昇している．さらに森林蓄積の面からみると，植林した人工林の樹齢が高まると共に，人工林の森林蓄積が急増したことから，人工林率は50年代後半には5割を超え，現在ではほぼ6割に達している（図3）．また戦後の造林は杉，檜，また寒冷地ではカラマツが中心であったため，この3種で9割近くになっており，特に杉は過半を占めている．かつて佐々木高明氏や中尾佐助氏は，西日本は雲南・チベットなどと同じ照葉樹林文化圏の一部であると主張した．しかし，葉のクチクラ層が発達し，光を浴びてキラキラと輝くカシ，シイ類などの常緑広葉樹林である照葉樹林の多くは，現在杉，檜などの針葉樹林にとって代わられている．

木材の自給率は昭和35年では89.2％と高かったが，44年には5割を割り込むまでに急速に低下していった（図4）．平成に入ってからも低下を続け，14年には18.8％，しいたけ原木，薪炭材を除いた用材の自給率は18.4％にまで落ち込んだ．近年若干の増加傾向にあるが，それでも19年で23.0％と食料自給率よりもはるかに低い割合にとどまっている．

自給率低下の要因は2つあり，1つは輸入量の増大で，もう1つは国内供給量の減少である．輸入量自体は平成8年の8,883万 m^3 をピークに減少に転じているが，国内生産量は減少を続けており，昭和35年の6,376万 m^3 から平成19年には1,931万 m^3 までに1/3

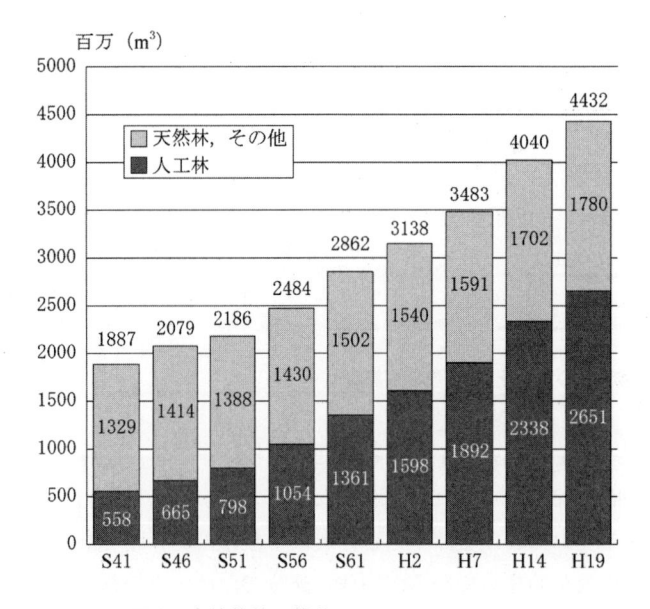

図3 森林蓄積の推移　　資料：図2に同じ

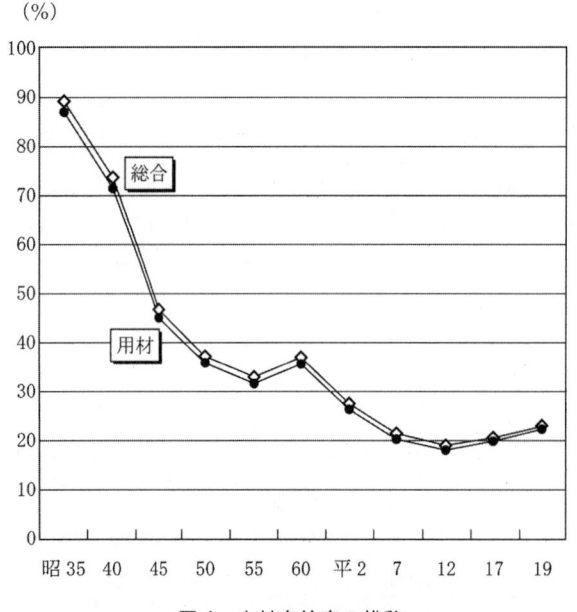

図4 木材自給率の推移

に縮小してしまっている．ただし，国内生産量は平成14年の1,692万m³を底に若干の増加を見せてはいる．

　木材の輸入自由化の背景には，当時木材価格が高騰したことがあった．木材価格は，高度経済成長期に大都市圏に人口が集中し，住宅需要が急速に膨らんだ一方，供給力は戦中の乱伐によって著しく縮小したことにより急騰した．昭和36年に国はこうした状況を緩和するために，「木材価格安定緊急対策」を打ち出し，木材の輸入自由化を進めた．この結果，安価な外材の流入が始まったが，造林によって木材供給力が高まってきた時期には，円高の進行もあり木材価格は急速に低下していった．すなわち山元立木価格は，昭和50年代前半までは杉も檜も高騰を続け，杉は昭和30年の1m³あたり4,478円から55年には22,707円まで5倍に，檜は同時期に5,046円から42,947円と8倍までになったが，これをピークに下がり続け，19年ではそれぞれ，3,369円，10,508円と杉は昭和30年より低く，檜価格もピークの1/4にまでになってしまった．

　以上のような木材価格の低落は，林業経営を直撃している．平成20年度の林業経営体あたりの林業所得は，わずか10.3万円でしかない（平成20年度林業経営調査：農水省）．さらに家族労働力の投下時間は380時間であるので，時間あたりでは271円に過ぎない．

　森林面積の所有形態を見ると69%は民有林であり，人工林に絞れば77%が民有林である．また森林蓄積から言えば，人工林では84%が民有林で占められている．さらに，森林所有者の9割は所有面積10ha未満の零細所有者である．こうした状況では，森林所有者が経費をかけて間伐などの森林の手入れを行うことは，期待できないことは容易に理解できる．間伐の行き届かない「線香」林が覆う日本の森林の現状は，直接的には需要と供給のミスマッチの結果であるが，より基本的には子や孫のために木を植えるという長期的な会計年度を前提とする山林経営が，現在の市場経済に適していないことからくる問題と捉えるべきだろう．「森は海の恋人」，「魚付きの森」などと表現され，森と海，そしてそれを繋ぐ河川流域を一体として考えることの必要性が唱えられてから久しいが，森林の荒廃がすでに都市部を含む下流域の環境悪化を引き起こしつつある事実を，認識する必要があるだろう．

(2) 山村の衰退と耕作放棄地の増加

　高知大学の大野晃教授が平成3年に初めて提唱した「限界集落」という用語は，瞬く間に市民権を得たようである．「限界集落」とは，65歳以上の高齢者が人口の過半を占める集落を指し，共同体としての機能が衰え，やがて消滅する危機を抱えるとされる．この用語には批判もあるが，山村などを中心として出稼ぎや転出などの人口流出による「過疎」化の実態をよりリアルに，また切実に表現するものと捉えられている．元々，大野教授は，前述のような木材価格の下落による国内林業の衰退を背景とする山村の高齢化，人口減少の実態を把握する中で，この用語を提唱している．10年前の旧国土省による「将来約2,000の集落がやがて消滅する」との調査結果が有名だが，近年の国土交通省による調査によれば，65歳以上の高齢者が過半の集落は全体の12.7%，共同体機能の維持が困難となっている集落は4.7%，さらに将来消滅する恐れのある集落は4.2%あるという[3]．

　こうした高齢化による集落機能の低下の中で，耕作放棄地が急速に広がっている．平成

17年センサスによると全国で38.6万ha，耕作放棄地率（耕作放棄地面積÷（経営耕地面積＋耕作放棄地面積））では9.7％に達する．耕作放棄地面積は昭和期末までは12～13万haで推移していたが，平成に入り20万ha台になり，平成10年以降は30万haを超えて増加傾向にある．耕作放棄地率も昭和50年から60年までは2％台であったが，平成に入ってからは4.8％（平成2年），5.6％（7年），8.1％（12年）と上昇を続けている．農業地域類型別でみると，放棄地面積のシェアは中山間農業地域が最も多い53.8％で，次いで平地農業地域25.5％，都市的地域20.7％の順となっている．

耕作放棄発生の一般的な要因としては，「高齢化等による労働力不足」，「生産性・収益性が低い」，「土地条件が悪い」，「農地の受け手がいない」等の理由があげられているが，これらはどれも中山間地域における農業の実情である．さらにこれらに鳥獣害がその原因と結果に加えられる．野生鳥獣による農産物被害の多発から営農意欲を失い，耕作放棄が広がると，山野草が生い茂る放棄地を格好の隠れ場としてイノシシなどの獣がさらに集落周辺に出没し，獣害を拡大することになる．耕作放棄地の再生手段として牛やヤギなどの家畜の放牧が有効とされるが，これはイノシシなどが牛を怖がって集落へ降りてこなくなるというよりは，家畜によって放棄地の山野草がきれいになることで，隠れ場がなくなり，集落に近づきにくくなるということのようである．

3.「野生鳥獣問題」解決の方向

(1) 資源としての利用の課題

平成20年2月に「鳥獣による農林水産業等に係る被害防止のための特別措置法（鳥獣被害防止特措法）」が施行された．この法律は，「農山漁村地域において鳥獣による農林水産業等に係る被害が深刻な状況にあることにかんがみ」，「被害防止のための施策を総合的かつ効果的に推進」することを目的としている．特措法の施行を受けて，農水省は年度の予算案に二八億円を計上し，生体捕獲用わなやモンキードッグの訓練費用，緩衝地帯を作るための牛の里地放牧，市町村職員の狩猟免許取得費用の全額，防護柵の設置や食肉加工施設の整備に対しては半額の助成を行っている．

前述したように，鳥獣害対策としては「増えすぎた」鳥獣の駆除のため，狩猟期以外の時期を含めた「有害駆除」への助成が行われている．しかし，ハンターの減少・高齢化は深刻で，昭和45年の約53万人から平成17年には約20万人にまで減少しており，さらに60歳以上の割合がほぼ半数を占めるまでになっている．このため，計画通りの駆除が進まない町村も多い．さらに，有害獣駆除の場合は法律の趣旨に照らして，捕獲した動物は現地に埋設することが基本となっている．しかし鹿だけでも約20万頭が山に捨てられていると推測される．なんとも「もったいない」．全日本鹿協会が森林組合などに対して行った調査によると，駆除した鹿を現地に放置または，埋設が65.9％を占めており，「野生鹿駆除数の大幅増加は，・・経費増の他，環境汚染の懸念の種にもなっている」[4]．

捨てられもしている野生動物を，資源として活用する方策も各地で試みられている．奥多摩町では地元の旅館の女将さんたちの協力の下，鹿肉料理として活用したり，地元の特産品であるわさびと組み合わせた鹿肉わさびカレーのレトルトパックを観光組合が販売し

たりしている．また，大多喜町でもイノシシ肉の販売を道の駅などで手がけている．しかし，資源として有効に活用していくには，解決されるべき課題も多い．食肉としての利用に限定しても，①安定的・持続的な捕獲・供給方法，②急傾斜地の多い地形での狩猟動物の迅速な搬出・処理方法，③公的屠場での屠殺が法的に許されていない中での衛生的な簡易屠場の設置，④シカのE型肝炎などの疾病対策・衛生管理体制等々山積である．例えばインターネットなどで「さしみ」用としてシカ肉が市中に出回っている状況がある[5]．厳格な衛生管理が求められるにもかかわらず，そうした対応が充分にはなされていない．シカやイノシシは「と畜場法」による家畜に該当しないため公設と場では屠畜することができず，生産者が簡易と場を自ら設置しなくてはならず，その衛生管理問題と共に経費問題が肉としての資源利用の隘路となっている．

　また，野生動物の利活用は，生物多様性の維持という観点も当然必要になる．平成11年の「鳥獣保護及狩猟ニ関スル法律」改正により，特定鳥獣保護管理計画制度が創設され，これにより欧米流の個体数管理の考え方が導入されたが，個体数の把握自体十分に行われているとは言い難い状況にある．継続的なモニタリングの実施とそれに基づいて対応を変化させるフィードバック管理体制の確立が重要であろう．

(2) 対症療法からの脱皮の必要性

　また，鳥獣対策として最も一般的に行われているのは，防護柵の設置である．千葉県大多喜町ではその総延長が103キロ以上に達しても，いまだ設置希望者が多すぎて対応できない状況にあるという．しかも動物によって柵の造作も変える必要がある．イノシシには，下からの潜り込みを阻止し，さらに1.5m程度と言われる思いのほか優れたジャンプ力によって飛びこされないために前方が見通せない構造のトタンの柵が有効であるが，シカには2mの高さの柵が必要とされる．また，猿は柵を乗り越えるので，猿返しの付いた柵や天井部分も囲うなどの工夫が不可欠である．結局，被害がひどいところでは，人が柵の中で暮らすことが一般的になりつつある．こうした方法は有効ではあるが，対症療法的な対策といわざるを得ないもので，『「共生」というより，「強制」的隔離』[6]という状況になっている．また，前述したように有害駆除などによって捕殺された野生動物が現地に埋設あるいは放置され，新たな環境問題になりかねないという問題もある．野生鳥獣問題の根本的な解決には，山林，里山，そして農耕地を一体とした農林業の振興による農山村の活性化が不可欠である．針葉樹と広葉樹が適度に混交した"多様な森林"の造成や耕作放棄での牛の放牧による緩衝地帯の再建などが，解決への第一歩として考えられる．

　日本人の自然観では，「人間が自然を管理する」などは神をも恐れぬ所業だが，人間はすでに自然の自浄能力を超える力を持ってしまったことも事実であろう．自然保護か資源活用かの二者択一ではなく，「神の怒りを恐れつつ」野生鳥獣の保護と資源利用を同時に行うことに踏み出すことが必要な時代になったのではないか．

　中村禎里氏の名著「日本人の動物観」（海鳴社，ビイング・ネット・プレスによって復刻）によると，日本の昔話には動物が人間に変身する話が多く見られるという．しかし西洋では，人間が動物になる話はあるが，その逆はほとんど見られず，さらに人間が動物になる場合も魔女によって王子様が動物に変えられるなど，その過程で媒介者の悪意が働く

ことが多い．しかし，日本では媒介者もなく，あまり意味もなく動物が人間になったり，その逆になったりと融通無碍である．人間そっくりなニホンザルの存在が，人と動物が隔絶した存在ではないとする日本人の動物観を培ったのかもしれない．日本人にとって奥山は「ケモノ」の棲む世界として，そこにはやたらに踏み込まず棲み分けることで，人間と動物を分けてきた．そのボーダーである里山が荒れたため，「ケモノ」が集落に降りてくるようになってしまった．「ケモノ」の住処である奥山の荒廃と里山が管理できなくなった山際の村落の衰退が，今日の鳥獣害多発の真因であるとすると，その解決方向は多言を要しない．

(3) 森林再評価への期待

奥山荒廃の原因は，前述したように木材価格の下落による林業経営の崩壊である．そうであれば，山村の振興にはやはり森林による産業の再興が不可欠であろう．森林管理が行えるような経営経済的な環境が生まれれば，適切な間伐や混交林，広葉樹林帯としての整備が可能となり，結果として野生動物の餌である下草やどんぐりが潤沢に生産されるようになり，野生動物が森の中で暮らせる環境作りにも通じる．森林資源の持続的な活用はまず木材としての利用が，世界的な森林伐採による生物多様性への悪影響排除の観点からも望まれるが，同時にエネルギー利用という観点からも期待されている．森林は薪や木炭の供給源として古くからエネルギー源として活用されてきたが，今日的な効率のよいバイオマスのエネルギー利用が，森林再生と山村活性化に繋がる可能性も指摘されている．間伐が十分行われないことが大きな問題だが，間伐を行っている所でも，切り倒された間伐材は，ほとんどが林地残材として山に放置されており，この残材などの活用が課題となっている．杉の傷材・曲がり材等や住民が持ち込んだ雑木も含めたバイオ資源の積極的な活用に努めているのが，「彩り」で有名な徳島県上勝町である．全国に先駆けて平成15年にゼロ・ウエイスト（ゴミゼロ）宣言をした同町は，木質バイオマスチップボイラーを導入し，木質バイオマス燃料チップ生産システム確立を図り，森林林業の活性化，雇用の創出等を目指した取り組みを行っている．

さらに近年のトウモロコシやサトウキビなどの食料と競合するバイオエネルギーから，木質系バイオへの期待が高まっており，巨額の研究投資が米国などを中心に行われている．技術的なブレイクスルーが何時かは分からないが，木から効率よくエネルギーを取り出せるようになる時代が来るに違いない．バイオマス利用の先進国であるドイツでは，一次エネルギーに占めるバイオマスエネルギーの割合が平成17年にすでに3.2%になっている．この分野では完全に出遅れた感があるわが国においても，森林の活用は国土保全や温暖化防止と共に，エネルギー的利用の観点からも，早急な取り組みが求められている．

しかし木材やエネルギー源としての森林の産業的な再興は，現在の収益状況から見るとすぐには難しいといわざるを得ない．そのため，森林の果たす外部経済に基づいた直接支払いなどによる「ゲタ」の部分が重要になる．平成20年度から京都議定書の第1約束期間（平成20年から24年の5年間）が始まった．わが国は，温室効果ガスの総排出量を，基準年（2年）に比べて6%削減することを，国際的に約束している．このうちの約3.8%を森林による二酸化炭素吸収によって確保するとして，毎年20万haに及ぶ間伐等

の整備を追加的に行うこととしている．削減目標に対して実績は平成2年比で約7%の増となっており，削減どころか逆に増加してしまっている．その結果，あと残された年数の間に，当初の倍以上を削減しなければならない状況に陥っている．

温暖化対策を崩壊寸前の森林を抱える農山村の活性化の手段として活用することが期待される時代となった．二酸化炭素吸収源として山林の他に農地も含むことをわが国は表明しており，この面での農林業への期待がさらに膨らんでいる．こうした森林の二酸化炭素吸収，酸素供給という外部経済に対する直接支払いが，山村経済を活性化する機会ともなりえる．こうした面での政策展開が期待される．

(4) 里山・林地の畜産的活用の重要性

また，耕作放棄地の拡大など荒廃した里山の再生には，現在の高齢化や少数化が進む担い手の状況や，稲作を中心とする耕種生産の収益状況を踏まえると，畜産的な利用が最適である．畜産的利用とは，放牧や水田における飼料作物，飼料用イネ，飼料用米の栽培を意味する．耕作放棄地などにおける牛の放牧は，島根県や山口県での先進的な取り組みを経て，徐々に全国に広がりつつある[7]．里山での牛などの放牧が定着すれば，たびたび提唱されながら林業と畜産の利害関係から定着に至らなかった林間放牧へ発展することも期待される．問題は，これまでの政策が必ずしも農地の畜産的な利用を促進・誘導するようになっていなかった点である．例えば中山間地域等直接支払政策では，地目によって助成単価が大幅に異なることから，水田の畔を切って放牧などの畜産的利用を進めようとする機運に水を差す形になっていること，また，林間放牧については林野行政との縦割り行政の弊害も指摘されている．

畜産的利用について，さらに付言すれば，シカなどの野生動物の一時飼養ということも含めることができるのではないか．養鹿業は20年以上前から試みられているが，なかなか軌道に乗らない．その要因は，安定的で収益性のある販路確保と高コストになりがちな飼料費の問題である．一方，前述したように狩猟などによる鹿肉の販売は，供給の季節性や衛生問題を抱える．さらに現場での遺棄がほとんどを占めるという現実がある．その二つの問題を解決するには，シカを生体捕獲して数カ月飼い直し，衛生的に屠畜して，周年的に供給する一時養鹿が最適である．阿寒における一時養鹿の事例が成功例として報告されているが，飼料費の問題も地域の未利用資源，例えば，きのこ類の廃ほだ（廃菌床）やくず野菜を利用して抑えるということも研究されている[8]．

野生動物による被害を受ける人々にとっては，野生動物は農作物を食い荒らし，時には人を襲う害獣であるが，都会に住む人々にとってはかわいい動物であり，有害駆除など人間の勝手であるという，農村と都市住民の野生動物に対する意識の格差問題が指摘される．農山村の荒廃は，水害などによって都市住民にも遅かれ早かれ大きな問題となることだが，意識の共有化を図るためにも都市住民を農山村に呼び込む仕組み作りが重要となってくる．野生鳥獣の利用方法も肉や皮などと共に，野生鳥獣そのものをエコツーリズムや環境教育などの中に位置づけるような幅広い形での展開が期待される．本稿では触れないが，野生動物問題は，実は農村部だけの問題ではなく，都市においても深刻さを増しており，「人間および地域社会と野生動物との関係をどう再構築していくのかを地域全体で考え，行動

をする」[9] 必要があることは農村部と共に都市部においても同様な課題である．

参考文献

1) 環境省によるレッドリストは平成7年から開始されたレッドデータブックの第一次見直し作業によって，平成6年にIUCN（国際自然保護連合）が採択した減少率等の数値による客観的な評価基準に基づく新しいカテゴリーに準ずることになり，トキは，「野生絶滅種」，コウノトリは「絶滅危惧 IA 類(CR)」（ごく近い将来における絶滅の危険性が極めて高い種），ヤンバルクイナは「絶滅危惧 IB 類(EN)」（IA 類ほどではないが，近い将来における絶滅の危険性が高い種），また危急種に分類されていたアホウドリは「絶滅危惧 II 類(VU)」（絶滅の危険が増大している種）と分類されている．ちなみに「希少種」は「準絶滅危惧(NT)」と表現されるようになっている．
2) 各地の被害状況については様々な報告があるが，以下の事例は，「農村と都市をむすぶ」No. 676 2008年2月による．
3) 国土交通省：「過疎地域等における集落の状況に関するアンケート調査」(平成20年)
4) 丹治藤治：「鹿害の現状と共生の方向」, 27, 『農村と都市をむすぶ』No. 676 2008年2月
5) 小林信一：「流通販売」, 22, 『養鹿経営を安定させるための指針』全日本養鹿協会，平成19年3月
6) 田崎義浩：「野生動物による村興しの可能性」, 31, 『農村と都市をむすぶ』No. 676 2008年2月
7) 小林信一他：『粗飼料の生産・利用体制の構築のための調査研究事業（耕作放棄地有効活用調査）結果報告書』, 135-163, 182-201 (財)農政調査会　平成20年3月
8) 小林信一他：「日本大学総合学術研究」報告　平成22年
9) 糸長浩一他：「丹沢大山における野生動物問題と地域再生」, 17, 『農村と都市をむすぶ』No. 676 2008年2月

畜産と畜産物フードシステム
私たちの食と暮らしとのかかわり

大木　茂（麻布大学）

　動物応用科学の学問的基礎の一つに畜産がある．これは私たちの食卓に上る動物性タンパク質，すなわち乳・肉・卵の生産に関わる科学・技術研究である．動物応用科学で扱う動物は，産業動物，実験動物，伴侶動物，介在動物，野生動物など人間との関わり方の分類に加えて，生態系，種，個体，器官，細胞，遺伝子といった動物が関わる様々な次元からのアプローチがある．ゆえに動物応用科学は人間社会・生活との関わり方も多彩であり，一つのまとまりとして理解するのは相当の幅広い目配りが不可欠である．ここでは動物応用科学の広がりと深め方の多彩さを理解するために，産業動物・食品という切り口で，私たち市民が生物多様性や環境問題，資源管理，アニマルウエルフェア，主権者としての市民の課題など社会経済的な論点を提示することにしたい．

1. 産業動物と食

　産業動物なしに人間の食は成立しない．イスラム教徒等は豚肉を食さず，ベジタリアンは肉や卵，牛乳を食さないなどの様々な事情はあるが，多くの人間にとって何らかの畜産食品は欠かせないものである．日本の食卓でもスーパーを覗けばすぐわかるように，牛乳，ヨーグルト，チーズ，卵，牛・豚・鶏の肉，ハム，ベーコン，ソーセージなど数多くの食品が並んでいる．だが動物応用というイメージからすると産業動物や食品はかなり遠い位置にあるように感じている人が多い，なぜか？

　動物と人間の関係を問うと，コンパニオンアニマルや野生動物，アニマルセラピーなどへの興味は，食品としての動物を上回るようである．そして社会的課題と動物の関係を聞くと，生態系・生物多様性や動物福祉が，産業動物の経済性などを上回る．これは食品や産業動物が生命体でない状態を前提にしていることと関連があると思われる．コンパニオンアニマルや野生動物はいずれも生命体としての持続性やそのよりよい生や機能に関心が向けられる．それは，生命の持続可能な再生産が人間そのものの生命と重ねて興味がもてるからであろう．

　そう考えた時に，産業動物への興味は食品＝非生命であり興味は半減する．ただこうは考えられないだろうか？持続的な生命活動の実現には食・栄養，摂食が重要な位置を占めるし，かりに食品の栄養素・安全性が高くとも食品の生産・製造・流通過程において，環境やアニマルウエルフェアに悪い影響を与える方法論が採用されていた場合，結局，人間を含む広い環境・生態系を根底からゆるがすことになりかねないという具合である．実はこれは，食における生産・流通・消費・廃棄プロセスの可視化という問題と密接に関わる．もしこれらの過程が誰にでもわかるように可視化されていれば，どのくらい環境に負荷を与えているか計測することも可能になる．しかし逆に生産過程等がブラック・ボックス化

していたらどの程度の環境負荷がかかるのか全くわからない．生産業者・企業が公表した数値があればそれを信用する以外に方法はなくなってしまう．

このように生命の維持・個体の継続性への関心は，畜産食品と人間と社会のより良いあり方の問題に連続しているのである．社会の健全性，民主主義，法律遵守などの確実な遂行がない限り，生命や個体の健全性は保ち得ない．

このことは動物応用のもう一方のウイング，すなわち動物生命科学の研究とも関わる．器官，細胞，分子，遺伝子レベルでの研究は，限りない生命への関心にその源を発する．そしてそのために動物実験や，遺伝子組換え技術などを開発してきたが，それが生態系や環境や倫理との関わり抜きで進められてしまっては，人間社会の根底が揺らぎかねない．研究であればいかなることも許されるのかどうか．また受精卵移植やクローン技術，万能細胞等の実用化はどこまで許されるのか．技術的安全性の確立だけでなく社会通念との関わりを欠いては支持は得られない．

動物応用はこのように，人間活動のほぼ全領域に広がっており，人間社会に応用するゆえに学生は専門科目だけでない幅広い教養がどうしても求められるのである．

そこで以下2.では食の現状を概観し，3.で我々が解決すべき課題を示すこととする．

2. 食の現状

(1) 飲食費のフロー

食の生産から加工・流通，そして消費と廃棄に到る流れをフードシステム，あるいはフードチェーンと言うが，これを川にたとえて生産を川上，加工/流通を川中，消費を川下とよんでいる．

図1はそのイメージしたフロー図だが，これによれば2005年実績で飲食費の最終消費額は73兆5,840億円．このうち生鮮品等が13兆5,150億円(18.4%)，加工品が39兆1,190億円(53.2%)，外食20兆9,490億円(28.5%)である．投入側から見ると農林水産物10兆6,380億円（うち輸入1兆2,130億円），輸入加工品5兆2,360億円（一時加工品＋最終製品）が食材として国内供給されている．つまり15.8兆円の投入が，流通業，食品製造業，外食産業により73.6兆円の産出となるのである．

この事実は以下の3つのことを教えてくれる．

第一に，飲食費の投入から産出までの産業活動で，15.8兆円から73.6兆円へと大きく増加することである．食をめぐる産業の大きさと，投入と算出比が4.7倍という食における加工・流通の果たす役割の大きさが理解できる．

第二に，最終消費において加工品や外食比率が高いことは，食の現状把握には，農畜産業だけでなく，食品産業/流通業の企業活動を良く理解することが必要であることを意味している．図には示さないが，73.6兆円を部門別帰属割合で見ると，国産農水産物12.8%，輸入農水産物1.6%，輸入加工品7.1%，食品製造業26.1%，外食産業17.9%，食品流通業34.4%となる．すなわち，流通や製造，販売過程が不透明であれば食の供給がブラックボックス化してしまい社会不安を呼びかねない．そこからその可視化が社会システムとして重要なことがわかる．

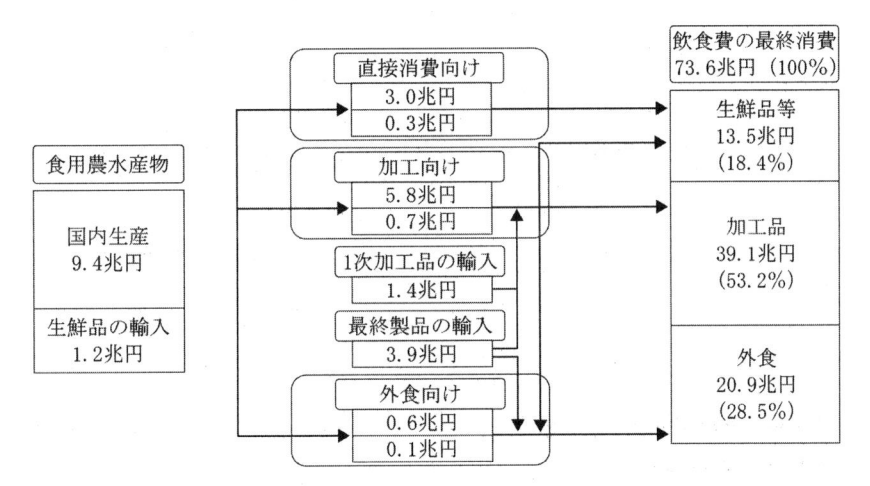

図1　食用農産物の生産から飲食費の最終消費に至る流れ（2005年）

出典：平成20年度「食料・農業・農村白書」（2009.5）

資料：総務省他9府省庁「平成17年産業連関表」を基に農林水産省で試算
注：
1) 食用農水産物には，特用林産物（きのこ等）を含む．精穀（精米，精麦等），と畜（各種肉類），冷凍魚介類は，食品製造業を経由する加工品であるが，最終消費においては「生鮮品等」に含まれている．
2) 旅館・ホテル，病院等での食事は，「外食」ではなく，使用された食材費をそれぞれ「生鮮品等」および「加工品」に計上している．

　第三に，そうはいっても飲食の基礎は農水産物の生産業，第一次産業にあることは忘れてならない．後に見るように，カロリー自給率ではわずか41％であったとしても，国内生産9.4兆円，生鮮輸入1.2兆円，加工品・製品輸入5.3兆円と，投入に占める国産比率は約6割を占めることから日本の食は国内農林水産業を基礎としていると同時に輸入品が食にとって欠かせない比率を占めていることも理解できる．

(2) 自給率

　では食の自給率を見てみよう．

　図2に「日本の食料自給率の推移」を示し，図3に「供給熱量の構成変化と品目別の食料自給率」を示した．

　自給率には重量ベースで見た品目別自給率と，熱量供給（カロリー）ベースの自給率と，金額（生産額）ベースの自給率と3種類があるがいずれも指標ゆえ一長一短がある．

　図2にあるように総合カロリー自給率は2007年40％，2008年は経済不況などの影響で41％に上昇したが長期低下傾向にある．政策的には5年ごとに見直される食料・農業・農村基本計画において自給率向上が計画されており，現在は50％に設定されているものの実現はおぼつかない状況である．その原因は，構造改善，水田利用，輸入，国境措置，農村など様々な側面から検証されなければならないが，ここでは計画とそのギャップを指摘しておくにとどめたい．

　重量ベースの品目別自給率を見ると，品目によって大きな違いがあることがわかる．2008年で米95％，野菜類82％，魚介類53％，牛肉44％，小麦14％，大豆6％，植物油脂2％である．穀物は主食用自給率は61％であるものの，飼料用を含む自給率は28％と低い．これは純国内産飼料自給率が26％であり，牧草などの粗飼料を除く濃厚飼

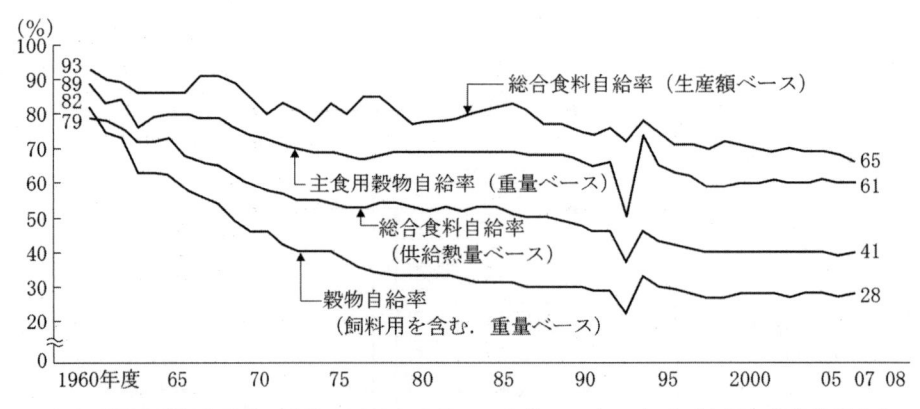

図2 わが国の食料自給率の推移（2010年6月）　出典：平成21年度「食料・農業農村白書」
資料：農林水産省「食料需給表」

図3 供給熱量の構成の変化と品目別の食料自給率（供給熱量ベース）
資料：農林水産省［食料需給表］　注：［　］内は国産熱量の数値

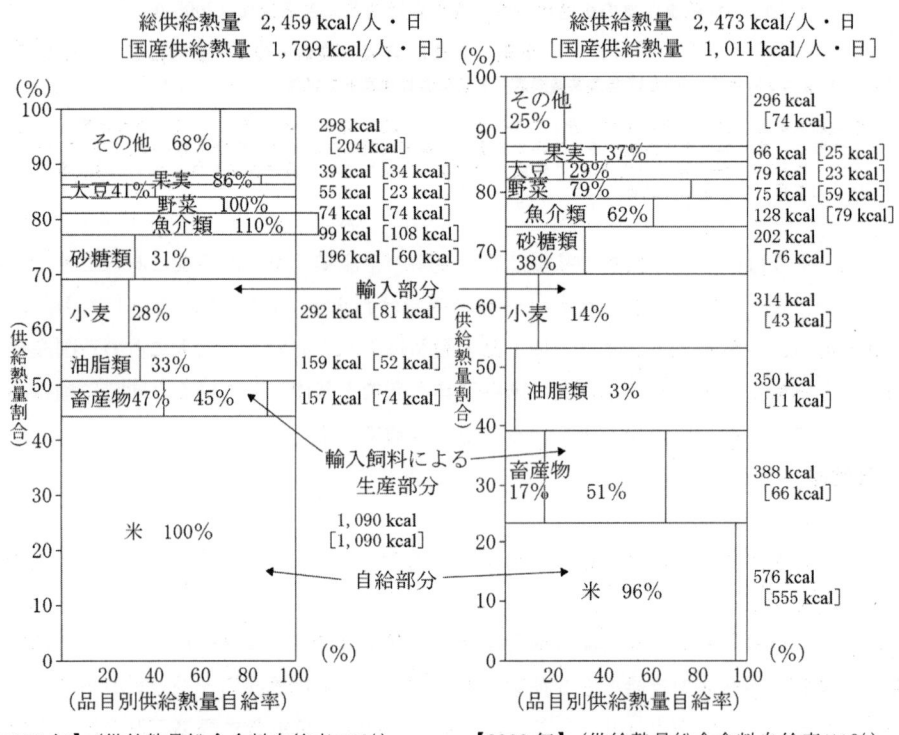

【1965年】（供給熱量総合食料自給率73％）　【2008年】（供給熱量総合食料自給率41％）

料に限定すればその自給率は11％であることが大きな要因である．

　この点を図3で説明しよう．これは供給熱量ベースの自給率を示しているが，国民一人一日あたり供給熱量は，2008年で2,473kcal，このうち国産は1,011kcalである．米は熱量全体の約23％，畜産物は約16％を占める．米が国産96％であるのに対し，畜産物はわずか17％である．これは国産飼料による畜産物生産だけを自給率としてカウントしているためである．輸入飼料による国内生産分はカロリー自給率からはずれており，その部分

は51％に及ぶ．こうした計算式定義によって，カロリー自給率計算では，日本の畜産業が過小評価されているという批判もあるが，そこは先に述べたように，指標には長所短所がある前提で使用する方がいいだろう．カロリー自給率でもう一つ問題なのは青果物のように，カロリーを目的にしていない食べ物も一律にカロリーで評価されてしまうことである．青果物は食の中で大きな位置を占めるもののカロリーとしては青果合わせてわずか5％程度の構成比しかないからである．

　自給率を考えるとき金額ベースのほうが生活実感にかなっているという指摘もある．畜産物では，肉類55％，鶏卵95％，牛乳・乳製品67％（2004年）である．肉類の内訳は牛肉39％，豚肉53％，鶏肉67％となっている．

　畜産は食のカロリー構成比で2番目に多いのだが，2割弱の自給率となる．このことは食そのものが国際的つながりの中で成立していることを示している．

(3) 家計消費の動向

　川下である消費における特徴は以下のように整理できる．

　第一に，食料消費に占める外食や調理済み食品の増加であり「食の外部化」の進行である．

　表1に「世帯類型別の「食の外部化」率の推移」を示したが，85年から2005年にかけて，外食と調理済み食品の食料消費に占める比率は20.6％から28.8％へと大きく伸びている．これを単身世帯でみると，外食と調理済み食品を合わせた比率は5割を超えるほど

表1　世帯類型別の「食の外部化」率の推移

（単位：％）

		1985年	1990年	1995年	2000年	2005年
全世帯(2人以上)	調理食品	6.5	8.1	9.4	10.8	11.9
	外食	14.1	15.6	16.2	16.9	16.9
	計	20.6	23.7	25.6	27.7	28.8
専業主婦世帯	調理食品	6.1	7.9	9.2	10.6	11.2
	外食	15.3	16.9	18.1	19.1	20.1
	計	21.4	24.8	27.3	29.7	31.3
共稼ぎ世帯	調理食品	6.9	8.6	10.0	11.3	12.4
	外食	18.4	19.7	21.1	22.8	24.1
	計	25.3	28.3	31.1	34.1	36.5
夫婦高齢者世帯	調理食品	-	-	8.9	10.3	11.5
	外食	-	-	10.2	10.1	11.0
	計	-	-	19.1	20.4	22.5
単身世帯	調理食品	-	-	-	12.7	13.2
	外食	-	-	-	40.0	37.8
	計	-	-	-	52.7	51.0

資料：総務省『家計調査』より作成．
注：1）調理食品には，弁当，調理パン等の主食的調理食品のほか，サラダ等の惣菜や冷凍調食品等を含む．外食には学校給食を含む．
　　2）世帯員1人あたり1カ月間の飲食料支出額（名目）に占める外食および調理食品の割合．
　　3）全世帯は農林漁家を除く2人以上世帯．
　　4）専業主婦世帯は勤労者世帯の核家族のうち有業人員が1人の世帯．
　　5）共稼ぎ世帯は勤労者世帯の核家族のうち有業人員が2人の世帯．
　　6）夫婦高齢者世帯は65歳以上の夫婦一組の世帯．
出典：小林茂典 氏 作成，日本農業市場学会編『食料・農産物の流通と市場Ⅱ』筑波書房，P13．

になっている．

　第二に，輸入食品の増加，なかでも製品輸入の増加率が大きい．

　表には示さないが「性格別・用途別に見た食料輸入額の推移」をみると，85年から2000年の間に，食料輸入額は3兆7,551億円から5兆8,050億円へ1.6倍に増え，その中で生鮮品は2兆5,689億円から3兆3,647億円へ（1.5倍）増加しながら構成比で68.4％から58.0％へ低下，かわって最終製品が6,937億円から1兆8,622億円へ（2.5倍）18.5％から32.0％へ大きく増えている．輸入品の増加，なかでも製品の伸びが大きいのである．

　第三に，こうした「食の外部化」には家族構成など家族の変化が深く関わる．

　85年から2005年の間に平均世帯員数は，3.1から2.5人へ減少し，核家族数は17.6百万世帯から18.8万世帯へわずかの増加に留まる一方，夫婦のみ世帯が5.2百万世帯から9.6百万世帯へ，単身が7.9百万世帯から14.5百万世帯へ大幅に増加している．

　この変化は女性の就業構造の変化に起因している．85年に「世帯主のみ働いている」のが952万世帯に対し，「夫婦共働き」は722万世帯であった．これが97年に逆転し，2005年では前者が863万世帯に対し後者が988万世帯となっている．かつてM字型の労働力率を示していた女性の年齢別推移では，特に30～34歳の労働力率が86年に50％であったものが2006年に62.8％となっている．こうして家族の小規模化・単身化，女性の労働力化という変化が起きている

　第四に，食品消費構成の変化があげられる．

　表2に「国民一人一年あたり供給純食料の推移」を示した．85年と2005年を比較すると，米・野菜の消費減少と畜産食品（肉・卵・乳）の消費増と近年における停滞が見て取れる．これは高齢化社会の影響を指摘できるものの，若年層においても消費が伸びていないことによっている．また同期間の供給熱量は，2596.5kcalから2573.3kcalへほとんど変化はないにも関わらず，PFCの熱量比率では脂質が26.1％から29.0％へと上昇し，食と食品の変化が摂取栄養素構成に変化をもたらしている．

表2　一人一年あたり供給純食料の推移

（単位：kg）

年度	1955	1965	1975	1985	1995	2005	2009	05/85
米	110.7	111.7	88.0	74.6	67.8	61.4	58.5	0.82
小麦	25.1	29.0	31.5	31.7	32.8	31.7	31.8	1.00
いも類	43.6	21.3	16.0	18.6	20.7	19.7	18.4	1.06
でんぷん	4.6	8.3	7.5	14.1	15.6	17.5	16.4	1.24
豆類	9.4	9.5	9.4	9.0	8.8	9.3	8.6	1.03
野菜	82.3	108.2	109.4	110.8	105.8	96.3	91.7	0.87
果物	12.3	28.5	42.5	38.2	42.2	43.1	39.3	1.13
肉類	3.2	9.2	17.9	22.9	28.5	28.5	28.6	1.24
鶏卵	3.7	11.3	13.7	14.5	17.2	16.6	16.5	1.14
牛乳・乳製品	12.1	37.5	53.6	70.6	91.2	91.8	84.8	1.30
魚介類	26.3	28.1	34.9	35.2	39.3	34.6	30.0	0.98
砂糖類	12.3	18.7	25.1	22.0	21.2	19.9	19.3	0.90
油脂類	2.7	6.3	10.9	14.0	14.6	14.6	13.1	1.04

資料：農林水産省「食料需給表」，2009年は概算

(4) 国際的なつながりの中での日本の食

日本の食の自給率は低く，輸入食品の重要性がわかったと思う．自給率を上げること自体は大切であり，せめてこの程度はという目標を持つことは意味がある．しかし自給率に気をとられすぎるのも考えものである．一つは歴史的な経緯があるからであり，二つめには，需要サイドすなわち消費者の食の変化が輸入食品を受容してきたからである．その意味で自給率向上は一筋縄ではいかない．だからこそ頑張って自給率を上げようという主張にもなる．三つめには，食あるいは食料生産の有り様を十分信頼できるものにすることで自給率の低さによる懸念の一定部分は解決すると思われる．最後に，自給率というよりも供給力強化や，農業やそれを取り巻く環境，農村地域資源の適切な管理や中山間地域そのものの保全に取り組むことも緊急を要する課題である．

歴史的経緯は，戦後経済復興の枠組みと関わる．戦後の世界経済復興はアメリカを中心に実現されたが，その大きな要因に「世界のパン籠」としてアメリカ産小麦の大量輸出があった．1953年にアメリカで相互防衛協定が改正され，54年には過剰農産物処理を一層促進する「公法480号」が成立した．この法律は，ドルを持たない国でもアメリカの過剰農産物を受け入れ，それを自国通貨で販売し，支払金の一部はアメリカが現地での調達に当てるが，それ以外は受入れ国が自国の経済力強化のための借款として使うことができた．また受け入れ農産物の一部は学校給食のために贈与されるとされた[1]．当時ドルが乏しかった日本はこの援助を活用し，54～56年に小麦80万tをはじめとする各種の過剰農産物を受け入れ，その売上代金の多くを電源開発や農業用水開発などに使い，残りはアメリカが日本での軍事目的やアメリカ農産物の市場開拓の目的に使われた．54年に「学校給食法」による「通達」で，パンと脱脂粉乳による学校給食を実施することが記載された．これは56年から61年にかけてアメリカ政府の援助資金による「キッチン・カー」の全国巡回と相まって日本人の食生活にパン食を中心とした洋風食を導入することに大きく寄与したのである．

このように，今日の国際的なつながりが深い日本の食は，戦後経済の枠組みと密接に関

表3 耕地面積，農業就業人口等の推移

	1965年	75	85	95	2005
耕地面積（万ha）	600	557	538	504	469
増減率(%)		▲7	▲10	▲16	▲22
耕作放棄地面積（万ha）	—	13.1	13.5	24.4	38.6
増減率(%)	—	—	3	86	194
総農家数（万戸）	566	495	423	344	285
増減率(%)		▲13	▲25	▲39	▲50
農業就業人口（万人）	1,151	791	543	414	335
増減率(%)		▲31	▲53	▲64	▲71
基幹的農業従事者（万人）	894	489	346	256	224
増減率(%)		▲45	▲61	▲71	▲75
65歳以上(%)	—	—	19.5	39.7	57.4

資料：農林水産省「農林業センサス」，「耕地および作付面積統計」
注：増減率は，1965年比（耕作放棄地面積は1975年比）で1985年以降の農業就業人口および基幹的農業従事者は，販売農家ベースの数値
出典：図1に同じ

---

[1] 暉峻衆三編『日本の農業150年』有斐閣，2003. 158-159頁．なおアメリカの小麦戦略に関しては，高嶋光雪著『日本侵攻アメリカ小麦戦略』家の光協会，1979. 鈴木猛夫著『「アメリカ小麦戦略」と日本人の食生活』藤原書店，2003で詳しく紹介されている．

わって形成されており，自給率を徐々に低下させてきた構造を理解する必要がある．

供給力強化の点でいえば，農林水産省の発行する「食料・農業・農村白書」では，「食料供給力」を「国内農業の食料供給力」「輸入力」「備蓄」に区別し，食料自給力は国内農業の食料供給力と捉え，その構成要素が「農地・農業用水等の農業資源」「農業者（担い手）」「技術」からなると整理している．自給率で見落としがちな農業資源や担い手，技術を合わせて検討する広がりを持った見方が必要なのである．

3. 食の課題とその広がり

(1) 課題の広がり

以上，見てきたように食をめぐる課題は広いだけでなく，それぞれに複雑な背景と要因が絡み合う意味で深く掘り下げなければ解決は難しい．課題の広がりとその関連性を理解しておく必要がある．

第一に，海外依存そのものの課題である．この節では海外依存そのものに内在する課題を示しておく．第二に，食のありようとの関係での課題である．食品廃棄物の問題とリスク分析である．第三に，安全性の問題である．抗生物質，農薬，有機農業，エコファーマーなどが主要なキーワードである．第四に，食の源は農業・畜産業といった第一次産業である．第一次産業と経済社会のありようについて課題を示す．

(2) 海外に依存する食の認識

自給率が低いことは様々な問題を投げかけている．

第1に，海外農地の利用である．

図4には輸入農産物の生産に必要な海外の作付面積を示してある．国内耕地面積465万haに対して，海外に依存している作付面積は1,245万haと約2.7倍の面積を依存していることになる．平成20年度の同白書では，主要な飼料用穀物の輸入量を1,889万tと試算し，その推定面積を429万haとしている．これはおよそ北海道の面積の半分に匹敵する．

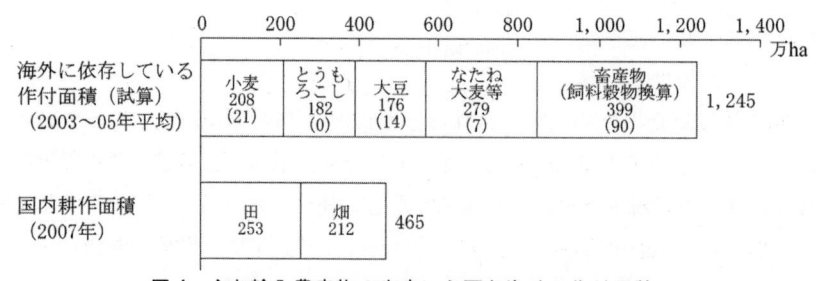

図4　主な輸入農産物の生産に必要な海外の作付面積

出典：平成19年度[食料・農業・農村白書]（2008.5）

資料：農林水産省「食料需給表」，「耕地および作付面積統計」，「日本飼料標準」，財務省「貿易統計」，FAO「FAOSTAT」，米国農務省「Year book Food Grains」，米国国家研究会議（NRC）「NRC飼料標準」を基に農林水産省で作成．

注：
1) 単収は，FAO「FAOSTAT」の2003〜05年の各年のわが国の輸入先上位3カ国の加算平均を使用．ただし，畜産物の粗飼料の単収は，米国農務省「Year book Food Grains」の2003〜05年の平均
2) 輸入量は，農林水産省「食料需給表」の2003〜05年度の平均
3) 単収，輸入量ともに，短期的な変動の影響を緩和するため3カ年の平均を採用
4) （　）内はわが国の作付面積（2007年）

いずれにしても，日本の食に必要とする作付面積の3割弱しか日本国内にないことはいくつかの問題を引き起こす．

第2に，バーチャルウオーターの問題である．

農産物の輸入は，輸入農産物が海外で生産する際に使用される水資源も一緒に輸入しているといえる．こうした間接的輸入水資源を把握する方法として，仮想水（バーチャルウオーター）という考えがある．ある国が輸入している品目を自国で生産すると仮定した場合に必要な水資源量で，主な輸入農産物（穀物5品目，畜産物4品目）の生産を日本で行った場合，必要な仮想

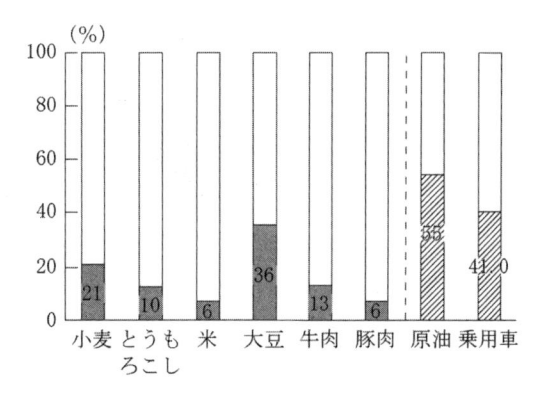

図5　主要農産物等の貿易率(2008年)

出典：図2に同じ

資料：米国農務省「Markets and Trade Data (April2009)」，米国エネルギー省調べ，(社)日本自動車工業会調べを基に農林水産省で作成
注：
1) 貿易率＝輸出量/生産量×100
2) 石油は生産量，輸出量上位14カ国の計．乗用車は2006年の数値．輸出量は主要国(台数)の計

水は627億m^3（2000年）と試算されており，国内の農業用水使用量の552億m^3（2004年）を上回る．品目別には，牛肉1kgに20.6t，豚肉1kgに5.9t，大豆1kgに2.5tの水が必要である．また食事メニューで見ると，牛丼（並）やカレーライスに必要な水の7割は輸入されている計算になる[2]．

第3に，食料の輸送に伴う二酸化炭素排出量の増加である．これは食料が運ばれる距離×輸送量で計算する「フード・マイレージ」というが，計算によれば食料の国内輸送による二酸化炭素排出量が900万t/年であるのに対して，輸入食料は1,690万t/年と約1.9倍である．

第4に，輸入農産物による物質の輸入超過である．輸入農産物により日本に持ち込まれる窒素量は2003年で1975年対比1.8倍となっており，日本での環境中に供給される窒素のうち輸入農産物によるものは同年で5割を超える．それは，農地の受入れ適正限界量の1.92倍となり，環境に負荷がかかっている[3]．

(3) 農産物貿易量の少なさと特定輸入国への偏り

図5には「主要農産物等の貿易率」を示した．是を見ると，石油や乗用車の生産に対する貿易比率に比べて農畜産物の貿易比率は低いことがよく分かる．大豆はアジア以外では食用ではなく食料油もしくは家畜飼料として扱われていることが貿易率35.0％という高率にさせている．小麦ですら19.1％であることは農畜産物輸入の安定を保つことは困難なのである．

世界の食料需給見通しでは，需要はバイオ燃料向け等の増加，中国・インドなどの急激

---

[2] 「食料・農業・農村白書」(2008.5)，80頁．原資料は，東京大学生産技術研究所沖大幹教授等のグループによる試算．
[3] 「食料・農業・農村白書」(2008.5)，97頁．なお，後者の指摘は鈴木宣弘著『現代の食料・農業問題』創森社(2008)による．

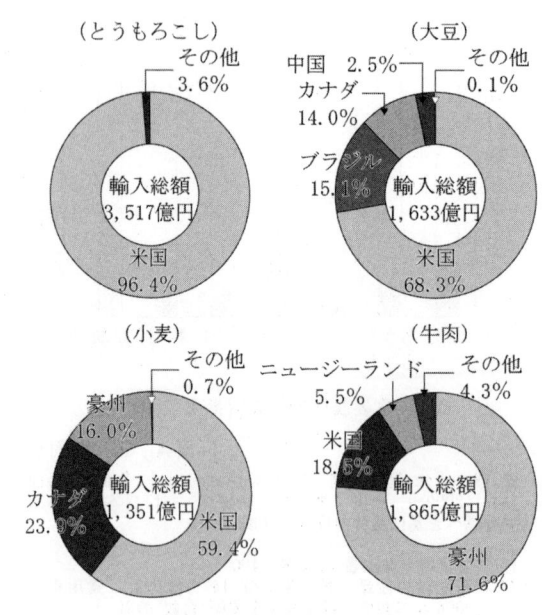

図6 わが国の主な農産物輸入品(2009年)

出典：図2に同じ

資料：財務省「貿易統計」を基に農林水産省で作成

な経済発展，さらに世界人口増加，所得向上に伴う畜産物需要増等により需要増加は今後も引き続くと思われる．供給は異常気象の頻発や砂漠化の進行，水資源の制約，家畜伝染病の発生，収穫面積の伸び悩みなどが制約要因としてある一方，遺伝子組換え技術などを含む技術革新によって単位面積あたり収量増加も期待できるが，楽観を許されないのが現状である．

現在はやや落ち着きを取り戻しつつあるが，2008年の穀物価格の高騰により，世界の栄養不足人口は2007年9億2,000万人から2008年には9億6,000万人に増加し，食料輸入開発途上国では抗議運動や暴動が発生したことも記憶に新しい．

日本の農産物の輸入相手国は，輸入量上位5つの国・地域で70％となっており，特に米国が28.5％と群を抜き，EU15.4％，中国11.1％，豪州7.8％，カナダ6.5％と続く．小麦の品目別自給率は14％だが，図6にあるように，日本の輸入先は米国60.6％，カナダ23.7％，豪州15.5％と3カ国で99％と，一定の国に偏っている．大豆でもアメリカは68.3％，トウモロコシでも96.4％である．特にアメリカ依存が強いことがわかる．海外依存率の高さは，国際相場，海上運賃の影響や，為替相場の変動リスクを抱える．

実際に2006年以降の価格上昇が2008年夏には3倍以上となり，その後の大幅低下など先の展開が読みにくい状況にある．それだけでなく，特定国への偏りは，その国の気候変動などが日本の食に直接影響するなどリスクを負うことになる．リスク分散という意味でも検討すべき点は多いのである．

4. 食における環境問題等との関わりと安全性

(1) 資源環境問題

図7の「食品廃棄物等の発生の流れ」によると，食用仕向け量は9,100万t，このうち食品関連事業者から排出される食品廃棄物等廃棄量①は1,100万t，一般家庭からの廃棄物②が1,100万tと同数ある．一般家庭に着目すると，先の廃棄物②のうち可食部分③が200〜400万tあり，①のうちの廃棄物800万tとあわせて，食品由来の廃棄物④は1,900万tにのぼる．しかもこのうち可食部分⑤と考えられるものは500〜900万tにものぼるにも関わらず，④のうち再生利用量は500万tにすぎず，1,400万tは焼却又は埋立処分となっている．このような実態が，先に見た物質循環の不合理に拍車をかけて

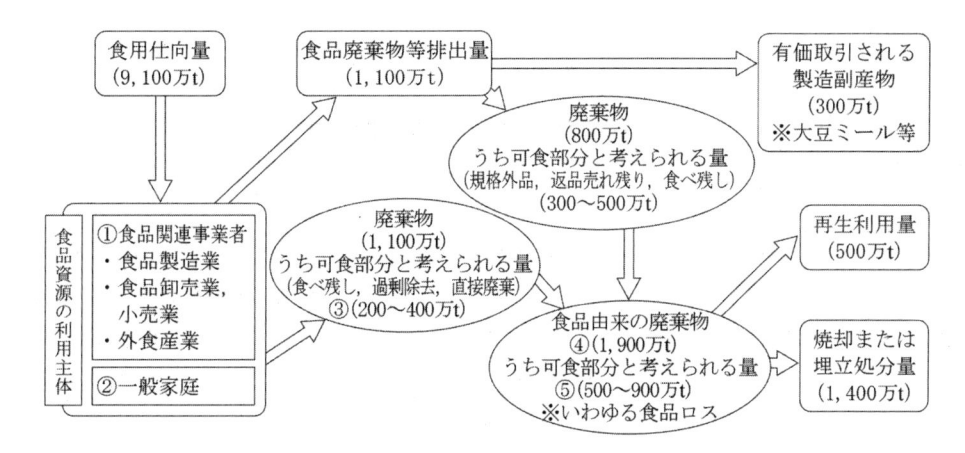

図7 食品廃棄物等の発生の流れ　出典：図1に同じ

資料：農林水産省「平成17年度食料需給表」，「平成18年食品循環資源の再生利用等実態調査報告（平成17年度実績）」，「平成17年度食品ロス統計調査」，環境省「一般廃棄物の排出および処理状況等，産業廃棄物の排出および処理状況等（平成17年度実績）」を基に農林水産省で作成

いる．

　食の供給構造は，需要する人々の志向によって左右される．それがたとえ食品企業などの上手なマーケティングの結果であったとしても食品ロスの削減に関して個々人でできることは多そうである．

(2) 食の安全性　1　リスク分析

　食の安全では，食品の原料生産から消費に到る生産・流通・加工で施された行程を消費段階からさかのぼって把握できるようにすることをトレーサビリティというが，食品事故が様々に起こる中，農場から食卓に到るフード・システム（チェーン）において安全性向上のための制度整備が進んでいる．食品安全性の向上には，問題・事故の事後対応でなく事前に防ぐことが大切であり，リスク分析の枠組みの下での実施が求められる．リスク分析は図8にあるように，リスク管理，リスク評価，リスクコミュニケーションの3つの分野から成り，リスク管理としては，食品工場におけるHACCP（危害分析・重要管理点）の手法をとりながら，農業における主要産地はGAP（適正農業規範）の枠組みで管理を進めている．

(3) エコファーマー，有機農業

　食の安全性という点でもう一つ重要なのは，環境に負荷を与えない農業生産である．堆肥等による土作りと化学肥料や化学合成農薬の使用削減に取組む「エコファーマー」の認定

リスク分析	何らかの問題が発生する可能性がある場合，問題発生を未然に防止したり悪影響の起きる可能性を低減したりすること

■リスク管理
どの程度のリスクがあるのかを実態調査すること等により知ったうえで，リスクを低くするための措置を検討し，必要に応じて適切な措置をとること

■リスク評価
食品中に含まれる有害物質等を摂取することにより，どのくらいの確率でどの程度の健康への悪影響が起きるかを科学的に評価すること

■リスクコミュニケーション
リスク分析の全過程において，消費者等関係者間でリスクについての情報・意見を交換すること

図8　リスク分析の枠組み
出典：図1に同じ　資料：農林水産省作成

を国は行っており，2009年9月で19.2万件と2005年の2.5倍となっている．

このような農家の広がりも一つの背景となって，農地への化学肥料（窒素成分）や農薬投入量は減少傾向にあり，1haあたり化学肥料103kg（2006年，85年対比86％），農薬61kg（2007年，同年対比57％），生物農薬49kg（2007年，06年で51kg）と投入量は徐々に減少しつつある．

加えて，農薬や化学肥料を使わない有機農業の取り組みも一定の広がりを見せている．有機農業推進法に基づく有機農業モデルタウン事業も全国47カ所で進められており（2009年度），有機農産物は国内総生産量に占める格付け数量で，野菜0.22％，果物0.06％，米0.13％となっており，有機飼料が国内で792t，海外で2,188t，有機畜産物が国内で2,788t（うち卵73t，牛乳2,715t），海外で1,876t（すべて牛乳）格付けされている．また日本の有機圃場は，約0.19％とされる．ただし国際的な基準に基づく有機の取組みは国際的な比較でみたときにすすんでいるとは言い難い，その背景にはアジアが高温多湿の温帯モンスーン気候であることによる病害虫や雑草管理の難しさがあげられる．

(4) 畜産物飼料の課題

ところで畜産物は農産物と異なる点がいくつかある．そもそも畜産は，作物を作りそれを家畜が食べることで畜産物を得るという迂回生産である．その際の飼料と動物用医薬品と家畜・食品・環境との関わりが問われるところである．

飼料（添加物，農薬含む）は飼料安全法に基づいて，そして動物医薬品は薬事法の取り決めに従って使われる必要がある．まず飼料は，家畜飼料の7割前後は穀物であることから食品衛生法で定める穀物の農薬残留基準値を準用して飼料穀物の農薬基準値が設定されている．その際，海外の基準値等も参考にして設定し，ワーストケースを想定して最大摂取濃度を計算する．そうして計算しても食品衛生法の畜産物の基準値を遵守できることを確認している．もし，家畜が農薬を摂取しても大部分は家畜体内で代謝ないしは尿や糞として排出される．

なお飼料には，品質低下防止，栄養成分補給，栄養成分の有効利用促進として飼料添加物が認められており，それには抗生物質も含まれる．

動物用医薬品に関しては，残留基準が定められているものと，自然に含まれるため残留基準がないものと，一律基準が適用されるものとがあるが，使用基準の遵守，適切な指示書等の発行，動物用医薬品の適切な表示を守って使用される限り畜産物への残留の心配はないとされている．

とはいえ，一部消費者からは「人の薬剤耐性菌が増加し，治療を困難にしている」「薬剤耐性菌が増加しているのは，抗生物質を家畜に使用しているためではないか」「抗生物質を家畜の成長促進目的で使うのは不適切ではないか」といった声もある．

抗生物質（合成抗菌剤含む）の使用は，人に対しては医薬品として約520t（1998年），動物に対しては，動物用医薬品として約1,060t（2001年），飼料添加物として約230t（2001年），農薬として約400t（2000年）利用されている．

消費者の声としての薬剤耐性菌の発生は，抗菌性飼料添加物の給与→家畜における耐性菌の発生→食品・環境・摂食による各伝播→人が摂取，という経路を想定できる．

いたずらに不安をあおる必要はないが，消費者の不安を解消するために，2002年には「医療において問題となる薬剤耐性菌を選択する可能性のある抗菌性飼料添加物について指定を取り消し」，さらに抗生物質飼料添加物の見直しのため，食品安全委員会へ諮問している．

なお詳述しないが，アニマル・ウエルフェアは最近注目されつつあり，「5つの自由」が知られている．①飢餓と渇きからの自由，②苦痛，傷害又は疾病からの自由，③恐怖および苦悩からの自由，④物理的，熱の不快さからの自由，⑤正常な行動ができる自由，である．日本でも2007年度から農水省が畜産技術協会に委託して「アニマル・ウエルフェアに対応した家畜の飼養管理についての検討会」が設けられ，2010年3月までに採卵鶏・豚・乳用牛・ブロイラーの指針が出来ているものの，実際の取り組みは始まったばかりである．

5. 食と農業の関係

(1) 農業生産力の衰退

食の変化は農業生産の変化が反映されている．近年の変化で経済社会的な課題は以下の3点にある．

第一に，農業生産力の衰退傾向である．

図9にあるように，農業総産出額の減少に見て取れる．85年11.6兆円から2008年8.5兆円へと減少．なかでも米は3.8兆円から1.9兆円へと半減し，畜産物は3.3兆円から2.6兆円へ減少した．加えて，農業資源の衰退傾向である．表3に示すように，耕地面積・農家数・就業人口・基幹的従事者など速いスピードで減少していることがわかる．

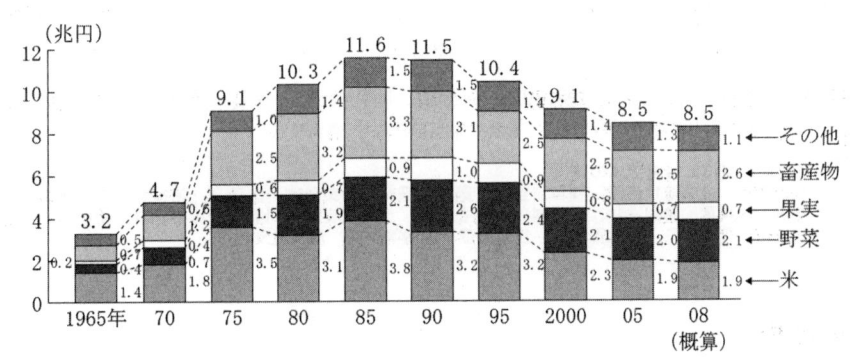

図9 農業総産出額の推移　出典：図1に同じ

資料：農林水産省「生産農業所得統計」　注：グラフ中の数値は，農業総産出額の総額

(2) 大規模化と地域集中

第二には，畜産部門での大規模化である．95年から2008年にかけて酪農経営における一戸あたり乳用牛頭数は，44.0頭から62.8頭へ増加，一戸あたり肉用牛飼養頭数は17.5頭から35.9頭へ，養豚経営の一戸あたり豚飼養頭数は545.2頭から1347.9頭へ増えている．

しかも畜産産地は一部の道県への集中度を増しながら大規模化が進んでいる．2008年の農業産出額でみると，北海道，岩手県，茨城県，千葉県，宮崎県，鹿児島県の6道県は

いずれも畜産の産出額が年間 1,000 億円を超えており，あわせて 1 兆 2,783 億円，全国の約 47％を占めている．

(3) 農業経営の厳しさ

第三には，図 10 に示すように農業経営は，飼料価格が上がり始めた 2007 年と安定していた 2005 年とでは特に酪農や採卵鶏で収益性に差が出ていることがわかる．この間いずれも経営体数は減少する中での収益性悪化であるため，更なる経営数の減少が予想される．

以上のように農畜産業を取り巻く経営環境には厳しいものがあり，食の豊かさと好対照をなしている．

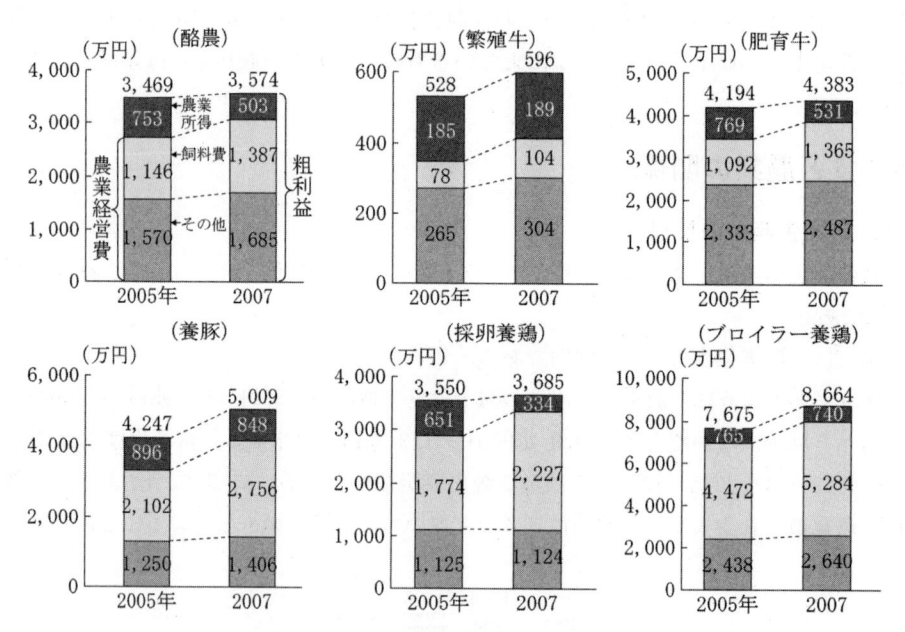

図 10　畜産経営における農業所得の推移（全国，1 戸当たり，営農類型別）　出典：図 1 に同じ
資料：農林水産省「農業経営統計調査（営農類型別経営統計（個別経営））」
注：
1) 農業経営費は，経営全体の値
2) その他は，農業雇用労賃，種苗，苗木，動物，肥料，農業薬剤，医薬品，諸材費，光熱動力，農用自動車，農機具，農用建物，賃借料，作業委託料，土地改良，水利費，支払小作料，物件税および公課諸負担，負債利子，企画管理費，包装荷造・運搬等料金，農業雑支出

6. まとめ

以上，駆け足で食の現状と課題を概観してきた．

動物応用の一つの領域である食について，その国際的広がりないしは環境から医薬品まで関連領域の広がりと奥深さについて垣間見ることが出来たと思う．加えてそれらが密接かつ複雑に絡み合い，現代における食の課題解決には自然科学の最先端の研究成果を社会に適用していく総合的な叡智が求められることが理解いただけたのではないか．

皆さんが学ぶ動物応用科学の社会的使命を食という視点からも認識して欲しい．

参考文献

農林水産省：『食料・農業・農村白書』平成 20 年度版（2009.5）

17 ニュージーランドにおける草地酪農システム

小澤 壯行（日本獣医生命科学大学）・コリン・ホームズ（マッセイ大学）

　ニュージーランドの草地酪農とは，草地において低コストで生産した生乳から製造された高品質の乳製品を全世界へ輸出することにその特徴を有する．12千戸の酪農家が飼養するおよそ390万頭の乳牛は，国内140万ha放牧地の牧草を採食し，これを体内を通すことにより1,500万tの生乳へと転換する「本来的な」畜産形態である．本酪農システムの根幹は，①適切なストッキングレートの下で乳牛を管理すること，②生乳の季節生産を徹底することにより，牧草供給量と家畜の飼料要求量の両者を均衡させることにある．しかし牧草供給量の過不足を抑制するために，酪農家では放牧に固執するのではなく，とうもろこしサイレージ等の補助飼料の利用を行っている．生乳（平均乳脂肪分4.7%，乳タンパク分3.6%）は，乳固形分量（Milk Solids；乳脂肪＋乳タンパク）によって取引されている．生産者乳価は1kgあたりNZ$3.6〜4.3（生乳1lあたりNZ$0.3〜0.35に相当）であるが，国際価格の変動に影響を受けやすい．

キーワード：ニュージーランド，酪農，草地，放牧，季節繁殖

1. はじめに

　世界のどこの国であっても乳牛は飼料を採食し，それを体内において生乳へと転換している．しかし，ニュージーランドは，飼料原料が「牧草のみ」という点で世界の中でもきわめて稀な酪農システムを採用している．このシステムでは乳牛1頭あたりの生乳生産量が低くなる反面，投下する労働力と生乳生産コストを低く抑えることが可能である．

　これに対してわが国やアメリカおよびヨーロッパ各国が採用している酪農システムでは，乳牛が摂取する飼料の主原料は穀物，濃厚飼料およびサイレージで，生牧草はわずかな量に過ぎない．このようなシステムでは乳牛1頭あたりの生乳生産量を高くすることが可能であるが，同時に高い生乳生産コストを要する．

　ニュージーランドの酪農産業は高度に集約された協同組合的なシステムで，4つの主要な団体（Livestock Improvement Corporation, DairyNZ, Fonterra, Fonterra Research Centre）から成りたっている．各団体は乳製品の製造や流通，牛群に必須の投入要素（乳牛の遺伝的改良，営農記録，技術普及，調査研究）の提供という場において不可欠な役割を担っている．これらは酪農家へ最大限の収益をもたらす事という端的な目的の下で事業展開がなされている．この国で生産された生乳の9割が国からの輸出助成金無しに世界市場価格で，あらゆる種類の商品として加工・流通している．その原料である生乳を産みだす乳牛は一生の間，牛舎に入ることはほとんど無い．換言すればニュージーランド酪農システムでは牛舎は不要なのである．乳牛は春に分娩を強いられ，牧草の成長度合いと同調しながら搾乳される．「牧草からの生乳生産」呼ぶべき酪農システムが展開しているのである．

　小稿ではニュージーランド草地酪農生産システムの基本事項を概説する．そしてこのシステムの生産性に影響を与える重要な要因（牧草生産量，ストッキングレート，繁殖管理，

合理的な飼料給与および補助飼料の利用等）についても若干の解説を加えることにより，その特異性を明らかにする．

(1) ニュージーランド酪農の長所

- 牧草地から低コストで生乳を生産することができる（飼料価格が安価，牛舎が不要，労働生産性の高さ等）．
- 酪農家への収益還元に焦点を置いた，協同組合組織を中核として高度に垂直統合（インテグレート）された産業構造の存在．
- ニュージーランド国内で作り出された放牧適性を有する種雄牛による，健康かつ遺伝的価値の高い乳牛の存在．
- 酪農従事者が長期休暇を得られることができる季節繁殖システムの施行．
- 新規参入が容易なシェアミルキング制度の展開．
- 島国であり，他国から遠隔地であることの防疫的利点．

(2) ニュージーランド酪農の短所

- 生産者乳価が国際乳製品市場価格の影響を受けやすいこと．また，生産システムそのものが，天候と牧草の生育に大きく左右されること．
- その結果として生乳生産量と収益性の年次変化が大きいこと．
- 酪農従事者1人あたりの乳牛管理頭数が多く，かつ，季節繁殖システムが時として労働過重を強いること．
- 季節繁殖システムによる生乳供給体制が，乳製品工場の稼働能力平準化を妨げていること．また，牧草の品質により乳質の季節的変動が大きいこと．
- 牧草に全面的に依存した放牧システムが搾乳期間の短期化および低生産性を招いていること．
- 牧草以外の飼料原料がきわめて限定されていること．
- 近年の投機を目的とした農地価格上昇傾向が顕著であること．
- 世界の主要な乳製品市場から遠隔地に立地していること（輸送コスト負担）．
- 乳牛頭数の増加による地下水汚染が進行していること．

2. 草地酪農生産システムの特徴

(1) 経済的要因

　ニュージーランド国内にはおよそ390万頭の乳牛が存在しているのに対して，人口はわずか400万人にすぎない．つまり国内生産された生乳のおよそ9割以上が乳製品に加工され，世界市場に輸出されて外貨を獲得している．このような世界市場価格への依存体制は，同時にニュージーランド型の生乳生産システムに厳しい経済的規制を課すこととなる．

　例えばニュージーランドの平均的な能力を有する乳牛は年間330 kgのMS（Milk Solid, ミルクソリッド：乳脂肪と乳タンパク分の合計量であり，ニュージーランドの生乳取引基準）を生産し，この乳価が$1,000から$1,500に相当する．この乳牛は生乳を生産するためにDM（Dry Matter: 乾物）で約4.2tを採食しなくてはならない．つまり，生乳価格は乳牛が摂取したDM 1 kgあたりに換算すると約23～36セント（NZドル）となる．つま

り飼料価格は必然的にこの価格より低い価格でなくては営農を継続することはできない．ちなみにニュージーランド国内の各種飼料価格は以下のとおりである．

表1によると，牧草は他の飼料よりもずっと安価であることがわかる．つまりわが国のような濃厚飼料を多給する酪農経営システムを採用した場合，収益性に欠けることが明らか

表1　ニュージーランドにおける飼料価格

	価格/kg DM	比率（生乳1l）（飼料乾物1kg）
放牧草（変動費相当部分）	3円以下	6 to 7
サイレージ	6～12円	1.8
乾草	12～18円	1.2
穀類	15円～21円	1
配合飼料	24～36円	0.6

注：1ニュージーランドドル＝60円として換算

資料：C.Holmes & J.Burke, Low cost production of milk from grazed pastures.

である．換言すれば，穀物主体の配合飼料を乳牛の飼料として利用している日本や北米諸国では，1l あたりの生乳価格が，穀物配合飼料の DM 1kg あたりの価格の少なくとも 1.5-2 倍程度，確保されなければ酪農経営は成立しないことを意味する．

(2) 営農環境

酪農経営を構成する諸要因は国を問わず大きな違いはない．つまり，乳牛により飼料が採食され，その体内を経由することによって生乳へと変換されることこそが酪農業なのである．その際，ニュージーランドでは，これらの構成要因は，国内の気候的・地理的条件に合致した「草地酪農システム」として採用され，特に完全放牧飼養により牛に自由に牧草を採食させ，これを生乳へと転換するという形にデザインされている．このシンプルかつ低コストな草地酪農システムは，乳製品世界市場価格との競争を勝ち抜くためには不可欠であり，何よりもニュージーランドが有する温暖な気候条件こそがシステムの成立を可能とさせている．放牧草に全面的に依存するような形態を成立させるためには，一般的に放牧地 1ha あたりおよそ 10t の乾物摂取量が得られる環境が求められる．

(3) 草地酪農システムとは季節生乳生産のこと

牧草の成長率は冬期間と比較して春期が優っている．そのため季節生乳生産システムでは，何よりも「牛群の飼料要求量と牧草の成長率とが同調していること」が必須条件となる．つまり，乳牛の泌乳曲線と牧草成長率が合致し，乳量が多い時期に栄養価が高い牧草をふんだんに供給するシステムを構築することが求められる．

そのために，

1) ニュージーランド国内の 95％を占める季節生乳生産を行っている酪農家では，すべての乳牛は 10-12 月の秋期に受胎を完了し，翌年の 7-9 月（冬の終わりから早春）に分娩し，春，夏そして秋の半ばまで搾乳が行われる．その後，経産牛は乾乳期に入る．乾乳期を牧草の成長が最も遅い時期，つまり冬の時期に「同調」させる．

2) この生乳生産システムを実施するには，牛群の飼料要求量と放牧草の成長率を同調させることが最も重要となる．また，①放牧草からの栄養摂取が，飼料要求量の 90％以上を占めること，また②牧草余剰時にサイレージ（または乾草）を収穫することができることが求められる．

3) 乳牛は年間を通じて屋外で飼養され，自ら放牧地を歩き回って牧草を採食し糞尿を

排泄する．このシステムは，わが国で採用されている舎飼飼育と比較して，建物，機械類，労賃および飼料コストを低減させることができる．

4）しかし，牛群の飼料要求量と牧草成長率の同調性が必要であるということは，必然的に搾乳期間が舎飼システムと比較して短く（220-240 日間）ならざるを得ないことを意味する．牧草成長期が限られているからである．

5）つまり草地酪農システムを展開するということは，同時にこのシステムが牧草の早い成長を促すための良好な気候に全面的に依存しなくてはいけないことを意味する．よって，牧草の出来・不出来によって生乳生産量は大きく変動せざるを得ず，収益が安定しない弊害を有する（例えば 1970 年代初頭は少雨の夏が続いた．反対に 1986 年は多雨で寒く長い春が続いた．1998 年と 99 年は日照りが続いたことにより，これらの年の生乳生産量は平年と比べて極端に少ない）．なおこのことは，牧草の不足期に補助飼料を給与することで軽減することが可能であるが，コスト高となり熟考を要する．

6）このような草地への全面依存が，①牧草を効率良く摂取させるためのストッキングレート（Stocking rate；1ha あたり搾乳牛放牧頭数・平均 2.5 頭）の綿密な調整を強いていること，②短い搾乳期間と放牧飼養による乳牛 1 頭あたりの生乳生産量（3,800 l；搾乳期間 230-260 日間，乳脂肪量 180 kg，乳タンパク質量 136 kg）が他の酪農先進諸国よりもずっと低い水準に留めてしまっていることを認識すべきである．

また，ニュージーランドの酪農経営の収益性は，概して乳牛1頭あたりの生乳生産量よりも，放牧地（草地）1 ha あたりの生乳生産量と強い相関があることが示唆されている[1]．つまり飼料供給の最大の源である牧草地の存在こそが，ニュージーランドの酪農家にとって何よりも重要な富の源泉たる資本財であり，乳牛1頭あたり生産性よりもむしろ，農地単位面積あたりの生産性向上を経営目的として設定するのが一般的となっている．まさに「牧草からの生乳生産」がその特徴と言える．

3. 草地酪農システムの構成要素

ニュージーランドにおける生乳生産システムを図示すると次のとおりとなる（図1次頁）．

草地酪農の生産性を左右する因子としては以下の事項をあげることができる．

表2　牛群構成と生産性の推移（1950-2007 年）

	1952	1960	1977	1990	2000	2007
放牧地1haあたり頭数	1.5	1.6	2	2.4	2.7	2.8
kg MS/ha:	310	350	460	620	768	934
飼養品種	12% Fr	12% Fr	36% Fr	67% HFr	57% HFr	46% HFr
構成	85% J	81% J	51% J	26% J	15% J	14% J
			N/A	N/A	20% Fr×J	32% Fr×J

注：MS(ミルクソリッド)，Fr(フリーシアン種)，J(ジャージー種)，HFr(ホルスタインフリーシアン種)，N/A(該当無し・その他)

資料：C.Holmes & J.Burke, Low cost production of milk

3. 草地酪農システムの構成要素

```
┌─────────────────────────┬─────────────────────────┐
│          飼料           │     搾乳牛・育成牛      │
└─────────────────────────┴─────────────────────────┘
```

図中の主要項目：

【飼料】
- 気候
- 土壌、施肥
- 栽培品種
- 牧草および飼料作物の管理作業
- ストッキングレート
- 摂取飼料過不足の管理
- 過剰飼料の保存

【搾乳牛・育成牛】
- 飼料給与状況
- 遺伝特性、年齢、健康状態
- 淘汰理由
- 更新率と育成牛の遺伝的メリット
- 搾乳：乳房炎と乳質
- 繁殖性と交配管理
- 分娩日（開始日、平均日、終了日）
- 乾乳日（平均日）

牧草・飼料作物収穫量 1haあたり (14 t DM/ha) − 不可食量 (3 t DM/ha)

1日あたり平均搾乳量 (1.38 kg MS/day) × 平均搾乳期間（日）（平均分娩日から平均乾乳日まで）(240日)

搾乳牛は1haあたり乾物11tの牧草・飼料作物を摂取する (14t-3t DM/ha)

1頭あたり平均搾乳量 (330 kg MS)
1) NZ平均牛体重425kgの乳牛は体重あたり0.78kgのMSを産出する能力を有する
2) 通常放牧地1haあたり3頭を飼養する．よって1頭あたり4tのDMを摂取することとなる．

経営外導入飼料（搾乳牛1頭あたり）（補助飼料）(1 t DM/ha)

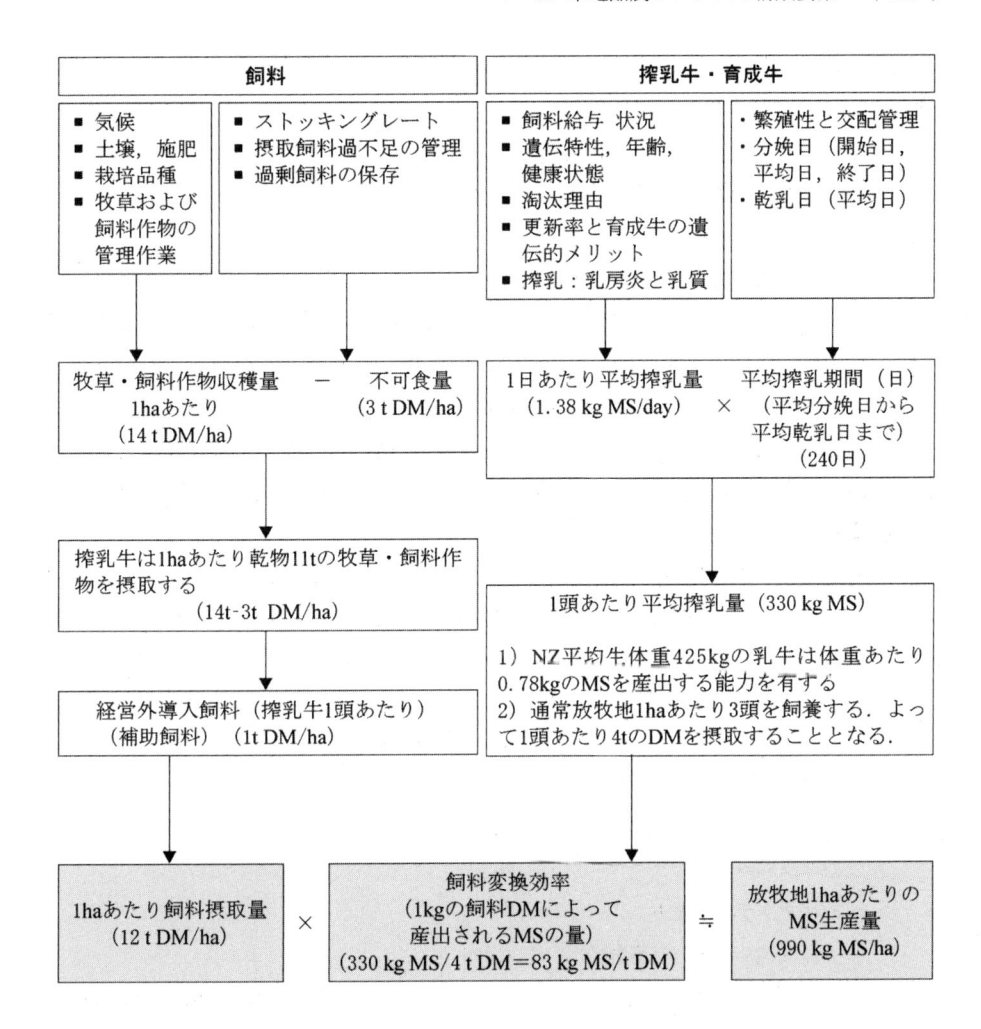

1haあたり飼料摂取量 (12 t DM/ha) × 飼料変換効率 (1kgの飼料DMによって産出されるMSの量) (330 kg MS/4 t DM＝83 kg MS/t DM) ≒ 放牧地1haあたりのMS生産量 (990 kg MS/ha)

図1 ニュージーランドにおける生乳生産システムの概要（その構成因子と平均値）

①牧草収穫量 （t DM/ha）

②年間採食効率 $\dfrac{(\text{t DM採食量})}{(\text{t DM牧草生産量})}$

③飼料変換効率 $\dfrac{(\text{kg MS生産量})}{(\text{t DM採食量})}$

例えば放牧地において年間 14 t DM/ha の牧草が生産されたとする．このうち搾乳牛により 8 割が採食され，その牛が採食した後に乾物 1 t あたり 75 kg の乳固形分（Milk Solid）を生産したとすると，草地 1 ha あたりの年間乳固形分生産量は

$14 \times 0.8 \times 75 =$ <u>840 kg MS/ha</u>　となる．

このように農地 1 ha あたりの生乳生産性を把握することが，草地酪農システムの根幹である．

本システムを構成する主要因について図1に示した．この図が示すように，草地酪農シ

ステムとは，乳牛に牧草を採食させ，それを生乳へと変換させることにある．つまり，このシステムの本質とは

1) 1haあたりの採食量を高めること，もしくは
2) 乳牛が摂取した飼料を生乳へと変換させる効率を上昇させること

である．

1) の点は，年間の飼料生産量（t DM/ha）と乳牛への飼料配分量が影響する．つまり①酪農家が設定するストッキングレートと，②補助飼料の給与量によって規定される．また季節生産導入による分娩日と乾乳日の設定が，牧草生産量と飼料要求量の「同調性」に影響を与え，その結果として牛群の採食量が左右される．

2) の点は，乳牛1頭あたりの乳固形分生産能力（MS・kg/年）と泌乳時の健康状態に影響を受ける．具体的には乳牛の遺伝的価値，血統，年齢と健康状態および飼料摂取量である．

(1) 牧草生産

牧草生産量は多岐の要因に左右されるが，特に気候と土壌の肥沃度に最も強く影響を受ける．ニュージーランド国内の主要酪農地帯の牧草生産量は年間 8-16 t DM/ha の範囲にあり，この牧草生産量の違いが1haあたりの生乳生産量の地域的差異を生ずる要因となっている．

ノースランド地方：	625 kg MS/ha
ワイカト地方：	1,002
タラナキ地方：	925
ワイラパパ地方：	863
ウエストランド地方：	763
カンタベリー地方（灌漑地）：	1,230
サウスランド地方：	1,049

（資料：Dairy Statistics, 2006/07）

南タラナキ地方では年間 12-50 kg/ha のリン酸散布により，13 t DM/ha の草地で 1 t DM/ha の牧草生産量の増加が認められた．さらにリン酸 100 kg/ha の散布では 2.5 t DM/ha の増収となった[2]．窒素散布では，1haあたり1kg散布することにより 5-10 kg DM の収穫量増加をもたらした[3]．ニュージーランドの標準的な酪農家では1年間でリン酸を 20-50 kg/ha，窒素を 20-80 kg/ha 散布している．

牧草の飼料価値はその成分組成によって規定されるが，成分量は年間を通じて変化があり，このことが収益性に影響を与えている．概してニュージーランドの草地はイネ科とマメ科牧草混播であり，葉の多い状態で熱量 10-12 MJME/kg（MJME；megajoules of metabolisable energy），粗タンパク質 15-30％ となっている[4]．このため，鼓脹症は特に春先に発生しがちな疾病となっている．またニュージーランドの牧草は泌乳期牛の栄養的要求を満たすための充分なマグネシウムを含んでいない．したがって牧草のミネラル組成と乳牛のミネラルバランス維持のために肥料，特にカリウムを含む肥料の散布が重要である[5]．

(2) 1 ha あたりの飼料要求量（頭/ha および乳量/頭）

このことこそが牧草の効率的な採食のための鍵であると言ってもよい．当然のことであ

るが，乳牛に採食されていない牧草は生乳に作り変えられることはない．ストッキングレート，乳牛1頭あたりの生乳生産量と泌乳期間が1haあたりの飼料要求量に影響する主な要因である．

表3 牧草収穫量17～20 t/haの草地においてストッキングレートを
5段階に設定した際に生じた影響

	ホルスタイン種				
ストッキングレート(頭/ha)	2.2	2.7	3.2	3.7	4.3
相対的ストッキングレート (kg LW/t DM)	62	76	90	103	120
牧草生産量 (t DM/ha):	17.5	17.9	18.8	18.3	19.8
牧草熱量 (MJME/kg DM):	11.3	11.4	11.5	11.6	11.6
サイレージ調整量 (t DM/ha):	1.5	1.4	0.9	0.4	0.1
牧草年間刈り取り回数:	2.1	1.0	0.4	0.1	0.0
牧草摂取量					
t DM /ha:	11.1	12.5	13.6	14.9	16.0
t DM /頭:	5.06	4.65	4.24	4.01	3.71
個体維持に必要な牧草量(t DM/ha):	4.7	5.7	6.7	7.7	8.7
乳固形分(MS)生産量					
kg MS/ha	967	1043	1105	1145	1168
kg MS/頭	435	380	353	309	274
搾乳期間(日):	296	278	260	238	222
生体重 (kg/頭):	489	475	472	467	448
効率性					
牧草利用率:					
牧草摂取量/ha ÷ 牧草生産量/ha; (%):	63	70	72	81	81
飼料変換効率:					
乳固形分生産量(MS・kg) ÷ 牧草摂取量(t) (%):	86	82	83	77	74

資料：Macdonald, K et al. 2001. *Proceedings of the New Zealand Grassland Association*
63 p223より引用

表3に示したとおり，1haあたりのホルスタイン種の乳牛数を2.2頭から4.3頭へ増加することの影響を以下のようにとりまとめることができる．
①ストッキングレートが低い時，牧草は採食されないので無駄になる．
②一方ストッキングレートが高い時は牧草に由来する飼料エネルギーの多くが乳牛の個体維持に使われる．

ストッキングレートの上昇に伴い発生すること：

　減少すること：①乳牛1頭あたりの採食量，②乳牛1頭あたりの生乳生産量，③乾乳時の生体重，④ボディコンディションスコア，⑤泌乳期間，⑥飼料変換効率
　増加すること：①1haあたりの採食量および1haあたりの生乳生産量，
　なお，収入とコストの増加；利益への効果は不明である．

　平均搾乳日数は1970年代の250日から220日へと，近年短縮化している．これは主に高能力牛飼養がストッキングレートを高めていることと，早期乾乳の実施に伴うボディコンディションの維持に起因している．加えて近年の実証的な実験結果もまた，高ストッキングレート下では搾乳期間が短くなること（1頭/ha増加により40-90日の搾乳期間の減

※相対的ストッキングレート（Comparative Stocking Rate：CSR）とは何か？

相対的ストッキングレートは近年，用いられつつある指標で2つの特徴を有している．

1）乳牛の生体重を考慮に入れていること．

2）生乳生産システムに含まれるすべての飼料を考慮に入れていること（自給飼料のみならず補助飼料を含む）．

相対的ストッキングレート次のように求められる．

$$\frac{(\text{kg生体重}/\text{ha})}{(\text{すべての飼料 t DM}/\text{ha})}$$

これを事例にあてはめると次のようになる．

前提条件：1）牧草は年間 14 t DM/ha 生長する，2）補助飼料としてとうもろこしサイレージ 1 t DM/ha 導入する，3）育成および乾乳牛用飼料として 2 t DM/ha を導入する，4）ジャージー種の乳牛を4頭/ha 放牧させており，それらの平均体重は380 kg である．

この条件下での相対的ストッキングレートは：

$$\frac{4\text{頭}/\text{ha} \times 380\text{ kg}}{(14+1+2)\text{ t DM}/\text{ha}} = \frac{1,520\text{ kg}/\text{ha}}{17\text{ t DM}/\text{ha}}$$

CSR（Comparative Stocking Rate；相対的ストッキングレート）＝ <u>89 kg 生体重 /t 総 DM</u>

CSR は上述の2つの特徴から従来のストッキングレートである"1 ha あたりの乳牛頭数"に改良を重ねたものである．しかし依然として，この式でも飼料要求量を求めるに必要な搾乳牛の生乳生産量の因子が含まれていない．乳牛生体重当たり乳量の増加を図るために最適とされる改良版 CSR の確率が強く求められている．

ストッキングレートを高くする利点として，単純に春に急速に育つ大量の若葉（スプリングフラッシュ）を有効利用できることにあるが，高ストッキングレート値をその後も維持していては，夏季に飼料不足となり，もし外部から補助飼料が導入されないのであれば，乾乳の早期化もしくはボディコンディショニングスコアの悪化を招く．つまり，ストッキングレートを高くする利点は春期のみ見られ（草地の生長の早い時期），逆に不利益は夏と冬（牧草の生長の遅い時期）に顕著になる．牧草不足の影響は，外部から導入する補助飼料により軽減させることができる．しかし実際には，高ストッキングレート値維持の弊害は酪農家の努力によって克服されている．なぜなら，生乳生産量は単に草地1 ha あたりの値だけではなく，乳牛1頭あたりの生産量としても捉えられているからである．

(3) 乳牛繁殖性について －分娩と乾乳時期の関係－

世界中のあらゆる酪農システムにおいて，まず乳牛が受胎することによって，「酪農」のプロセスは開始する．乳牛の繁殖能力は生乳生産性に関与する重要な要因の一つであると言える．ニュージーランドの季節生産システムでは，乳牛は適切な時期に子牛の分娩が求められ，その要求を満たすためには牧草を最大限に利用しなくてはならない．したがって分娩時期は，乳牛の飼料要求量を草地の季節パターンに同調させる上において重要である．

先行研究によると，すべての乳牛を同一日に乾乳させ，通常期より早期に分娩させて適

切に飼料給与を行った場合，これら早期分娩牛は通常分娩牛に比べ17kgの乳固形分の増量と8日間の搾乳期間の延長が見られたとの報告がある[6]．しかし一方で，表4に見られるように分娩日が7月21日か8月14日のいずれかの状況においても，生乳生産量には明快な違いはなかった[7]．また早期分娩は，低ストッキングレート時には生乳生産量の若干の増加が見られたが，高ストッキングレート時には反対に減少傾向が見られた．分娩時期が遅い牛群は，搾乳期間は短くなったが，反対に平均乳脂肪分は高くなった．早期分娩群は搾乳初期10週間は飼料不足の状態にあったため，乳牛1頭あたり1日あたりMS生産量は早期分娩群で1.0kg，晩期分娩群で1.3kと差異が生じた（通常，飼料不足は外部飼料の導入により避けられる）．

表4 平均分娩日の異なる牛群による生乳生産量の違い

		ストッキングレートおよび平均分娩日			
		3.86 (頭/ha)		4.32 (頭/ha)	
		7月21日	8月14日	7月21日	8月14日
平均乳固形分(MS)生産量	kg/頭・年	308	306	275	287
	kg/ha	1190	1180	1190	1240
搾乳日数		257	239	257	232
平均乳固形分(MS)生産量	kg/頭・日	1.2	1.28	1.07	1.24

資料：参考文献7)

分娩日の選択は，①冬の終わり又は春先の草地の成長具合，②外部補助飼料（窒素肥料も含める）が入手可能か否か，③ストッキングレートにより異なる．例えば，搾乳初期に高品質の補助飼料を給与できるのならば，牛群を早期分娩させることが可能である．しかし搾乳を夏から秋にかけて継続して続けることを意図するならば，牧草不足を避ける目的で，晩期分娩の方が好まれることもある．補助飼料導入や灌漑が可能である農家では，天日牧草に依存している農家と比べて，分娩日を選択する余地が広がることとなる．

ニュージーランドの季節生産を行っている酪農家の大半は，牛群の分娩が短期間に集中することを目指して繁殖調整を行っている．短期間の分娩パターンは，酪農家がその時々で1つの仕事に集中し，作業をより効率的に行うためにも重要である．1982年のマタマタ地域の35の酪農家における分娩日を以下に示す（表6）．

ニュージーランドでは過去25年間にわたって人工的な分娩誘発が行われてきた．その有用性は，本来は分娩が遅れている乳牛に対して，分娩を誘発させることにあるが，同時に，その処置によって牛群の分娩調整が容易になり，季節繁殖を貫徹させることに大きく貢献した．反対に短所としては，①余分なコストがかかること，②分娩された子牛の大きさと生存率に負の影響を与えること，③残留胎盤のリスクが増えること等が挙げられる[8]．なお，ニュージーランドの酪農産業としては今後，分娩誘発剤の常習的な使用を止めるように推奨している．薬品に頼ることよりも，むしろ分娩時期を集中させるためには，何よりも前年の交配および受胎時期を集中させることが求められている．

表5 2004年の地域別平均分娩日
（2歳初産牛を除く）

	分娩開始日	中間日
ノースランド地方	7月16日	8月7日
ワイカト地方	7月19日	8月9日
タラナキ地方	7月25日	8月16日
南島	8月6日	9月27日

表6　マタマタ地域における35農家の分娩状況（1982年）

	平均日	幅
計画された分娩予定日	8月5日	（7月23日〜8月18日）
以下に要した日数：		
牛群の50％が分娩済み	18日	（12〜25日間）
牛群の75％が分娩済み	36日	（20〜43日間）
牛群のすべてが分娩済み	72日	（45〜107日間）
人工分娩誘発を行った率	11％	（1 to 26％）

資料：MacMillan, K L, Henry, R I, Taufa, V K and Phillips, P 1990. New Zealand Veterinary Journal **38** p 151.

・**集中した交配および分娩に関わる要因**：乳牛は交配期間が始まる前に規則的な発情周期を示していなくてはならない．そのため無発情牛問題は，長期間にわたって研究されており，処方薬（例えばプロゲステロンを放出する膣内薬＋ゴナドトロピンの注射）も開発されている[9]．この方法は交配を同期化させる手法として広範に用いられている．

・**発情の発見**：放牧中の乳牛が人工授精される際には，①適切な時期に，②対象牛が正確に特定されなくてはならない．このため，ニュージーランドでは尻尾のペイント（ヒートマウントディテクター）と発情牛の綿密な観察が効果的であるとされている．9割以上の牛群が交配期間の初期3-4週間で授精を行っているという報告がある．

・**乾乳時期**：春に分娩する乳牛は，通常晩夏もしくは秋に乾乳させる．また乾乳の意義として，搾乳によるボディコンディションの過度の喪失を避けることと，放牧地内牧草の過度の減少を避けることもあげられる．また，生乳生産量が低いレベルにまで減少した（5 l/日以下）際にも乾乳される．この結果，牛群全体での平均乾乳期間は100日以上，搾乳時期は250日以下となってしまう．なお国内生乳需要をまかなうために冬季に乳生産をする牛群のうち，秋に分娩する乳牛は春分娩の乳牛に比べて通常泌乳期間が長期（250-290日）となるが，これは牧草が豊富で草の状態も良い12月もしくは1月に泌乳後期が来るためである．場合によっては次期に分娩する予定の60日前まで搾乳されることもある．

　酪農家における1990-92年の最終乾乳日はノースランドの4月19日から，ワイカトとタラナキの5月5日，サウスランドの5月17日までの広い期間にわたる（W. J. Parker教授の未発表の論文による）．補助飼料が与えられた場合や灌漑によって牧草の生育が図られた場合，乾乳日を遅らせる可能性があり，この場合搾乳期間が延びる．理論上，搾乳期間は分娩の早期化または乾乳の遅延のどちらかによって延長され得るので，草地酪農ではその時々の経済的可能性の価値を見極めることが肝要である．

(4) 乳牛の質（遺伝的メリット，品種，年齢および衛生）

遺伝的メリット：

　ニュージーランドにおける乳牛の遺伝改良度合いは1950年代以降，約35％上昇した．乳牛1頭あたりの乳脂肪生産量はストッキングレートが1.4から2.4に上昇したにも関わらず約50％上昇した（図2）．

　牛群の遺伝的改良が進んだ主な理由は以下のとおりである．

　1）牛群の改良が常にシンプル，明快で経営的に妥当な目標であったこと．つまり，なによりも乳脂肪産乳量を最大にすることに改良の焦点を絞ってきたことにある．ニュージーランドでは品種改良の効果を表すためにBreeding Worth（BW；品種価値）の概念を導入している[10]

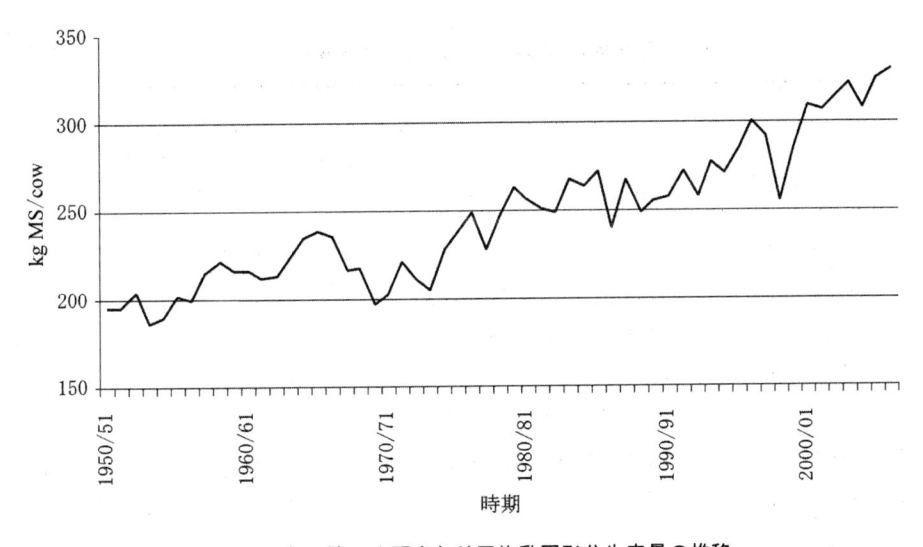

図2 1950年以降の1頭当たり平均乳固形分生産量の推移
資料：Dairy Statistics(2006/07), Livestock Improvement Cooepration

2004年以降の経済価値を測るBWは以下の式によって求められる．

乳脂肪量（kg）×$0.90＋乳タンパク量（kg）×$6.90－乳量（kg）×$0.08
－生体重（kg）×$0.92＋寿命（日数）×$0.03＋繁殖性×$1.68

ここで注視しなければならないことは，乳量がマイナス要因であることである．つまりニュージーランドでは乳固形分（MS）を重要視しているため，水分である「乳量」はむしろ低い方が好ましい乳牛とされている．

2）人工授精および牛群情報サービスの広範にわたる普及（全乳牛の77～80％を網羅する）．

3）すべての酪農家がプレミア・サイア・サービス（Premier Sire Service）を通じて世界中の優秀な種雄牛の精液を確保することができること．この団体が扱うすべての精液はニュージーランド国内での遺伝的チェックが行われてきているので，遺伝子型 X の環境相互作用の起こり得る影響を懸念する必要がない．

乳牛の遺伝性に係る一連の実験は，ニュージーランドにおいてホルスタイン種とジャージー種の乳牛を利用して行われてきた．遺伝的メリットの高い（25％高い）の乳牛は乳固形分（MS）をより多く（20-40％増）産出する．またこれらの牛は遺伝的メリットの低い牛よりも，より多く（5-15％増）の飼料を摂取し，これら飼料を生乳へと変換する能率もより効率的（10-15％増）である．一方で，遺伝的メリットが高い乳牛は搾乳時期の終わりに体重が減少し，ボディコンディションが悪化する傾向も認められた[11]．

表7のデータは遺伝的メリットが25％上昇する（30年間の遺伝的改良値に相当）と，1haあたり乳固形分が30％上昇すると共に，飼料要求量の減少，コスト低減をもたらすが，泌乳期間の終盤にはボディコンディショニングが悪化することを示している．

ニュージーランドで搾乳される乳牛の実乳量は，他の多くの国，特にアメリカ合衆国，カナダ，日本，オランダ，イスラエルなどで搾乳されている乳量に比べ格段に少ない．し

表7　遺伝的能力の違いによる生産性の差異

	ストッキングレート (頭/ha)			
	3.75 頭/ha		4.28 頭/ha	
	高BW	低BW	高BW	低BW
乳脂肪およびタンパク量 kg				
1頭当たり	301	228	271	210
1ha当たり	1127	853	1159	899
搾乳日数	261	247	247	228
乾乳時のボディコンディショニングスコア	4.0	6.1	3.9	5.0

資料：A.M.Bryantら 1983-86年の値（未発表）

かしこの結果は必ずしもニュージーランドの乳牛がこれらの諸外国の乳牛に比べて遺伝的にきわめて劣っているということではない．例えばニュージーランドとアメリカでは，特に飼料給与システムにおいて多くの違いがある．またアメリカや日本では，長い搾乳期間に極くわずかな牧草とより多くの濃厚飼料を給餌することにより，酪農業が成立しているからである．

表 8 は，牧草もしくはサイレージのみを給与した牛とアメリカ型の濃厚飼料主体の TMR（Total Mixed Ration；全混合飼料）を不断給餌した際に，外国産とニュージーランド産ホルスタイン種の能力を比較したものである．

この表からわかるように，草地主体の飼料給与ではニュージーランドの乳牛はやや高い乳固形分を生産するが乳量は少なく，一方で TMR の下ではニュージーランドの乳牛はずっと少ない乳固形分および乳量であり増体が認められた．また，外国産の乳牛は不妊割合が非常に高い傾向が認められた．

表8　ホルスタイン海外種と同ニュージーランド種を2.2頭/haのストッキングレート下で放牧飼養した場合とTMRを自由採食させた場合の生産性の差異

	放牧		TMR	
	NZ	海外	NZ	海外
搾乳日数	300	298	300	298
生乳生産量(kg/頭)	5300	5882	7304	10097
乳固形分(MS)量 (kg/頭)	465	459	602	720
生体重 (kg)	495	565	556	634
乾乳時コンディショニングスコア	5.0	4.6	7.6	6.1
未受胎牛の割合(%)	7	62	14	29

資料：Kolver, E et al. 2002. *Proceedings of the New Zealand Society of Animal Production* 62 p246.

表9　ジャージー種とホルスタイン種の生産性の違い

	ジャージー種		ホルスタイン種	
	3.57 頭/ha	4.53 頭/ha	3.02 頭/ha	3.98頭/ha
乳固形分(MS)生産量				
kg/頭	334	272	372	268
kg/ha	1192	1231	1121	1064
搾乳日数	260	223	261	226

資料：11)と同じ

品種：

　ニュージーランド国内では，ジャージー種飼養（1960 年代は 80％以上）からホルスタ

イン種飼養（1990年代では50％以上）への劇的な変化があったが，各種の研究ではジャージー種はホルスタイン種に比べ，1haあたりわずかだが多くの乳固形分および利益を生み出すことを示している[11]．

年齢：

表10には2002〜3年のニュージーランド国内の年齢構成，および乳牛の年齢差による泌乳量を示した．これは，612,868頭のホルスタイン種×ジャージー種（F_1）の乳牛のデータである．

表10　年齢の違いによる生産性の違い

年齢 (歳)	牛群全体に占める割合 (%)	生乳生産量 (l)	乳脂肪分 (kg)	乳タンパク質 (kg)	生体重 (kg)
2	20.8	3110	154	117	371
3	18.3	3511	175	135	428
4	16.9	3736	188	144	452
5	11.2	3875	195	150	472
6	9.2	3983	196	151	478
7	7.9	3938	195	150	485
10+	6.0	3507	169	131	494

資料：11）と同じ

7歳を超えると，主に疾病の増加（特に乳房炎，受胎の不成立および乳量の減少など）によりその淘汰率は上昇していく．

乳房炎コントロール：

・**体細胞測定情報**：乳房炎は他の酪農国と同様にニュージーランドの乳牛にとって重大な疾病である．乳房炎のコントロールは1970年代にイングランドで確立した次の5項目に焦点を当てて，対策がなされてきた（①搾乳機の保全，②搾乳中の衛生，③泌乳期間中の乳房炎治療，④抗生物質処方および⑤乳牛淘汰）．現在ニュージーランドの農家は，バルク乳および個々の乳牛の体細胞数（SCC：Somatic Cell Count）の定期的なデータ収集を行っている．上述のイングランドの手法に加えて，ニュージーランドの酪農家で使用されている季節繁殖システム内でSCC情報を組み合わせるため，SAMM（Seasonal Approach to Managing Mastitis；乳房炎抑制の季節的アプローチ）手法が作られた．

バルク乳における体細胞数（SCC）のデータは牛群内の乳房炎の発生率をはかる良い指標であり，特にペナルティ負担の基準（例えばSCCが350,000以上でペナルティが課される）として利用されているの

表11　乳牛の淘汰理由

理由	牛群に占める割合(%)
移動したもの：	19.3
死亡	2.1
売却	4.6
淘汰したもの：	12.6
淘汰理由：	
不妊	4.5
低乳量	2.0
高細胞数・乳房炎	0.9
高齢	0.7
乳器の障害	0.4
搾乳時間が長い	0.2
気質が荒い	0.2
EBL, 顔面湿疹, ヨーネ病	0.4
分娩遅延	0.3
流産	0.2
その他	1.1

資料：Xu, Z.Z and Burton L.J. 2003. Reproductive performance of cows in New Zealand; Final Report. Livestock Improvement

は日本と同じである．

1日1回搾乳かそれとも2回が普通なのか：

　1日に2回搾乳を行うことは，酪農家にとっては極当たり前のことであると考えられてきた．過去数百年の家畜化の過程において，子牛が24時間のうちに母牛から8〜12回程度直接乳房から乳を飲むという生来の状態から離れ，日に2回機械によって搾乳されるという現在の状態の状態へと転換された．しかし近年，ニュージーランドにおいても酪農業はその過重労働から批判の対象となりつつある．このような搾乳労働から人々を解放し，酪農家の生活を重視する観点からも1日・1回の搾乳条件下で生産性が高い乳牛を育種・選抜することは，大変有意義なことである．ニュージーランドにおける近年の研究では，ジャージー種の乳牛は既に1日に1回の搾乳に十分適用できることを示唆している．今後，有効な選抜淘汰によって，さらに1日1回搾乳の条件に見合う乳牛が特定されることであろう．

　表12は，2001年から2003年にかけて Dexcel Wahreroa（Dalley and Bateup, 2004；Dairy 3, Massey University and Dexcel）での実験によるものである．

　1日に1回搾乳の牛は，低乳量のため飼料要求量も低く，2回搾乳の牛よりも高いストッキングレートで飼われていた．SCCについては1回搾乳のほうが高かった．

(5) 放牧地での乳牛飼養

　十分な草地の存在は本酪農システムの基本である．牧草生産量は主として，土壌の肥沃度，および水分量，日照および気温によって左右される．この他，

- 放牧牛の移動による土壌および草地へのダメージは最小限に抑制しなければならない（例えば雨の多い時期の泥濘化防止など）こと．
- 牧草生産量は一般的に最適とされる範囲内（約 1500-2500 kg DM/ha）におさめなくてはならない．この値が低すぎると，新しい牧草の生長が抑制される．反対に高い場合は枯死および腐敗が増加する[12, 13]ことに留意しなくてはならない．

　放牧システムにおける合理的な飼料給与とは，①乳牛が満足に採食し，②牧草が早く成長し，そして，③牧草の無駄を最小限にする草地コンディションを創出し，これを維持することである．合理的管理とは，牧草供給量および需要量のバランスを，以下の点を確認しながら適切に保つことにある．

- 家畜の年間総飼料要求量が農場の年間総牧草生産量と等しくすること．この点においてストッキングレートの適切な選択が最も重要となる．
- 家畜の月間飼料要求量が農場の月間牧草生産量と近い値であること．子牛分娩日と乾乳日およびサイレージ等貯蔵用飼料および補助飼料の給与期間の選択が重要である．
- 特定の時期に起こる不可避的な牧草不足および過剰が，適切な計画によって，また補助飼料の給与と日常の草地管理によって，最大限に生産的かつ経営合理に対応されていること．

表12　搾乳回数の違いによる生産性の差異

	ホルスタイン種		ジャージー種	
	2回/日	1回/日	2回/日	1回/日
kg MS/頭	333	237	276	224
kg MS/ha	999	831	994	939
搾乳日数	244	226	242	228
SCC (000s/ml)	78	160	87	146

放牧方法:

　牧草の生産力が乳牛の飼料要求量を満たすのに充分な場合においては，連続放牧または輪換放牧のいずれかの方法を利用しても，1ha あたり生乳生産量への影響はほとんどない[12,14]．しかし，乳牛が一年中放牧されるようなニュージーランドの集約放牧システムでは，その日に採食させる牧区を制限することがある．この方法は輪換放牧時に行われ，大多数の農場で採用されている．

牧草収穫量の管理:

　牧草収穫量は草地1ha あたり生乳生産量および乳牛の採食量に影響を及ぼす重要な因子である．牧草収穫量とは牧草の生長および消費（保存も含む）間のバランスの結果であり，管理の重要点としては，日々の牧草成長率（kg DM/ha）と牧草消費率（kg DM/ha）の関係性を認識することと，その結果として生じる平均牧草収穫量（牧草利用量）（kg DM/ha）を把握することにある．このことは，牧草給与計画または以下の点を含む草地管理の目標達成のために，酪農家自らで管理・分析されなくてはならない．

・1年のうち，特定期の農場における牧草利用量（kg DM/ha）（例えば分娩時には1800-2200 kg DM/ha を確保する等）を目標として設定する．
・飼養している家畜の栄養水準を充足させるに必要な水準を目標とする．

日常的な草地管理:

　酪農家が日常的に行うべき草地管理として，①平均牧草利用量（kg DM/ha），②乳牛一日あたりの牧草消費量（kg DM/ha・日）および③農場の一日あたりの牧草成長割合（kg DM/ha・日）の把握があげられる．草地管理においては，乳牛が飼料要求量に従い給餌されている否か，また，平均牧草利用量が目標値から逸脱した状態になっていないか否かを確認するために，毎日採食させる牧草地（パドック）の状態を調べ，これを調整するべきである．

余剰牧草:

　余剰牧草は春の終わりと夏の始めに特によく発生するため，余剰分を乾草あるいはサイレージの形で保存する必要がある．

　ニュージーランド国内の3年間にわたる実証試験の事例では，2戸の農家が11月（春の終わり）に余剰分牧草をサイレージとして保存し，他の2戸の酪農家はサイレージ化せず，余剰牧草を農場の一角に積んでおき，この"取りおき牧草"をおよそ1カ月後の初夏にパドックにて給餌した．その結果，サイレージ給与農家では，泌乳期の早い時期に（牧草不足の発生によって）わずかに乳脂肪生産の減少を引き起こしたものの，高ストッキングレート下でサイレージを与えた時の夏の間において生乳生産量は増加傾向を示した．一方，"取りおき牧草"では，生乳生産量が低い結果を示したものの，収益性に関しては省力的であるためサイレージ化群よりも若干上回った[15]．このように春季における"取りおき牧草"給与（生牧草を一時的に農場の一角に蓄積させておくこと）は栄養学上明らかな不利があるが，牧草が不足する期間における最も安価な飼料給与形態として成立し得る[16]．

牧草の不足:

　春の始め，母牛が分娩時を迎える頃には急速に牧草の消費量が増加する．そのため，冬

季に草地を「節約」することは，ほぼすべての農場で行われている．酪農家が分娩期の7月から9月の間で平均的に費消する牧草（およそ 1,400 から 2,000 kg DM/ha の範囲）に，上乗せ分として牧草 100 kg DM/ha を給与した場合，1 ha あたり 4 頭のストッキングレートの場合で乳牛1頭当り 4～7 kg の乳固形分（あるいは 14～20 kg の乳固形分/ha）増産に結びつくとの報告がある [17]．

分娩期にボディ・コンディション値を増加させることは，泌乳の初期において乳生産量の増加（乳固形分 8～15 kg/CS （CS: Condition Score））および，分娩後の発情の早期回復（6日短縮/CS）を促す（コンディションスコア1ユニットの増加はジャージー種およびホルスタイン種それぞれの生体重 25 から 35 kg に相当する）[18]．

これらの方法は「飼料」を1年のある時期から別の時期へと低コストで移動させる時にとても有効であり，春季もしくは泌乳初期の飼料不足に起因する種々の問題を最小限に抑えるために利用されている．

(6) 補助飼料の有効利用

遺伝的に能力が高い乳牛飼養が広範に展開することは，同時に摂取する飼料要求量の増加を意味する．ニュージーランドでは 1950 年代にはすべての酪農家が飼料を自給していた．しかし，今や飼料を 100％自給している農家はほとんどないと言っても過言ではない．つまり，この変化は「自家農場 1 ha あたりの乳固形分 (kg)」という表現がもはや農家の生産力を示す有効な指標にならないことを意味する．1950 年代から 90 年代にかけて，草地酪農システムとは補助飼料をほとんど必要としないシステムのことを指した [19]．つまり「最適なストッキングレートの設定と草地管理手腕」こそが酪農経営を行う上で求められていた．その後，ニュージーランドの酪農業は①乳牛1頭あたりの生乳生産量が低いこと，②乳牛の育種改良の失敗，③小さく痩せた牛，そして⑤単位面積あたり低コストだが生産性の低いシステムとして，世界中の研究者より酷評を浴びせられた．これを救済する手段として，単に飼料中の乾物摂取量を高めるということだけではなく，ルーメン可溶性炭水化物やルーメンバイパスタンパク質などの活用が求められた．これの対策に関して，ニュージーランド国内において研究の活性化が図られたが，結果としてその結論は，草地酪農システムに真っ向から反するコスト高な飼料の外部導入を意味することにほかならなかった．つまりルーメン活用等の理論は，気候の関係から「完全な草地酪農システム」の実施が不可能な背景を持つ北半球の酪農先進諸国に端を発した発想であることに注意しなければならない．つまりニュージーランドにおいては以下に掲げる「完全な草地酪農システム」が有する3つの特徴点を有している．

1) 乳価（セント/ l ）/穀物コスト（セント/kg DM）の割合がニュージーランドは1であるが，欧米諸国では 2～3 であること．
2) 補助飼料を給与するということは，当該酪農家の草地利用システムが補助飼料導入を予め意図していない場合において，乳牛の選り好み喰いにより飼料摂取量の減少および牧草の無駄を引き起こしていることを意味する．このことは欧米，日本の非草地酪農システムでは全く顧みられていないことである．
3) アメリカでは，穀物とトウモロコシサイレージは通常，基本配合飼料の一部として必

ず給与されるが，ニュージーランドでは「完全な草地酪農システム」であるため，これら補助飼料を給与する「必然性」がない．また補助飼料の導入自体が，草地酪農システムそのものに大きな変化を与える（労働強化，機械類・施設類の導入，ストッキングレートの改変等）要因ともなり得ること．

このように現在では草地酪農システムにおける補助飼料給与体系の研究は，物理的・経済的な側面から次第に終息していった．しかし，補助飼料そのものの使用量は年を追う毎に伸長している．つまり集約放牧において，イネ科およびマメ科の混播牧草を利用することは2つの大きな問題を引き起こしているからである．それは第一に，飼料としての栄養成分が理想的な乳牛の飼料要求量に合致しないこと，第二の最も重要な点として，特定時期における牧草利用可能量は乳牛の飼料要求量としてその個体維持エネルギーを充足することすらできない点である．放牧中の牛が補助飼料を給餌されると，牧草摂取量が減少するという代替効果が常に生じる．そのため放牧草地の上に給与される補助飼料から期待される相乗効果は，即効的ではなく，予想と比べて小さく，採食されなかった牧草は単に無駄になるかもしれない．補助飼料導入による効果は予め自らの放牧システムを熟知したうえで実施されなくてはならない．

特定の栄養，もしくは飼料給与バランスを整えるための補助飼料：
ライグラスまたはクローバー由来の牧草は高濃度の代謝エネルギー（10.5-12.0 MJME/kg DM）および粗タンパク質（乾物重量の18-30%）を含むが，非分解性タンパク質は低く（総タンパク質の20-40%），中性ディタージェント繊維濃度は高く（乾物重量の30-65%），非構造性炭水化物濃度は低い（乾物重量の5-30%）特性を有する．これらの不足分を調整するために，特定の栄養素を少量だけ摂取させて，乳牛1頭あたりの生乳生産量を増加させることは可能である（例えば魚粉は非分解性タンパク質を供給する）．しかし本手法の経済的優位性は立証されていない[20]．

牧草不足の克服および総飼料供給量増加のための補助飼料：
春期の牧草の成長が早い時期において高ストッキングレート下で飼養することは重要である．しかし同時に過度の高ストッキングレートの設定は，特に夏期に牧草不足を生み出す．補助飼料の給与はこれらの不足に起因する負の影響を減らすために使われることが一般的である．

4. 小括　－地域・風土に合致した酪農生産システムを！－

金太郎飴とは，どこを切っても金太郎の顔が現れる不思議な飴である．日本の酪農経営も北は北海道から南は沖縄まで，どこを切っても同じ顔が出てくる．同じアメリカ型の巨大なホルスタインにアメリカ産の濃厚飼料を多給して，一滴でも多く搾ろうとしている．取引基準脂肪量である3.5%を「死守」するためには，それこそ涙ぐましい努力を酪農家は強いられている．果たして3.5%の「濃い生乳」を産出する意義が今の日本にどれだけあるのだろうか？果たして巨大なホルスタインを飼養する意味がどこにあるのだろうか？果たして何人の酪農家が「私の経営の特徴は」と胸を張って他者に説明できるのであろうか？

2008年6月20日付の日刊酪農乳業速報には，現地ルポとして北海道足寄町でニュージーランド型の放牧酪農を展開している吉川友二氏が紹介されている．紙面で吉川氏は「放牧は日本に合っている」と断言している．さらに足寄町役場で放牧を推進している坂本秀文氏は「今までの日本の乳牛改良は，米国の穀物という高いガソリンを食わせて速く走る牛を作ることに力を注いできた」とも指摘している．

　筆者は草地酪農経営とはあくまでも選択肢の一つであると考えている．吉川氏らの住む足寄町の「風土」がニュージーランド型の放牧酪農という経営システムに合致したのだと考えている．なぜなら関東平野に点在し，周囲を良好な圃場に囲まれた酪農経営にとって，飼料作の外延的拡大は困難だし，まして放牧などは思いもよらないからである．しかし，そのような地域であっても，「風土」に適した酪農システムが必ず存在するはずである．

　アメリカ型の酪農経営システムを否定するつもりは毛頭無い．今こそ喫緊な課題として捉えるべきなのは，金太郎飴的な一律的な酪農経営システムの全体的な底上げではなく，地域風土に合致した個性をもった経営展開と他者に胸を張って誇れる生乳生産システムを構築することにある．本稿で紹介したニュージーランドの草地酪農システムの概要がその一助になれば望外の喜びである．

参考文献

1) Deane, T H. *Proceedings of the New Zealand Society of Animal Production* 53, 51 (1993).
2) Thomson N. A., Roberts, A. H. C., McCallum, D. A., Judd, T. A. & Johnson, R. J. Ruakura Farmers Conference 30 (1993).
3) Roberts A. H. C, Ledgard, S. F., O'Connor, M. B., & Thomson, N. A. Ruakura Farms Conference 77 (1992).
4) Moller, S, Matthew, C, & Wilson, G F. *Proceedings of the New Zealand Society of Animal Production* 53, 83 (1993).
5) Wilson, G. F. Dairyfarming Annual, Massey University, 100 (1998).
6) Moller, S, Matthew, C, and Wilson, G F. *Proceedings of the New Zealand Society of Animal Production* 53, 83 (1993).
7) Wilson, G. F. Dairyfarming Annual, Massey University, 100 (1998).
8) Morton, J. M. & Butler, K. L. *Australian Jet Journal* 72, 1, 5, 241, 293 (1995).
9) MacMillan, K L & Asher, G W. *Proceedings of the New Zealand Society of Animal Production* 41, 34 (1990).
10) Harris, B L, Johnson, D L, Clark J & Garrick, D J 1994. *Ruakura Farmers Conference* 61 (1994).
11) Ahlborn, G and Bryant, A. M. Proceedings of the N. Z. *Society of Animal Production* 52, 3 (1992).
12) Hodgson, J. Grazing management Science into Practice. Longmans U. K. (1990).
13) Matthews, P N P. *Dairy Farming Annual*, Massey University 143 (1994).
14) Holmes, C W. Chapter 10. In Managed Grasslands: Analytical Studies. Edited by R W Smaydon. Elsevier. (1987).
15) Thomson, N. A, McCallum, D. A. & Prestidge, R. A. Ruakura Farmers Conference 50 (1989).
16) McCallum D. A., Thomson, N. A. & Judd, T. A. Proceedings of the N. Z. *Grassland Association* 53, 79 (1991).
17) Bryant A. M. & MacDonald K. A. Proceedings of the N. Z. *Society of Animal Production* 43, 63 (1983).
18) McGowan, A. A. *Proceedings of the New Zealand Society of Animal Production* 53, 87 (1981).
19) Bryant, A. M. *Ruakura Farmers Conference* 55 (1990).
20) Penno, J W & Carruthers, V R. *Dairy Farming Annual*, Massey University (1995).

おわりに

　近年における生物学の進歩には，目をみはるものがあります．そしてついに，その応用科学である応用生命科科学の時代が幕開けを告げたのではないでしょうか．本書が扱った「動物応用科学」は，応用生命科科学の中心的な領域で，その象徴的な研究成果としては，体細胞クローンヒツジのドリーの誕生や induced pluripotent stem cells（iPS 細胞）作製をあげることができます．そしてこれらの研究成果は，社会に大きな衝撃を与えました．また最近では，家畜の口蹄疫・鳥インフルエンザ，伴侶動物の遺棄・殺処分，野生鳥獣害や畜産物を巡る産地偽装等が日本でもたいへん大きな社会問題になっています．加えてアニマル・ウエルフェアに配慮した畜産が欧米で一定の広がりをみせています．このように人と動物との関係は，単なる食料生産だけにとどまらず，ますます深く，ときには人間社会との軋轢を生じ，社会に大きな影響を与えております．

　本書が扱った「人類の福祉のために動物を応用する動物応用科学」は，今後ますますダイナミックに展開され，社会に重要な役割を果たし，大きなインパクトを与えていくであろう．そして，この「動物応用科学」が人と動物の関係に存在するあらゆる問題の解決に貢献するものと確信しています．

　本書をまとめるにあたり，執筆者の皆様，そして企画から相談にのっていただいた養賢堂の及川 清 社長，加藤 仁 氏，原稿のとりまとめ，校正などをお手伝いいただいた奥田暢子 氏に心より感謝申し上げます．

　　　　　　　　　　　　　　　　　　　　　監修　柏崎　直巳
　　　　　　　　　　　　　　　　　　　　　編集　大木 茂・植竹 勝治

　　　　　　　　　　　　　　　　　　　　　2011 年 3 月

JCOPY <(社)出版者著作権管理機構 委託出版物>	
2011	2011年3月30日 第1版発行

動物応用科学の展開

	著作代表者	柏崎 直巳
著者との申し合せにより検印省略		かしわ ざき なお み
©著作権所有	発 行 者	株式会社 養賢堂 代 表 者 及川 清
定価（本体2800＋税）	印 刷 者	新日本印刷株式会社 責 任 者 望月節男
発 行 所	〒113-0033 東京都文京区本郷5丁目30番15号 株式会社 養賢堂 TEL 東京(03)3814-0911 振替00120 FAX 東京(03)3812-2615 7-25700 URL http://www.yokendo.co.jp/ ISBN978-4-8425-0481-0 C3061	

PRINTED IN JAPAN   製本所 新日本印刷株式会社
本書の無断複写は著作権法上での例外を除き禁じられています。
複写される場合は、そのつど事前に、(社) 出版者著作権管理機構
（電話 03-3513-6969、FAX 03-3513-6979、e-mail:info@jcopy.or.jp）
の許諾を得てください。